Bianca Fritz

Content matters

Liebe Leserin, lieber Leser,

Fernsehstudio, Radiostation, Textbüro – all das steckt heute in unserer Hosentasche. Du kannst jederzeit jede Medienform produzieren und in die Welt schicken. Aber wie du Inhalte so aufbereitet, dass sie auch wirklich ankommen – das ist die hohe Kunst des Umgangs mit Content.

Bianca Fritz zeigt dir in diesem Buch, wie du die Techniken des Journalismus gewinnbringend für dich und deine Projekte einsetzt – von der Recherche bis zum fertigen Content. Du lernst die Grundsätze darüber, wie du Themen auswählst, Beiträge gestaltest und Redaktionspläne erstellst, die perfekt zu deinen Content-Creator-Bedürfnissen passen.

Du lernst aber auch, was du als Content-Creator anders machen darfst – oder sogar musst – als Journalisten. Du stehst mit deinem Content nicht allein da. Beziehe die Menschen auf der anderen Seite des Bildschirms mit ein, führe spannende Gespräche und lade deine Zielgruppe dazu ein, mit dir in Kontakt zu treten.

All das zeigt Bianca dir an zahlreichen, spannenden Beispielen aus der Content-Creator-Welt, die dich inspirieren!

Das Buch wurde mit großer Sorgfalt lektoriert und produziert. Solltest du dennoch Fehler finden oder inhaltliche Anregungen haben, scheue dich nicht, mit uns Kontakt aufzunehmen. Deine Fragen und Änderungswünsche sind uns jederzeit willkommen.

Viel Vergnügen beim Lesen!

Dein Stephan Mattescheck
Lektorat Rheinwerk Computing

stephan.mattescheck@rheinwerk-verlag.de
www.rheinwerk-verlag.de
Rheinwerk Verlag · Rheinwerkallee 4 · 53227 Bonn

Auf einen Blick

Wir hoffen, dass Sie Freude an diesem Buch haben und sich Ihre Erwartungen erfüllen. Ihre Anregungen und Kommentare sind uns jederzeit willkommen. Bitte bewerten Sie doch das Buch auf unserer Website unter **www.rheinwerk-verlag.de/feedback**.

An diesem Buch haben viele mitgewirkt, insbesondere:

Lektorat Stephan Mattescheck, Patricia Schiewald
Korrektorat Anna Krepper, Rommerskirchen
Herstellung Stefanie Meyer
Typografie und Layout Vera Brauner
Einbandgestaltung Lisa Kirsch
Titelbild Shutterstock: 2182644259 © fizkes, 1799733484 © BAZA Production; Unsplash: kelly-sikkema
Satz Typographie & Computer, Krefeld
Druck Beltz Grafische Betriebe GmbH, Bad Langensalza

Dieses Buch wurde gesetzt aus der TheAntiquaB (9,35/13,7 pt) in FrameMaker.

Gedruckt wurde es mit mineralölfreien Farben auf chlorfrei gebleichtem, FSC®-zertifiziertem Offsetpapier (90 g/m²).

Hergestellt in Deutschland.

Bibliografische Information der Deutschen Nationalbibliothek:
Die Deutsche Nationalbibliothek verzeichnet diese Publikation in der Deutschen Nationalbibliografie; detaillierte bibliografische Daten sind im Internet über *http://dnb.dnb.de* abrufbar.

ISBN 978-3-8362-9344-0

1. Auflage 2023

Informationen zu unserem Verlag und Kontaktmöglichkeiten finden Sie auf unserer Verlagswebsite **www.rheinwerk-verlag.de**. Dort können Sie sich auch umfassend über unser aktuelles Programm informieren und unsere Bücher und E-Books bestellen.

Inhalt

Vorwort

Wie du relevant wirst

Wie kannst du Content so kreieren, dass Menschen dir zuhören? Dass sie deine Texte bis zu Ende lesen und dann so überzeugt von deinen Inhalten sind, dass sie mehr davon wollen. Oder auf »Teilen« klicken.

Ganz einfach: Content darf keine **reine** Werbung sein. Content muss für sich stehen und interessant sein. Nur so hilft er dir auch dabei, Vertrauen aufzubauen und durch deine Inhalte zu überzeugen. Genau dabei will ich dich mit diesem Buch unterstützten.

Ob der Content nun das Produkt selbst ist (wie bei Onlinemagazinen) oder ob er zu Marketingzwecken geschrieben wird, ist dabei nebensächlich. Jedes Inhaltsstück, ob Reel, Karussell-Post oder Blogartikel, muss sich selbst verkaufen. Der Trick dabei ist, nicht zu behaupten, dass du der beste Anbieter für Fußpflege bist oder dass du das unabhängigste Magazin für Frauen in der Politik betreibst. Sondern es mit deinen guten Inhalten zu zeigen.

»Show don't tell« ist einer der wichtigsten Grundsätze für gute Inhalte.

Im Idealfall zeigst du deine Vertrauenswürdigkeit und Expertise durch Informationen, die ich so nirgendwo anders gelesen habe, berührende Geschichten und die wertvolle Einordung komplexer Inhalte. Und das ganze handwerklich so unterhaltsam aufbereitet, dass ich unbedingt bis zum Schluss dranbleiben möchte. Diese Content-Stücke sind die Zeit deiner Community wert. Und sie lesen sich so viel lebendiger als alles, was dir die KI ausspuckt, wenn du ihr sagst: »Schreib mir einen Blogartikel zum Thema XYZ«.

Leider sieht das, was uns heute online serviert wird, oft ganz anders aus. Content ist allzu häufig ein unschönes Gewäsch aus Allerweltwissen und Halbwahrheiten, garniert mit werbenden Superlativen und einem Kaufaufruf. Im besten Falle fühlt sich die Leserin[1] danach veräppelt und hätte gerne ihre Zeit zurück. Im schlimmsten Fall hat sie Falschinformationen gelesen, glaubt diese und trifft fatale Entscheidungen.

Ob wir es wollen oder nicht: Wer Content veröffentlicht, trägt auch eine Verantwortung. Du schickst Inhalte in die Welt, die Meinungen beeinflussen können und Ent-

1 Wie schreibt man Texte heute so, dass sich alle Geschlechter gesehen fühlen und das Lesen trotzdem Freude macht? In diesem Buch verwende ich die Lösung, die mir derzeit am pragmatischsten erscheint: Ich mische. Mal findest du das Gender-*, mal die weibliche, mal die männliche Form. Wenn nicht explizit anders erwähnt, ist das, was ich zu sagen habe, vom Geschlecht unabhängig. Getreu dem Motto der Autoren Roman Tschäppeler und Mikael Krogerus: »Es ist ein Durcheinander. Wie im richtigen Leben. Die Dinge gendern sich.« (aus: Zusammenarbeiten. keinundaber, 2022, S. 8)

scheidungen prägen. Wir können nicht immer nur die Algorithmen der Netzwerke dafür verantwortlich machen, wenn mehr Menschen radikale Parteien wählen. Wir müssen der Desinformation im Netz auch wertvolle, aufklärende und interessante Inhalte entgegenhalten.

Mit nur einem Knopfdruck kann heute jeder die ganze Welt darüber informieren, was er sieht, denkt und tut. Das Problem dabei: Die meisten Menschen haben nicht gelernt, wie sie Informationen so auswählen und aufbereiten, dass sie den Menschen nutzen. Mit der künstlichen Intelligenz, die uns teilweise schon fertige Content-Pieces ausspuckt, aber nicht verrät, woher diese Informationen stammen, verschärft sich das Problem weiter. Uns wird hier ein unheimlich mächtiges Tool an die Hand gegeben, das Abläufe verkürzen und gerade in der Recherchephase und beim Überarbeiten der Inhalte ein wertvoller Sparringspartner sein kann. Falsch genutzt aber, tragen ChatGPT und Co weiter zur Desinformation bei.

Ich möchte mit diesem Buch einen kleinen Beitrag für verantwortungsvollen Umgang mit Content leisten. Denn selbst wenn du als Content Creator nicht unabhängig bist, sondern im Marketing arbeitest, hast du doch ein Interesse daran, die Menschen zu guten Entscheidungen zu bewegen. Deine hilfreichen Posts zeigen mir, ob dein Angebot etwas für mich ist oder eben nicht. Menschen, die hingegen in eine Kaufentscheidung hineinmanipuliert wurden, schreiben schlechte Rezensionen – und schaden dir und deinem Unternehmen langfristig.

Dieses Buch ist für:

- Onlineredakteur*innen und freie Mitarbeiter, die für Medienhäuser schreiben, filmen oder Audios aufnehmen, ohne eine fundierte journalistische Ausbildung erhalten zu haben.
- Content Creatorinnen die für unabhängige Onlinemedien arbeiten oder selbst ein Onlinemagazin aufbauen möchten.
- Content-Agenturen und Content Creator, die im Marketing für ein oder mehrere Unternehmen arbeiten und sich mit relevanten und berührenden Inhalten von der Masse abheben möchten.
- Content Creator, die für ihr eigenes Business Inhalte kreieren und nicht dieselben Posts wie alle anderen veröffentlichen möchten.
- Ferner: ausgebildete Journalisten, die zu Content Creatorinnen werden und jetzt wissen möchten, wie sie das Gelernte im neuen Beruf umsetzen können.
- ... und jeden, der die Zeit seiner Leser, Zuhörerinnen und Zuschauer auch im Internet wertschätzen möchte

Wie man Inhalte so gestaltet, dass sie relevant sind, können wir von einer Berufsgilde lernen, die das (mit Unterbrechungen durch Kriege und Zensur) bereits seit Jahrhunderten übt: den Journalist*innen. In ihrer Ausbildung lernen angehende Redakteurinnen und Redakteure das Handwerk, das heute vielen Content Creatorinnen und sogar einigen Onlineredakteuren in Medienhäusern fehlt. Sie lernen Informationen auszuwählen, Themen umfassend zu recherchieren, das Interesse der Leserinnen und Leser ins Zentrum zu stellen und die Inhalte schließlich so aufzubereiten, dass sie den Leserinnen tatsächlich dienen, ihnen Zeit sparen und sie unterhalten.

In diesem Buch möchte ich dir die Aspekte des journalistischen Handwerks näherbringen, die dir helfen, deinen Content wertvoller und unterhaltsamer zu gestalten. Dafür greife ich tief in meine journalistische Methodenkiste, die mich durch mehr als 20 Jahre in diversen Print- und Onlinemedien begleitet hat. Neben mir liegen, während ich dieses Buch schreibe, zahllose handschriftliche Notizen aus journalistischen Seminaren und auch ein Stapel Bücher: klassische Journalistenratgeber. Diese durchforste ich mit der Content-Creator-Brille noch einmal neu. Und teile die Perlen aus meiner Sammlung mit dir.

Denn ich kenne beide Seiten inzwischen sehr gut. Seit sechs Jahren begleite ich freiberuflich Selbstständige, kleine Unternehmen und Stiftungen zu wertvollem Online-Content. Ich habe also die Schreibtischseite gewechselt. Ich gehöre jetzt nicht mehr zu denen, die den Anbietern auf die Finger schauen, sondern helfe Purpose-Unternehmen, dass sie online gesehen und verstanden werden.

Was mich dabei von Anfang an begeistert hat, ist, dass Content Creator so viel näher dran sind an ihrem Publikum – ja sogar gemeinsam mit der Community Inhalte erstellen. Hier können Journalisten einiges von Creatorinnen lernen. Wie sich die Arbeit beider Seiten – Creator wie Journalistinnen – durch die KI-Tools ergänzen lässt, nehme ich ebenfalls mit auf. Du lernst also Grundlagen eines uralten Handwerks und mischt sie mit brandneuen Werkzeugen, um so Content zu erstellen, der relevant und einzigartig ist.

Ein Hinweis vorab: Wenn ich in diesem Buch darüber spreche, wie Journalist*innen denken, entscheiden, recherchieren und schreiben, dann spreche ich über den Idealfall. Ich spreche über die Grundlagen, die sie in ihrer Ausbildung bei einem Medium oder in einer Journalistenschule gelernt haben. Über die Art von Journalismus also, die dem Berufsethos und dem gesammelten Wissen aus vielen vorangegangenen Generationen entspricht.

Dass die Realität im Journalistenalltag heute oft anders aussieht, dass unter Zeit- und Gelddruck wichtige Grundsätze über Bord geworfen werden, ist mir schmerzlich bewusst. Ich sehe es an der Qualität der Berichterstattung und ich habe es hundertfach selbst erlebt.

Viele, ich würde sogar sagen die meisten Journalist*innen, die ich in meiner Laufbahn kennengelernt habe, sind Idealisten. Die Wahrheit zu erforschen und diese so verständlich wie unterhaltsam zu vermitteln, liegt ihnen ehrlich am Herzen. Und doch bringt nicht jeder, der sich Journalist nennt, was im Übrigen keine geschützte Berufsbezeichnung ist, das Verantwortungsbewusstsein und die nötige Sorgfalt mit. Manchen fehlt es sogar an der Neugier, den Dingen wirklich auf den Grund zu gehen.

Dieses Buch dient aber nicht der Medienschelte. Es liegt mir fern zu beurteilen, wie Medienhäuser oder einzelne Journalistinnen arbeiten. Ich zeige schlichtweg, was wir vom Journalismus »so wie er gedacht war« lernen können. In Sachen Selbstverständnis, Verantwortung, Recherche und vor allem handwerklich für deine Inhalte.

Damit sich deine Leserinnen und Zuschauer künftig auf deine nächsten Beiträge freuen können, weil sie wissen: Dieser Content ist meine Zeit wert.

Ich freue mich, mit dir als Leserin und Leser in Kontakt zu kommen und zu erfahren, was du für deinen Alltag als Content Creator mitnehmen kannst. Und lass mich auch an deinen Fragen und Überlegungen teilhaben. Denn ob auf Social Media oder hier in Buchform: Mein Content entsteht für dich, und ich schätze den Dialog mit dir.

Du findest mich auf meiner Website: *biancafritz.com*

und auf Instagram: *instagram.com/hashtagbiancafritz*

Danksagung

Für dieses Buch möchte ich natürlich vor allem all den wundervollen Redakteurinnen und Redakteuren danken, von denen ich lernen durfte. Den echten Vollblutjournalistinnen, die mit mir an meinen Texten gefeilt haben, bis kein Satz mehr zu viel war. Bei den Videojournalisten, die mit mir meine Beiträge zurechtgeschnitten haben, bis genau die richtige Mischung aus Abwechslung und Ruhemomenten im Bild war. Und vor allem bei den Dozentinnen und Dozenten die mir in diversen Journalistenschulen den Blick von außen auf meine tägliche Arbeit ermöglichten. Der Badischen Zeitung, die mich ausgebildet hat, bin ich bis heute dankbar. Denn so ein Junggemüse fürs Volontariat zuzulassen, war Anfang der 2000er Jahre unüblich und mutig.

Der nächste Dank gilt den besten Testleserinnen der Welt: Andrea Fritz, Kathrin Schwarz, Lucie Touchton und Evelin Hartmann – jede von euch hat mit ihrem ganz eigenen Blick auf das Thema und meinen Text dieses Buch bereichert. Ob durch euer gutes Sprachgespür, eure eigenen Erfahrungen als Journalistin und Content Creatorinnen und natürlich auch durch den Hinweis auf den ein oder anderen unfreiwilligen Gag.

Dem Rheinwerk Verlag und besonders meinem Lektor Stephan Mattescheck gebührt ebenfalls Dank, denn er hat mir klar gemacht, dass ich meine Zielgruppe und auch mein Thema größer denken darf.

Für den fachlichen Input und die Interviews danke ich der Rechtsanwältin Claudia Gips, der Onlineunternehmerin Tanja Lenke, der Videotrainerin Judith Steiner und dem Moderationstrainer Markus Tirok.

Und allen, die zugestimmt haben, dass ich ihre Beispiele erzählen und ihre Screenshots verwenden durfte.

Miša – danke, dass du an so vielen Wochenenden und Abenden auf mich verzichtet und mir so wunderbar den Rücken freigehalten und immer so lecker für mich gekocht hast.

Lena Weinert dafür, dass sie mir geholfen hat, Körper und Gesundheit auch in stressigen Phasen zu priorisieren.

Meine Freundinnen, die ich zum Teil seit Wochen nicht gesehen habe – ich freue mich, dass ihr noch da seid und so viel Verständnis habt und mich immer wieder anfeuert.

Und natürlich all meinen wundervollen Kund*innen und Follower*innen – ich lerne so viel durch die Arbeit mit euch.

Und nun wünsche ich viel Freude beim Lesen von »Content matters«.

Deine Bianca Fritz

1

Kapitel 1
Deine Grundhaltung: Wie journalistisch soll dein Content sein?

Muss ich als Content Creator wirklich zu Karla Kolumna oder Harry Hirsch werden? Reicht es nicht, wenn mein Content einfach verkauft? Warum es hilfreich ist, journalistische Tools zu kennen – und dann an deine Bedürfnisse anzupassen.

»Moment. Wie hast du das gerade gemacht?« Die 20 Augenpaare meiner Onlinekurs-Teilnehmerinnen blicken mich aus meinem Bildschirm heraus erstaunt und erwartungsvoll an. Ich fange an zu stottern.

»Also ... Ihr habt das doch alle gehört, was sie gerade erzählt hat, oder?«

Kollektives Nicken auf den Rechtecken meines Bildschirms.

»Ja also, dann nehmt ihr einfach das Spannendste, macht einen knackigen Satz, stellt den an den Anfang des Posts – und fertig.«

Ratlose Blicke und Schweigen unter all den sonst so redseligen Content Creatorinnen in meinem Onlinekurs. Schließlich traut sich jemand sein Mikrofon laut zu stellen und hakt nach: »Ja, aber wie geht das denn genau?«

Jetzt bin ich sprachlos. Nicht nur, weil ich keine Ahnung habe, wie ich aus dem Stand heraus etwas erklären soll, was mir so sehr ins Blut übergegangen ist, dass ich selbst keine Sekunde mehr darüber nachdenke. Sondern auch, weil mir plötzlich etwas sehr Wichtiges klar wird: Nicht jeder, der Inhalte für das World Wide Web, für soziale Medien schreibt, filmt oder spricht, denkt dabei journalistisch. Nicht alle haben gelernt, Inhalte so prüfen, zu sortieren und zu gestalten, dass sie für ihr potenzielles Publikum auch relevant und interessant sind. So, dass sie Lust haben, in Inhalte einzusteigen und diese auch bis zum Ende zu lesen.

Dabei wäre es für jeden, der Inhalte veröffentlicht, so wertvoll, ein bisschen mehr wie Karla Kolumna und Harry Hirsch zu denken und zu arbeiten. Egal, ob du ein Onlinemagazin gestaltest oder mit deinem Content unter Beweis stellen möchtest, dass du die wertvollste Anbieterin für dein Produkt bist. Am Anfang steht immer der Inhalt, dein Content. Und wenn du diesen unter Wert verkaufst, hast du die Aufmerksamkeit der Online-Community bereits verloren.

Journalistische Grundregeln sind nicht nur leicht zu lernen – sie haben sich bewährt. Journalist*innen sind von der Gunst der Leser und Zuschauerinnen abhängig. Ob diese ihre Inhalte zu schätzen wissen, entscheidet darüber, ob sie morgen ihre Miete noch bezahlen können. Also gestalten sie ihre Inhalte so, dass man dranbleiben will und beim nächsten Mal wieder einschaltet.

Zudem waren Journalist*innen lange Zeit die Gatekeeper dafür, welche Informationen überhaupt an die breite Masse gelangten. In grauer Vorzeit, bevor jeder alles fotografieren und mit einem Klick online stellen konnte. Aus dieser enormen Verantwortung heraus hat sich ein Berufsethos entwickelt: Bevor man sendete und druckte, wurde diskutiert und entschieden, WIE man die Öffentlichkeit informieren möchte.

Wie wählt man aus, welche Informationen wirklich wichtig sind? Wann kann man die Privatsphäre eines Menschen verletzen, weil das Gezeigte von öffentlichem Interesse ist? Wie entscheidet man, welche Quellen zu Wort kommen können? Wie bewahrt man die eigene Unabhängigkeit? Und nicht zuletzt: Wie verpackt man die Informationen so, dass die Menschen sie verstehen – und sie ihnen nutzen, nicht schaden.

Den letztendlich ist die originäre Aufgabe der Medien, die Menschen so zu informieren, dass sie eigenverantwortlich Entscheidungen treffen können – möglichst ohne Angst und Druck.

Auch wenn heute längst nicht jedes Medium dieses Ethos lebt und verantwortungsvoll informiert, so gibt es doch für all diese Fragen journalistische Standards, die unter anderem im Pressekodex[1] des Presserats und in den Landespressegesetzen festgehalten sind. Medien, die dagegen verstoßen, werden öffentlich gerügt. Verstöße können jederzeit von jedem gemeldet werden. Das ist wichtig, weil Medien lange Zeit als vierte Gewalt im Staat verstanden wurden, als einziges Korrektiv gegenüber Politik und Unternehmen. Wer informiert, hat Macht – und wer Macht hat, muss lernen, sorgsam damit umzugehen.

Wer aber bringt Content Creator*innen diese Verantwortung bei? Die Antwort ist so offensichtlich wie traurig: niemand. Online kann jeder nahezu alles behaupten, was er möchte – ein Korrektiv vor der Veröffentlichung wie die Redaktionskonferenz und kritische Kollegen gibt es zumeist nicht. Dass Content Creator rechtlich gesehen einer ähnlichen Sorgfaltspflicht unterliegen, wie die Presse, ist den wenigsten Bloggerinnen und Insta-Sternchen bewusst (siehe nachfolgendes Interview). Wer seinen eige-

1 *www.presserat.de/pressekodex.html*

nen journalistischen Anspruch öffentlich machen möchte, kann sich zudem freiwillig dem Medienstaatsvertrag[2] verpflichten. Im Interview mit Fachanwältin Claudia Gips habe ich die rechtliche Situation für Content Creator abgefragt.

Content Creator und Journalistinnen – was sagt das Gesetz?

Abbildung 1.1 Claudia Gips, Rechtsanwältin bei UNVERZAGT Hamburg, Fachanwältin für Urheber- & Medienrecht, Co-Autorin »Handbuch PR-Recht«

Frau Gips, was unterscheidet – juristisch gesehen – den Content Creator von einer Journalistin?

Für die rechtliche Bewertung kommt es weniger auf die Berufsbezeichnung als auf den veröffentlichten Inhalt an und wie dieser einzuordnen ist. Redaktionelle Inhalte sind darauf gerichtet, Informationen und Meinungen über öffentliche Geschehnisse zu verbreiten. Werbung stellt Produkte oder Dienstleistungen in positivem Licht dar. Content Creator können in beiden Bereichen tätig sein. Sind Content Creator journalistisch tätig, dann können sie sich auch auf Rechte berufen, die für Journalist*innen vorgesehen sind.

2 *www.die-medienanstalten.de/fileadmin/user_upload/Rechtsgrundlagen/Gesetze_Staatsvertraege/Medienstaatsvertrag_MStV.pdf*

*Wie ist das dann mit Content Creator*innen, die für ein Unternehmen oder eine Agentur arbeiten? Wie wird ihr Inhalt eingeordnet?*

Wenn jemand freiberuflich für Andere Content erstellt, dann wird das eher als werblicher Inhalt für das Unternehmen anzusehen sein. Das gilt auch dann, wenn es sich um journalistisch anmutenden Content handelt. Es kann sich um unzulässige Schleichwerbung handeln, wenn werbliche Inhalte in redaktionellem Gewand veröffentlicht werden.

Wann besteht eine Kennzeichnungspflicht für Werbung?

Bei der Kennzeichnungspflicht geht es im Kern darum, dass Leser/Zuschauer/Nutzer erkennen können, wann Werbung vorliegt und wann eine reine (unbeeinflusste) Information. Es gibt das Gebot der Trennung von Werbung und redaktionellen Inhalten – und zwar für sämtliche Medien und unabhängig davon, ob ein Text, Foto, Video oder Audio veröffentlicht wird. Wird dagegen verstoßen, handelt es sich um unzulässige Schleichwerbung. Werbung muss gekennzeichnet werden (z. B. #Anzeige), wenn nicht direkt erkennbar ist, dass es sich um Werbung handelt.

Content Creator machen nicht immer und automatisch Werbung. Sobald jemand Geld oder eine sonstige Gegenleistung bekommt, muss eine Veröffentlichung als Werbung gekennzeichnet werden. Ist für Nutzer jedoch erkennbar, dass ein Content Creator sich selbst oder eigene Produkte vermarktet, er also als Unternehmer handelt, ist eine Kennzeichnung nicht erforderlich.

Sind Content Creator verpflichtet, etwas zu prüfen, bevor sie es veröffentlichen?

Für den selbst erstellten und veröffentlichten Inhalt ist der Content Creator immer selbst verantwortlich. Auch dann, wenn er das im Auftrag eines Unternehmens oder einer Agentur postet. Das gilt sowohl für eigene Äußerungen als auch für die Wiedergabe von fremden Darstellungen (genauso wie für die Verwendung von fremdem Bildmaterial). Es ist dann schon im eigenen Interesse des Content Creators vorab zu prüfen, ob eine Veröffentlichung eventuell Rechte von anderen verletzt.

Auch Content Creator*innen, die nicht journalistisch publizieren, sollten also Inhalte vor Veröffentlichung auf den Wahrheitsgehalt prüfen. Eine Ausnahme gibt es dann, wenn es sich um Inhalte handelt, die aus »privilegierten Quellen« übernommen werden, wie Meldungen von großen Nachrichtenagenturen.

Werden »fremde Äußerungen« wie Zitate wiedergegeben, dann reicht es für eine Vermeidung der Haftung nicht aus, dass diese als Zitate gekennzeichnet sind. Sind diese falsch, muss man sich ausdrücklich distanzieren.

*Was droht Content Creator*innen, die Falschinformationen verbreiten?*

Der oder die Betroffene kann in einem solchen Fall von dem Content Creator die Abgabe einer Unterlassungserklärung verlangen. Das heißt, die Äußerung darf nicht weiterverbreitet oder wiederholt werden. In sehr schwerwiegenden Fällen kann es zu der Forderung nach einer Geldentschädigung kommen.

Welche Auswirkung hat die Selbstverpflichtung beim Presserat, die Onlinemedien vornehmen können? Für wen ist diese empfehlenswert?

Der vom Presserat veröffentlichte Pressekodex stellt ethische Grundlagen für journalistische Veröffentlichungen auf. Onlinemedien und Blogs können sich diesen journalistischen Grundsätzen unterwerfen. Diese freiwillige Selbstverpflichtung bewirkt, dass bestimmte Inhalte dann nicht mehr der Prüfung und eventuellen Maßnahmen der Landesmedienanstalten unterliegen, sondern den Maßnahmen des Presserates. Der Presserat kann auf eine Beschwerde hin z. B. einen Hinweis oder eine Rüge aussprechen.

Können Content Creator dafür gerügt werden, wenn sie Meinung und Fakten nicht klar trennen, unkritisch sind oder stets nur eine Seite beleuchten?

Eine einseitige oder unkritische Darstellung allein kann normalerweise nicht angegriffen werden. Auch die Veröffentlichung einer reinen Meinung ist zulässig. Rechtlich problematisch wird es, wenn die Einseitigkeit dazu führt, dass ein falscher Eindruck entsteht, weil relevante Fakten unterschlagen werden. Dann können Betroffene Ansprüche geltend machen.

Journalisten habe auch besondere Rechte – sie erhalten Auskunft bei Behörden. Können sich Content Creator ebenfalls auf solche Rechte berufen?

Die genannten Auskunftsansprüche gelten für die »Presse«. Es gibt inzwischen aber auch sogenannte Informationsfreiheits- und Transparenzgesetze, die für »jedermann« gelten. Auch Personen, die nicht Pressevertreter sind, können dann bestimmte Auskünfte von Behörden verlangen. Die Behörde kann das verweigern, wenn es um personenbezogene Daten oder laufende Verfahren geht.

Aber selbst, wenn man keinen rechtlichen Anspruch auf Auskunft hat, heißt das nicht, dass die Anfrage ins Leere laufen muss. Bei besonders kritischen oder belastenden Veröffentlichungen sollte durchaus – auch zur eigenen Absicherung – überlegt werden, entsprechende Anfragen zu stellen und eine Möglichkeit zur Stellungnahme zu geben.

Wo können sich Content Creator informieren oder Fragen stellen, wenn sie unsicher sind, ob sie etwas posten sollten oder lieber nicht?

Die Richtlinien des Pressekodex geben eine erste Einordung. Zudem gibt es zahlreiche Seminare, die Presse- und PR-Recht vermitteln.

Und in sehr sensiblen Angelegenheiten sollte man sich auch nicht scheuen, einmal einen juristischen Rat einzuholen.

Und wie sieht es mit den Anbietern der sozialen Netzwerke selbst aus? Laut Medienstaatsvertrag sind diese zwar in der Pflicht, gegen Falschmeldungen vorzugehen, in der Praxis taugen sie aber nur bedingt als Korrektiv. Meta und Co hinken nicht nur enorm hinterher, wenn es um die Bekämpfung von Fake News und Hassbotschaften im Netz geht. Sie haben offensichtlich auch kein Interesse daran, selbst Verantwortung für die verbreiteten Informationen zu übernehmen. Wichtiger als die Wirkung der Informationen auf die Gesellschaft ist den Entwicklern offenbar, ob der Post das Geschäftsmodell des Netzwerkes unterstützt. Und Inhalte, welche die Emotionen hochkochen lassen, sind für Meta wohl wertvoller als solche, die aufklären. Wie sonst lässt sich erklären, dass Facebooks Algorithmus jene Posts bevorzugt, die zu möglichst vielen wütenden Smileys führen?[3]

Dass Content Creator*innen journalistisch denken, ist also nicht nur deshalb wichtig, damit ihre Inhalte interessanter werden. Sie übernehmen damit auch Verantwortung und machen das Netz zu einem besseren Ort.

Je mehr ich nach meinem kleinen Offenbarungsmoment im Onlinekurs darüber nachgedacht habe, wie wertvoll das, was ich in meiner Ausbildung und in 20 Jahren Berufspraxis als Journalistin und Redakteurin gelernt hatte, für Content Creator ist, desto mehr gelangte ich zur Überzeugung: Content Creator können von Journalisten Ethos, Recherche, Storytelling und das Bearbeiten von Inhalten – also das gesamte Handwerk – lernen.

Dann erzählte ich einer Bekannten davon, die als Onlineunternehmerin Millionenumsätze macht. Ihre Reaktion war ernüchternd: »Warum sollte ich mich dafür interessieren, wie man Inhalte journalistischer gestaltet? Meine Inhalte sollen doch vor allem verkaufen! Ob ich dabei in meinen Podcast-Interviews auch eine gute Fragentechnik anwende, ist doch egal«, sagte sie.

Schon wieder war ich sprachlos. Am liebsten hätte ich behauptet, sie habe einfach Glück gehabt, früh genug gestartet zu sein – als das Internet »noch nicht so voll war«. Und heute sei sie einfach so bekannt, dass es egal sei, was sie poste.

So hätte ich bei meiner Behauptung bleiben können, dass alle Content Creator*innen unbedingt journalistische Regeln und Techniken lernen müssen. Dass sie alle zu Karla Kolumna und Harry Hirsch werden müssten.

Doch der Einwand meiner Bekannten ist valide. Journalist*innen verdienen Geld MIT ihren Inhalten. Für Unternehmer aber ist Content nur ein Zwischenschritt. Geld verdienen sie nicht mit ihren Inhalten, sondern mit ihren Produkten – also muss der Inhalt vor allem verkaufen. Ist es also eine Nebensache, wie ausgewogen und interessant Inhalte sind? Ein Luxus, um den man sich kümmern kann, wenn das Geschäft ohnehin schon gut läuft?

Absolut nicht. Denn wenn du deine Produkte und Angebote über deine Inhalte bewerben möchtest, stehst du trotzdem in Konkurrenz mit allen anderen Inhalten im Netz. Den journalistischen Artikeln der Medienhäuser und den lustigen Katzenvideos. Bevor du ein Produkt über Content-Marketing verkaufen kannst, verkaufst du

3 *www.washingtonpost.com/technology/2021/10/26/facebook-angry-emoji-algorithm/*

jeden einzelnen Post. Du musst erst einmal meine Aufmerksamkeit gewinnen, bevor ich bereit bin, meine Geldbörse zu öffnen.

Wenn du mir nicht nur ein billiges Wegwerfprodukt verkaufen möchtest, sondern mich von deiner Qualität und Einzigartigkeit als Anbieter überzeugen möchtest, um treue und zufriedene Kunden zu gewinnen, brauchst du mehr als meine Aufmerksamkeit. Du brauchst mein Vertrauen. Das gewinnst du, indem du dich an journalistische Grundsätze hältst. Ich stufe dich als vertrauenswürdig ein, wenn du deine Meinung auch als Meinung kennzeichnest und sie mir nicht als allgemeingültige Wahrheit verkaufst. Ich fühle mich ernst genommen, wenn ich von Anfang an klar erkenne, dass ein Post ein Produkt bewirbt, und ich das nicht nur am Ende irgendwie erahnen kann. Ich schätze es, wenn du davon absiehst, Informationen aus kruden Quellen zu teilen. Und ich bin positiv überrascht, wenn du in deinem Content auch mal etwas erwähnst, was eigentlich GEGEN dein Angebot spricht.

Das sind einige Grundzüge der journalistischen Haltung, die wir uns in diesem Kapitel ansehen möchten. Am Ende entscheidest natürlich du, wie du mit deiner Informationsmacht in deinem Business umgehen möchtest. Du musst dich ja nicht gleich als vierte Macht im Staat begreifen, nur weil du auf Instagram Videos über deine Produkte postest. Aber sei dir im Klaren darüber, dass deine Inhalte eine Wirkung auf Menschen haben, dass sie sie manipulieren oder ermächtigen können, selbstwirksam Entscheidungen zu treffen. So kannst du bewusst wählen, was du in die Welt bringst und welche Worte du dafür wählst. Und so trägst du verantwortungsvoll dazu bei, dass Content als etwas Wertvolles wahrgenommen und weiterhin gelesen wird. Und nicht nur als »als Unterhaltungsangebote getarnte Werbung«, wie Journalist Sebastian Späth im Handelsblatt eine ganze Berufssparte in einem Nebensatz diffamiert.[4] Denn das haben Content Creator*innen nun wirklich nicht verdient. Ihre Aufgabe überschneidet sich in großen Teilen mit der von Journalisten, wie Abbildung 1.2 zeigt. Sie sind längt nicht einfach nur Werbende – sie informieren, unterhalten und ordnen ein.

Ganz klar gibt es auch Dinge, die klassisch arbeitende Journalisten von Content Creatorinnen unterscheiden. Von der zumeist eingeschränkten Zielgruppe für ihren Content, über die Vielfalt der Medien und Formate, mit denen sie hantieren müssen und dürfen, bis hin zum sehr viel direkteren Feedback. Journalistinnen klassischer Medien sitzen oft stundenlang zusammen und fachsimpeln darüber, was die Leser wirklich wollen. Selbst heute noch geben Medienhäuser teure Studien in Auftrag, um die große Unbekannte – die Medienkonsumentin – besser zu verstehen.

---

4 *www.handelsblatt.com/arts_und_style/literatur/hotel-matze-was-sich-von-podcaster-matze-hielscher-und-seinen-gaesten-lernen-laesst/26171280.html*

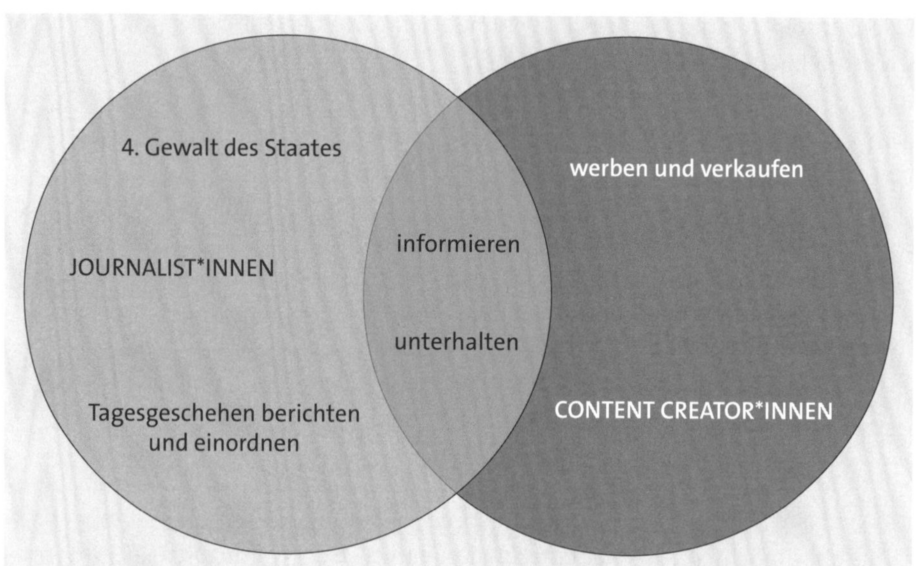

Abbildung 1.2 Die Rollen der beiden Berufsbilder überschneiden sich deutlich, und beide können voneinander lernen.

Du als Content Creator hingegen liest jeden Tag in deinen Kommentaren und siehst es anhand deiner Likes, was ankommt und was nicht. Und deine Interaktionen gehen so richtig durch die Decke, wenn du nicht mehr alleine deine Inhalte kreierst, sondern deine Community mitgestalten lässt. Als Content Creator bist du ein moderner Journalist, der die Inputs direkt aufgreift und nutzt, um neuen Inhalt zu gestalten. Das ist etwas, wovor alteingesessene Medienschaffende häufig zurückschrecken. Es stellt ihr Selbstverständnis als Hüter und Gestalter der Information in Frage.

Um guten Content zu kreieren, musst du also nicht zu Karla Kolumna oder Harry Hirsch werden. Vielmehr lernst du, dich der journalistischen Grundsätze zu bedienen, die deinen Content wertvoll und relevant machen. Und doch bleibst du so offen und flexibel wie eine Clara Community und so zielgerichtet und geschäftstüchtig wie ein Henry Hochpreis.

Das Wichtigste in Kürze

Journalistisches Denken hilft dir dabei, deinen Content so auszuwählen und zu gestalten, dass er Aufmerksamkeit weckt. Damit geht aber auch eine Verantwortung daher. Ein journalistisches Ethos hilft dir dabei, mit dieser Informationsmacht sorgsam umzugehen. Das ist auch dann wichtig, wenn nicht deine Inhalte dein Produkt sind, sondern du den Content als Marketinginstrument nutzt. Denn wer sorgsam mit der Aufmerksamkeit der Menschen umgeht, anstatt sie zu manipulieren, gewinnt ihr Vertrauen.

1.1 Treue Follower waren gestern: Warum heute jeder Post ein Hit sein muss

Um deine Community mit deinem Content abzuholen, solltest du verstehen, wie sich Menschen heute informieren oder auch unterhalten werden möchten. Was verändert sich gerade? Und was können wir aus der Krise lernen, in der sich viele klassische Medienhäuser heute befinden?

Früher haben sich Menschen durch die Medien definiert, die sie regelmäßig konsumiert haben. Da waren die täglichen Tagesschau-Gucker, die Süddeutsche-zum-Kaffe-Genießer, die Sich-mit-der-Bildzeitung-beim-Bäcker-Aufreger und diejenigen, die Spiegel online als Startseite im Browser festgelegt hatten, um jeden Morgen bestens informiert zu sein. Sozialen Medien blieb man schon deshalb treu, weil es nicht allzu viele gab. Man hat sich auf Studi-VZ, später Facebook mit Schulfreundinnen und Studienkollegen vernetzt, um sich mit diesen über das Weltgeschehen zu unterhalten.

Wenn du im Marketing arbeitest, hast du sicher schon einmal einen Kunden-Avatar bestimmt und dich gefragt: Welche Zeitschriften liest die Person regelmäßig? Welche Sendungen schaut sie? Diese Frage verliert an Bedeutung, weil es heute immer weniger treue Medienkonsumenten gibt. Gerade für die nachwachsende Generation gilt: Sie liest genau das, was ihr vom Algorithmus vorgeschlagen wird und was sie fesselt. Der Schweizer Journalist Constantin Seibt hat die These aufgestellt:

> *Was wir (Journalisten) verkauft haben, war eine Gewohnheit.*

Und diese falle nun weg. Wer heute im Kampf um die Aufmerksamkeit noch eine Chance haben wolle, regelmäßig wahrgenommen zu werden, müsse begeistern. Allerdings:

> *Begeisterung ist Sache des Lesers und wie jeder Publikumserfolg nicht direkt planbar. Es sind nur die Chancen maximierbar, genügend oft einen Hit zu landen, damit das Publikum in der Hoffnung auf einen weiteren zurückkommt und zum Stammgast wird.*[5]

Content Creator*innen betrifft dieses Problem genauso und sogar noch verschärft. Denn im Internet blinkt die nächste Ablenkung bereits am Rand deines Bildschirms. Die Zeitung am Frühstückstisch wurde eben nicht durch das E-Paper oder den Besuch des immer gleichen Blogs ersetzt (siehe Abbildung 1.3), sondern durch den stetigen Wechsel zwischen Apps und Portalen.

Die treue Leserin für deinen Blog und deinen Newsletter hat echten Seltenheitswert. Noch seltener ist der Follower auf Instagram, der sich die Mühe macht, dein Profil zu abonnieren und dazu auch noch alle Benachrichtigungen zu aktivieren, damit du regelmäßig in seinem Feed auftauchst. Schon deshalb, weil es so mühsam ist, diese Funktion zu aktivieren.

5 Aus Constantin Seibt: Deadline. Kein und Aber, 2013. S.21

Abbildung 1.3 Wie wahrscheinlich ist es, dass die zwei am Handy jeden Morgen den gleichen Blog lesen? Foto: Canva

Die Videoplattform TikTok zeigt, wie der Trend zur Treulosigkeit technisch unterstützt wird. Dein persönlicher Feed, in welchem du die Inhalte der Creator*innen siehst, die du abonniert hast, spielt nur noch eine Nebenrolle. Im Hauptfeed, der For You Page, die sich sofort öffnet, wenn du in die App gehst, werden die Videos gestartet, die inhaltlich für dich interessant sein könnten und gerade gut ankommen. Weg von den sozialen Bindungen hin zu den inhaltlichen. Es scheint so, als ob auch Meta diesem Trend folgen wird: Dafür spricht, dass Instagram inzwischen einen zweiten Feed für Favoriten eingeführt hat und ankündigt, mehr auf SEO setzen zu wollen. Manche Onlinemarketing-Agenturen sprechen sogar schon von einem Paradigmenwechsel weg vom sozialen und hin zum inhaltlichen Algorithmus der Netzwerke.[6]

Jetzt könnte man darüber klagen, dass es schwieriger wird, die Aufmerksamkeit von Menschen zu halten. Dass Follower treulose Tomaten sind und die Algorithmen dich nicht dafür belohnen, dass du so mühsam deine Community aufgebaut und viel Content in die Welt gebracht hast.

Oder du siehst die Chance: Wenn die Variable »Größe und Beliebtheit eines Accounts« im Algorithmus unwichtiger wird, haben auch neue und kleine Accounts Chancen, virale Hits zu landen. Und jedes Video, jedes Bild und jeder Text erhalten die Gelegenheit, zu begeistern und neue Menschen anzuziehen.

6 *https://optimize.dreifive.com/social-media/2022-07/paradigmenwechsel-im-content-marketing-social-graph-vs-content-interest-graph/*

Wenn du allerdings dein Publikum jedes Mal aufs Neue erobern willst, steigt der Anspruch an die Qualität und die Originalität deines Contents. Langweilige Inhalte bekommen keine Likes. Nicht einmal von deinen Superfans – weil sie die Posts gar nicht erst zu sehen bekommen.

Wie schaffst du es also zu begeistern? Indem du die Zutaten kennenlernst, die deine Inhalte relevant und interessant machen. Constantin Seibt rät den Medienschaffenden übrigens dazu, Haltung und Individualität zu zeigen, Fakten in Geschichten zu verpacken und der Community zuzuhören, um auf sie eingehen zu können.

Das kommt dir bekannt vor? Prima, denn es ist genau das, was gute Content Creator auszeichnet. Hier können zwei Berufsgruppen wunderbar voneinander lernen.

Das Wichtigste in Kürze

Leser und Zuschauerinnen legen ihre Gewohnheiten ab und lassen sich zunehmend treiben, anstatt einer Inhaltsquelle treu zu bleiben. Du und deine Inhalte müssen also immer wieder aufs Neue überzeugen. Auch die Algorithmen der Netzwerke unterstützen diesen Trend.

1.2 Deine Grundeinstellung: Verlerne alles, was du weißt

Warum arbeitet man im Marketing mit komplexen Systemen wie Kunden-Avataren, Wunschkundinnen und ähnlichen Konzepten? Es geht dabei vor allem darum, dass man die eigene Sicht als Expertin oder Experte auf ein Thema verlässt, seine Insider-Brille ablegt und Worte und Zugänge findet, welche die richtigen Personen erreichen.

Journalist*innen haben hier einen etwas anderen Ansatz – auch weil sie ihre Zielgruppe meist weniger spitz definieren als Marketer. Sie müssen prinzipiell davon ausgehen, dass *jeder und jede* verstehen muss, was sie erfahren und schreiben (mehr dazu in Abschnitt 4.1, »Let's talk Zielgruppe: Für wen ist dein Content?«).

Deshalb fragen sie sich zu Beginn: Wie würde ich dieses Thema angehen, wenn ich nichts darüber wüsste? Welche Fragen würde ich stellen? Diese Einstellung hilft auch Content Creator*innen, weil sie uns auf die klassischen W-Fragen zurückwirft.

- Wer?
- Was?
- Wann?
- Wie?
- Wo?
- Warum?
- Wozu?

Vielleicht klingt es für dich banal, wenn ich daran erinnere, dass diese Fragen in jeder Art von Content unbedingt beantwortet werden müssen. Und doch sind es genau diese scheinbar banalen Informationen, die oft verloren gehen, wenn man selbst zu tief in einem Thema steckt. Dann entstehen zum Beispiel Posts, die auf eine Veranstaltung hinweisen, aber das Datum nicht nennen. Oder ausführliche Blogartikel darüber, wann man welche Bäume stutzen sollte, die aber verschweigen, warum das sinnvoll ist. »Den Blog liest ja eh nur ein Fachpublikum.« ist schlichtweg eine faule Ausrede derjenigen, die nicht bereit sind, sich in die Rolle eines Anfängers einzudenken.

Auch Google und andere Suchmaschinen mögen es nicht, wenn dein Artikel wichtige W-Fragen unbeantwortet lässt. Denn dann wird dein Artikel nur von denjenigen gefunden, die »wann welches Gehölz stutzen« eingeben. Und nicht von denen, die sich fragen: »Wie trägt ein Baum mehr Früchte?« SEO-Optimierung heißt eben auch: klar, einfach und für alle schreiben.

Neugierig und vor allem unvoreingenommen sollte dein journalistischer Blick auf ein Thema sein. Dein Ego, das unbedingt zeigen will, wie viel es weiß, hat erst einmal Pause. Du darfst wieder ein absoluter Beginner sein.

Mit diesem frischen Blick verhinderst du, dass dir dein eigenes Wissen mitsamt den daraus gebildeten Meinungen und Vorurteilen im Weg steht. Denn wenn du eh schon weißt, was du schreiben willst, übersiehst du in deiner Recherchephase das, was deinen eigenen Vorstellungen widerspricht. Alles, was auf eine ganz andere Geschichte hinweisen könnte. Alles, was dich überraschen und damit auch dein Ergebnis begeisternd machen könnte.

Der Beginnerblick verhindert zudem, dass du auf veraltete und klischeehafte Bilder zurückgreifst. Dass du zum Beispiel, wenn du ein Porträt über einen Menschen aus dem autistischen Spektrum schreiben möchtest, von Anfang an nur Ausschau danach hältst, wo sich die Person in sozialen Situationen schwertut und wo sie sich als besonders genial erweist. Du kannst das Neue nur entdecken, wenn du neu-gierig bist und staunend beobachtest und sammelst.

Dazu gehört es auch, in Interviews genau zuzuhören und nicht davon auszugehen, dass du ohnehin weißt, was die Person sagen wird (mehr zu guten Interviews und Gesprächen in Kapitel 6, »Gespräche führen, die faszinieren«).

Keine Sorge – der Moment, in dem du deinen naiv-frischen Blick auf ein Thema ablegen wirst, kommt früh genug. In Kapitel 4, »Recherchieren wie Karla Kolumna«, werden wir das Thema Recherche vertiefen, und du lernst zum Beispiel, in welcher Reihenfolge du am besten welche Informationsquellen anzapfst, um die Geschichte zu erzählen, die im Thema verborgen liegt. Spätestens, wenn du dein Material sichtest und bewertest, ist es Zeit, sich zu fragen, ob man das »nicht auch noch anders sehen könnte« und ob deine Argumentation wirklich schlüssig ist oder ob du nachhaken solltest.

Natürlich ist es wertvoll, wenn du als Journalistin oder Content Creator ein breites Allgemeinwissen hast. Nicht umsonst haben die meisten Journalistenschulen in ihre Bewerbungsverfahren auch happige Wissensfragen aus sämtlichen gesellschaftlichen Bereichen integriert. Nur wer viel weiß, bemerkt es auch, wenn ihm eine PR-Abteilung oder eine gewiefte Expertin einen Bären aufbinden möchte.

Wer aber nie vergisst, wie viel er weiß, schreibt Schlaumeierartikel, die sein Publikum nicht versteht. Die Gefahr ist für Content Creator, die auf ein bestimmtes Thema spezialisiert sind oder seit Jahren für ein und denselben Kunden Content erstellen, sogar noch größer als für Journalisten. Denn für letztere sind viele Themen ja tatsächlich neu.

Und es gibt noch einen guten Grund für die Anfängerinnenperspektive: Deine Sprache wird spannender. Wenn du ein Thema von außen betrachtest, fällt es dir leichter, dich von langweiligen Klischees und ausgelutschten Bildern zu verabschieden und neue Metaphern zu suchen. Also trau dich eine vorübergehende Wissens- und Vorurteilsamnesie anzunehmen!

Und was, wenn dir das schwerfällt? Dann hilft nur noch eines: Sprich mit einer Person, die wirklich keinerlei Ahnung von deinem Thema hat. Frag sie, was sie darüber wissen möchte. In den Redaktionen, in denen ich bisher gearbeitet habe, war das gängige Praxis: Man geht als Sportredakteur zur Kollegin aus dem Wirtschaftsressort und fragt sie, was sie über das morgige Skirennen wissen will. Oft dauert so ein Gespräch nur fünf Minuten – bringt aber einen unvoreingenommenen frischen Blick auf dein Thema.

Und wenn du keine Kolleginnen hast? In meinen Kursen biete ich den Content Creator*innen die Gelegenheit, sich einem Fragen-Feuerwerk zu stellen. Dabei sprechen sie kurz über ihr Herzensthema und werden dann im Zoom-Chat mit Fragen bombardiert – von vielen fachfremden Menschen. Diese simple und zugleich unfassbar wirksame Methode hat sich übrigens Business Coach Lilli Koisser ausgedacht – sie nennt das »Ask me anything«. Die Teilnehmer*innen sammeln durch die Fragen Themen für ihren Content und Ideen, wie sie diesen präsentieren könnten. Die häufigste Reaktion der Befragten ist: »Ach so, ich dachte, das wäre klar. Dann muss ich wohl noch mehr bei den Basics ansetzen.«

KI-TIPP: Lass ChatGPT den Anfänger spielen

Auch Tools für künstliche Intelligenz können dich dabei unterstützen, die Anfängerbrille aufzusetzen. Dabei machst du dir zunutze, dass die KI in verschiedene Rollen schlüpfen und dir Fragen stellen kann. Gerade das sprachbasierte Tool ChatGPT funktioniert dabei wie ein Sparringspartner, und du kannst diesen mit deinen Fragen, den so genannten Prompts, steuern. So fragst du zum Beispiel: »Lass uns spielen. Du bist ein 35-jähriger Mann und hörst zum ersten Mal von einer langfristigen Geldanlage via

ETFs. Was sind deine Fragen dazu?« In Abbildung 1.4 siehst du die Antworten, die du für deine Recherche für deinen Content verwenden kannst. Die Antworten werden umso besser, je klarer du die Persona definierst – also die Person für die ChatGPT antworten bzw. Fragen stellen soll.[7]

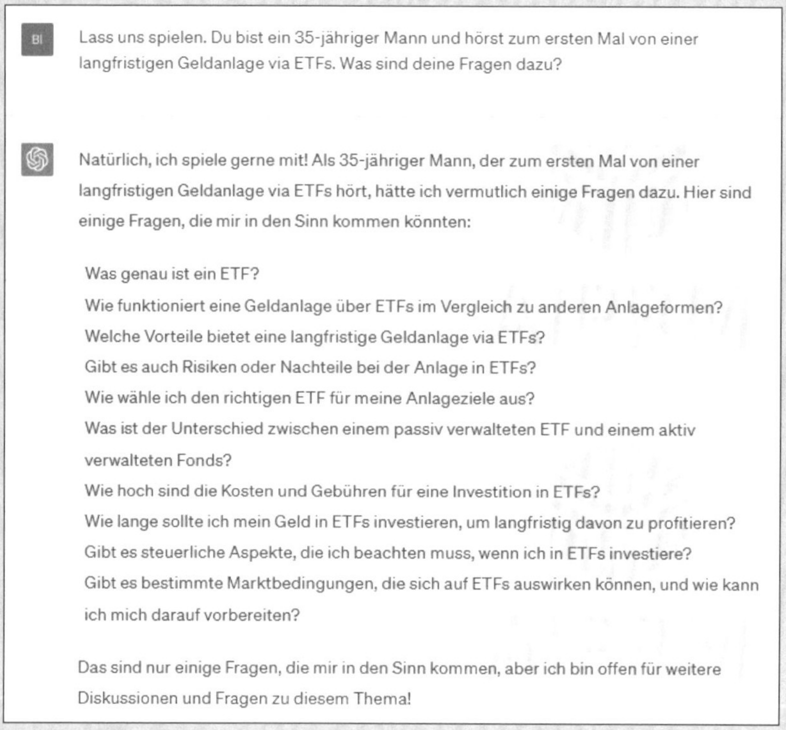

Lass uns spielen. Du bist ein 35-jähriger Mann und hörst zum ersten Mal von einer langfristigen Geldanlage via ETFs. Was sind deine Fragen dazu?

Natürlich, ich spiele gerne mit! Als 35-jähriger Mann, der zum ersten Mal von einer langfristigen Geldanlage via ETFs hört, hätte ich vermutlich einige Fragen dazu. Hier sind einige Fragen, die mir in den Sinn kommen könnten:

Was genau ist ein ETF?
Wie funktioniert eine Geldanlage über ETFs im Vergleich zu anderen Anlageformen?
Welche Vorteile bietet eine langfristige Geldanlage via ETFs?
Gibt es auch Risiken oder Nachteile bei der Anlage in ETFs?
Wie wähle ich den richtigen ETF für meine Anlageziele aus?
Was ist der Unterschied zwischen einem passiv verwalteten ETF und einem aktiv verwalteten Fonds?
Wie hoch sind die Kosten und Gebühren für eine Investition in ETFs?
Wie lange sollte ich mein Geld in ETFs investieren, um langfristig davon zu profitieren?
Gibt es steuerliche Aspekte, die ich beachten muss, wenn ich in ETFs investiere?
Gibt es bestimmte Marktbedingungen, die sich auf ETFs auswirken können, und wie kann ich mich darauf vorbereiten?

Das sind nur einige Fragen, die mir in den Sinn kommen, aber ich bin offen für weitere Diskussionen und Fragen zu diesem Thema!

Abbildung 1.4 ChatGPT als Sparringspartner für Anfängerfragen.

Das Wichtigste in Kürze

Geschichten, die du aus deinem bereits vorhandenen Wissen heraus erzählen kannst, solltest du grundsätzlich skeptisch gegenüberstehen. Die Gefahr ist groß, dass du die Schlaumeier-Brille trägst oder in langweilige Klischees verfällst. Um Neues und Überraschendes zu erkennen, darfst du für die Recherche alles vergessen, was du weißt. Die sieben W-Fragen können dir dabei helfen, dich wieder als Anfänger zu fühlen. Solltest du dich damit schwertun, such das Gespräch mit Menschen, die keine Ahnung von deinem Thema haben, und frag sie, was sie wissen wollen.

7 Mehr Informationen über gute Prompts für ChatGPT und Co findest du in Andreas Berens/Carsten Bolk: Content Creation mit KI. Rheinwerk Verlag, 2023.

1.3 Geh weg vom Schreibtisch und nimm mich mit!

Ich habe mich lange gefragt, warum die YouTube-Videos von Comedienne Hazel Brugger es jede Woche in den deutschen YouTube-Charts so weit nach oben schaffen. Denn inhaltlich ist das, was hier vor der Kamera passiert, eher dünn. Die Komikerin geht auf Kartoffelfeste, Gamer-Messen, zum Seifenkistenrennen und zu »Fridays for Future« und stellt dort nach Zufall ausgewählten Menschen ziemlich belanglose Fragen zum Event. »Wisst ihr was Boomer sind?«, fragt sie die Kleinsten auf der Klimademo, und vom Apfelverkäufer auf dem Kartoffelfest will sie wissen, was er denn mit Himmelsäpfeln statt Erdäpfeln hier zu suchen habe (siehe Abbildung 1.5). Informationsgehalt und Nachrichtenwert gehen also gegen null.

Aber Hazel Brugger hat zwei große Vorteile gegenüber vielen anderen YouTube-Creatoren: Zum einen ist sie auf Kommando schlagfertig und lustig. Und das kann schon Mehrwert genug sein. Zum anderen hat sie schlichtweg ihre Wohnung verlassen. Und das ist etwas, was ihr jeder nachmachen kann – auch Content Creator*innen ohne Comedy-Talent. Hazel Brugger geht dorthin, wo etwas passiert, und berichtet nicht einfach nur vom Hörensagen. Sie nimmt die Menschen mit ins Geschehen. Das ist nicht selbstverständlich. Die allermeisten Content-Stücke entstehen am Schreibtisch. Das war schon vor den Corona-Lockdowns so und gilt jetzt sogar noch verschärft. Wir sind es so sehr gewohnt, dass wir alle Infos digital aufbereitet am PC abrufen können, dass es schlichtweg erfrischend ist zu sehen, wie jemand den Schreibtisch verlässt und mit Menschen spricht.

Abbildung 1.5 Hazel Brugger schafft es, dass das Kartoffelfest in Wülfrath in die YouTube-Charts kommt.[8]

8 *https://youtu.be/Pz16eOjXt2A*

In Redaktionen heißt es oft, der Lokaljournalismus sei die Königsdisziplin des Journalismus. Denn wer lokal arbeitet, kann sich nicht in der Redaktion verstecken – er muss sich vor Ort sehen lassen. Und die eigenen Augen und Ohren überall haben. Wehe, die Bürgermeisterin wird falsch zitiert oder im Bericht über das Narrenbaumstellen wird eine Guggenmusik-Kapelle genannt, die wegen Krankheit gar nicht vor Ort war. Dann laufen die Telefone in den Redaktionen heiß. Wenn hingegen Bundeskanzler Olaf Scholz falsch zitiert wird oder in der Kriegsberichterstattung aus dem Ausland Regionen vertauscht werden, bewegt das meist keinen müden Leser aus seinem Sessel.

Im Prinzip kann man sagen, dass Lebendigkeit und Glaubwürdigkeit eines Content-Stücks auch davon abhängen, wie sehr du als Content Creator deine eigene Bequemlichkeit überwunden hast.

Hier die Reihenfolge von »besonders lebendig« bis hin zu »vermutlich recht trocken zu lesen«:

1. Du bist vor Ort im Geschehen dabei gewesen und hast eigene Eindrücke gesammelt oder gefilmt.
2. Du hast dich mit jemandem getroffen und persönlich über ein Thema ausgetauscht – im Idealfall an einem Ort, der mit dem Thema zu tun hat.
3. Du hast zumindest via Zoom oder telefonisch ein Gespräch mit einer Person geführt, die für das Thema steht.
4. Du hast mit Personen gemailt und ihnen schriftlich Fragen gestellt.
5. Du hast gelesen, was bisher zum Thema geschrieben wurde, und beziehst dich auf das Gelesene.

In meiner Zeit in der Lokalredaktion habe ich in zwei verschiedenen Städten eine »24 Stunden in …«-Reportage-Serie betreut und geschrieben. Wir waren jede Stunde an einem anderen Ort, wo wir vermuteten, dass es dort zu dieser Zeit besonders spannend sein könnte. Von der Autobahnbaustelle in der Nacht über die Tierarztpraxis im Nachmittagsgewusel bis hin zum Jägerhochsitz in der Abenddämmerung. Manche Orte wiederholten sich. Man sollte meinen, dass ich aus der Bäckerei in Lahr morgens um 4 Uhr dasselbe zu berichten hatte wie aus der in Lörrach. Aber tatsächlich entstanden sehr unterschiedliche Geschichten. Weil unterschiedliche Menschen die Hauptrolle spielten und die Stimmung eine ganz andere war. Aber all das sieht und spürt nur der, der sich vom Schreibtisch wegbewegt. Nur er kann die Menschen mit ins Geschehen nehmen.

Leider fehlt dafür oft die Zeit. Nicht nur in den Onlineredaktionen und Content-Schmieden, sondern sogar in den Lokalredaktionen. Man verlässt sich auf Pressemitteilungen, Agenturmeldungen und nicht zuletzt auf Google. Manch Journalist nennt es schon Recherche, wenn er zum Telefonhörer greift, oder Zitate aus einem Twitter-Feed herausfischt.

Und je seltener die Geschichten werden, die direkt aus dem Geschehen berichten, umso wertvoller sind diese. Denn sie fallen auf. Sie sind lebendiger und echter als alles, was man sich je hätte zusammengoogeln können. Wolf Schneider und Paul-Josef Raue schreiben in »Das neue Handbuch des Journalismus«:

> *Erzählen kann jeder Journalist. Er muss nur die Pressemitteilungen in den Papierkorb werfen, das Telefon vergessen und den Schreibtisch verlassen. Wenn über die nächste Gesundheitsreform gestritten wird, macht er sich auf den Weg ins Krankenhaus; wenn die Agentur den Bericht des Wehrbeauftragten vorstellt, besucht er die Kaserne.*[9]

Wie kannst du als Content Creator den Schreibtisch verlassen und die Community mitnehmen? Eine der wichtigsten Fragen hierfür lautet:

Wenn ich das jetzt nicht einfach nur behaupten, sondern zeigen will – wo müsste ich hingehen?

Nehmen wir an, du sollst als Content Creatorin etwas über die neuen Druckgussmaschinen in deinem Unternehmen posten. Du könntest aus Bequemlichkeit oder Gewohnheit einfach abschreiben, was in der internen Hausmitteilung steht. Nämlich, dass die neuen Druckgussmaschinen dreimal so schnell sind wie die alten. Viel lebendiger ist dieser Content: Du gehst in die Produktion – du nimmst die rhythmischen Geräusche der Maschinen auf Video auf. To-dom-to-dom-to-dom. Du zeigst, wie der Arbeiter die Jacke auszieht (aha, offenbar ist es warm!), und dann filmst du die fertigen Metallteilchen, die im Akkord in den Auffangbehälter klimpern. Erst dann taucht der Leiter der Produktion auf, hebt zwei Eimer hoch. Bei dem einem ist kaum der Boden bedeckt. Den anderen Eimer kann er kaum anheben. »Das haben wir früher in 30 Sekunden produziert«, sagt er. »Und uuuff – das hier produzieren wir heute in der gleichen Zeit.«

Und wie du siehst, lässt sich all das auch mit Text beschreiben. Du musst also kein Video Creator sein, um den Schreibtisch zu verlassen und Eindrücke zu sammeln.

Was aber, wenn alles, was passiert, tatsächlich am Schreibtisch stattfindet? Selbst in einen Schreibtischtag eines Onlinebusinesses kann man die Community mitnehmen. Der einfache Trick lautet: Sprich nicht einfach nur in die Story und erzähle, was gerade passiert IST, wenn es schon vorbei ist. Sondern lass die Kamera währenddessen mitlaufen. Sammle von dem, was du den Tag über tust, Schnipsel und Impressionen. Und wenn du darfst: Teile Momente aus deinen Meetings und Sitzungen, die besonders waren. Selbst dann, wenn sie nur online stattgefunden haben. Vielleicht kannst du deinen Kunden sogar mal einen kostenlosen Tipp oder eine kostenlose Beratung anbieten, die du filmen und verwenden darfst?

---

9 Wolf Schneider, Paul-Josef Raue: Das neue Handbuch des Journalismus. Rowohlt, 2009, S. 114

In meinem Business helfe ich Unternehmer*innen, ihr großes Warum, ihren Purpose zu finden. Eines meiner allerliebsten Kundinnen-Testimonials ist ein Vier-Sekunden-Clip, der die Zuseher mitten in den Moment hinein katapultiert, in dem meine Kundin ihren persönlichen Warum-Satz gefunden hat. Ihr begeisterter Ausruf: »Alter, das ist mega!« ist so viel stärker als jedes Lob, das sie hätte im Nachhinein aufnehmen oder aufschreiben können. Einen Screenshot aus dem Video, das bei mir immer mal wieder in Dauerschleife läuft, siehst du in Abbildung 1.6. So einfach kann ich die Community mitnehmen in den Moment. Und ich muss dafür nicht einmal den Schreibtisch verlassen.

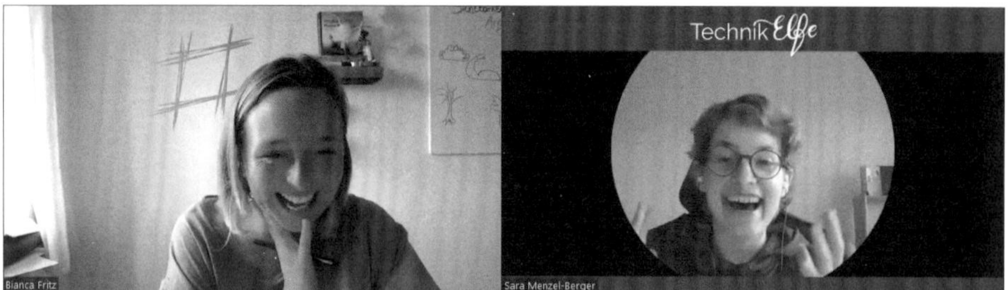

Abbildung 1.6 Die Menschen einfach mal live erleben lassen, wie deine Arbeit ankommt, anstatt sie nur Testimonials lesen zu lassen.[10]

Das Wichtigste in Kürze

Zu recherchieren bedeutet mehr, als eine Frage bei Google einzugeben – nämlich den Schreibtisch zu verlassen und mit Menschen zu sprechen. Gerade jetzt, da die Geschichten, in die wir wirklich mitgenommen werden, rar werden, kannst du damit punkten. Frag dich: Wo und wie kann ich das zeigen? Wie kann ich die Community mitnehmen und wie kann ich ihr etwas zeigen, anstatt es einfach nur zu behaupten?

1.4 Mit Content Vertrauen schaffen

Wer mit seinem Content Vertrauen schafft, sorgt dafür, dass ihm die Menschen mit Offenheit begegnen. Wenn sich diese Offenheit durch gute Erfahrungen bewährt – zum Beispiel durch die Erfahrung »Hier werde ich gut unterhalten.« oder »Hier werde ich gut informiert.« –, wird aus Offenheit die seltener gewordene, aber umso wichtigere Loyalität. Loyale Communitys teilen deine Beiträge, empfehlen dich weiter – wodurch deine Reichweite steigt. Und nicht zuletzt steigt mit der Loyalität auch die Kaufbereitschaft.

10 *https://youtu.be/9hp3raCBsk8*

Auch für Journalisten ist Vertrauen eine wichtige Währung. Sie sorgt dafür, dass die Medien, für die sie arbeiten, als glaubwürdig und verlässlich wahrgenommen werden. Und das führt letztendlich dazu, dass Medien Aufmerksamkeit und Geld aus Abos und von Werbepartnern erhalten. So werden die Journalisten für ihre inhaltliche Arbeit bezahlt.

Anders als bei Content Creator*innen gehört zudem die Wahrheitsfindung zur Arbeitsbeschreibung einer Journalistin. Immerhin wollen Journalisten dazu beitragen, dass sich die Bevölkerung eine Meinung bilden und gute Entscheidungen auf Grundlage ihrer Arbeit treffen kann. Wie Journalist*innen vorgehen, um die Wahrheit möglichst hilfreich und genau abzubilden, wird in ethischen Standards festgelegt. Diese sind teilweise gesetzlich verankert, zum Beispiel in den Landespressegesetzen, und teilweise unterliegen sie der Selbstverpflichtung. Die Wichtigsten sind:

- Unabhängigkeit. »Einen guten Journalisten erkennt man daran, dass er sich nicht gemein macht mit einer Sache, auch nicht mit einer guten Sache«, lautet ein berühmtes Zitat von Tagesthemen-Moderator Hanns Joachim Friedrichs, das zum geflügelten Wort in der Medienbranche geworden ist. Bestimmte Recherchetechniken sollen diese Unabhängigkeit gewähren. Auch wenn es heute leider gängige Praxis ist, die Unabhängigkeit von Journalisten mit Werbegeschenken, Pressereisen, und dem Tausch »Artikel für bezahlte Anzeige« zu untergraben.
- Journalisten übernehmen Verantwortung für korrekte Fakten.
- Sie sind fair und lassen alle Seiten zu Wort kommen. So versuchen sie, ausgewogen Bericht zu erstatten. Als eine Auswirkung dieses Grundsatzes habe ich beispielsweise erlebt, dass in Lokalredaktionen vor Kommunalwahlen ganz genau die Zeichen gezählt wurden, damit alle Kandidaten gleichermaßen zu Wort kamen, und man in den Tagen vor der Wahl gar ganz auf Zitate der Politiker verzichtete, damit niemand den Vorteil des »letzten Wortes« genießen konnte.
- Journalisten schützen die Privatsphäre der Menschen, über die sie berichten – es sei denn, es besteht ein öffentliches Interesse an dem, was die Person tut, das schwerer wiegt als ihre Privatsphäre. Ob das so ist, wird im Einzelfall beschlossen und ist nicht selten auch Gegenstand von rechtlichen Prozessen. So zum Beispiel in der Klage von Herzogin Meghan Markle gegen die britische Boulevardzeitung »Sun«, die einen privaten Brief der Herzogin an ihren Vater veröffentlicht hat.

Dass Content Creator diese ethischen Standards ebenfalls befolgen, ist heute eher selten. Diejenigen, die es tun, sind oft ehemalige Journalisten. Wenn sie zu Content Creator*innen mit eigenen Kanälen werden, steckt dahinter oft die Hoffnung, unabhängiger der Wahrheit folgen zu können, als sie dies in den großen Medienhäusern tun konnten. Denn dort mussten sie sich Redaktionsgrundsätzen und wirtschaftlichen

Zwängen beugen. So entstand zum Beispiel die Plattform »Krautreporter«, die werbefreien Journalismus anbietet – bezahlt durch die Mitgliedschaften der Leserinnen und Leser.[11]

Ein Grund, warum Content Creator ihre Inhalte weniger streng auf Wahrheit, Fairness und Unabhängigkeit überprüfen, liegt schlichtweg darin, dass sie nicht unabhängig sind. Sie arbeiten für Kunden, die sie in gutem Licht darstellen sollen, oder erstellen Inhalte, die ihre eigenen Angebote vermarkten.

Trotzdem bin ich überzeugt davon, dass Content wertvoller wird, wenn er sich an Wahrheitsgrundsätzen orientiert. Nicht nur, weil Content Creator so Vertrauen gewinnen, die vielleicht wichtigste und seltenste Onlinewährung überhaupt, sondern auch, weil sie ein moralisches Interesse an der Wahrheit haben sollten. Falschinformationen zu verbreiten, ist auch Content Creatorinnen untersagt, wie du bereits im Interview mit Claudia Gips in Abschnitt 1.1, »Treue Follower waren gestern: Warum heute jeder Post ein Hit sein muss«, gelernt hast.

Wer Inhalte erstellt und veröffentlicht, trägt eine Verantwortung. Er kann Menschen beeinflussen und zu guten oder schlechten Entscheidungen bewegen. Deshalb möchte ich einige der konkreten Methoden vorstellen, die Journalisten anwenden, um der Wahrheit zu dienen. Und ich werde zeigen, wie und warum sie auch für sie für Content Creator*innen wertvoll sind.

Ein Satz als moralischer Kompass

Ist es richtig und wichtig, einen Inhalt zu verbreiten? Auch ohne sich bestimmten Grundsätzen zu verschreiben, bringen die meisten Menschen einen guten moralischen Kompass mit. Wenn ich unsicher bin, ob ich etwas veröffentlichen möchte, nutze ich den Satz: »Muss ich das so sagen?« Wenn man ihn in seine einzelnen Bestandteile aufdröselt, enthält er gleich mehrere wichtige Fragen, die wir meist aus dem Bauch heraus beantworten können:

- Sagen müssen: Ist es notwendig und richtig, dass ich das sage?
- Ich: Bin ich die richtige Person/Institution, um über dieses Thema zu sprechen?
- Das: Ist das, was ich sagen möchte, wichtig und korrekt?
- So: Ist die Art und Weise, wie ich es sagen möchte, angemessen und fair?

Das Wichtigste in Kürze

Vertrauen aufzubauen, ist für Journalist*innen, deren Aufgabe die Wahrheitsfindung ist, essenziell. Daher geben sie sich selbst ethische Standards für ihre Arbeit. Einige davon sind auch für die Arbeit von Content Creator*innen wertvoll. Denn letztendlich trägt jeder, mit den Inhalten, die er im Netz veröffentlicht, zur Meinungsfindung

11 *https://krautreporter.de/3354-krautreporter-verstandlich-erklart*

bei und trägt damit Verantwortung. Zudem profitieren Content Creator davon, wenn sie Vertrauen aufbauen, da dies ihnen Reichweite und die Kaufbereitschaft einer bewussten Käuferschaft einbringt.

1.4.1 Fakten prüfen

Das Video war lang hoch emotional. Weinende Kindersoldaten in Uganda. Ein US-amerikanischer Filmemacher, der sich vorgenommen hat, den Kopf der ugandischen Kriegsverbrecher, Joseph Kony, nicht nur bekannt zu machen, sondern zu stoppen. Als ich in Tränen aufgelöst am Ende des Videos ankam, hatte der Dokumentarfilmer nur eine einzige und leicht zu erfüllende Bitte an mich: »Teile das Video, damit mehr Menschen auf die Problematik aufmerksam gemacht werden.« So sollten letztendlich Spenden gesammelt werden, um die USA mit Plakaten und Aufklebern zu pflastern. Selbst Kony-T-Shirts sollten gedruckt werden. Wie genau das bei der Festnahme des Kriegsverbrechers helfen sollte, wurde allerdings nicht erklärt.

Abbildung 1.7 Die Kampagne von Invisible Children verbreitete sich in Windeseile – mit allen darin enthaltenen Falschinformationen.[12]

Wenn ich mir das Video heute noch einmal ansehe, ist es mir peinlich, wie schnell ich damals bei Facebook auf Teilen geklickt habe. Ich ergänzte sogar noch eine Nachricht an meine Freunde, dass diese Infos die halbe Stunde Zeit, die das Video kostet, auch wirklich wert sind. Ich war zu diesem Zeitpunkt noch festangestellte Journalistin und auf Facebook hauptsächlich privat unterwegs. Und TROTZ meiner journalistischen

12 *https://vimeo.com/37119711*

Ausbildung läuteten meine Alarmglocken nicht. Auch weil das Video von meiner ehemaligen Universität geteilt worden war. Ich fühlte mich ehrlich gesagt sogar ein bisschen gut dabei. Ich hatte zur Aufklärung über die Umstände von Kindersoldaten in Uganda beigetragen – und das mit nur zwei Klicks. Meine Freunde teilten das Video emsig weiter. Und wir waren in guter Gesellschaft: Das KONY-2012-Kampagnenvideo war die sich bis dato am schnellsten verbreitende Kampagne auf Social Media. Auch weil viele Prominente sie teilten.

Doch schon wenige Tage darauf häuften sich die kritischen Stimmen in den klassischen Medien und Uganda-Experten wurden zitiert. Die Situation in Uganda sei so stark vereinfacht dargestellt worden, dass es nicht mehr den Fakten entspräche. Die taz schrieb beispielsweise, dass die Zahl der im Film suggerierten Kampfkraft von 30.000 Kindersoldaten komplett übertrieben sei und die LRA mit wenigen Hundert Mann um ihr Überleben kämpfe – und zwar außerhalb von Uganda.[13] Zudem wurde Kritik am Filmemacher laut, der hier das Bild einer wehrlosen schwarzen Bevölkerung zeichne, die den großen weißen Retter aus den USA benötigen würden. Auch die Non-Profit-Organisation »Invisible Children« wurde unter die Lupe genommen – offenbar landeten nur rund 30 Prozent der von ihnen gesammelten Spendengelder bei Hilfsprojekten in Afrika.

Ich war in eine typische Anfängerfalle auf Social Media getappt: Ich hatte etwas geteilt, weil es sich für mich einfach »richtig« anfühlte, das zu tun. Ich war emotional berührt und so überzeugt, dass ich mir nicht einmal mehr die Mühe gemacht hatte, die Hilfsorganisation zu googeln. Geschweige denn irgendetwas zu überprüfen, was im Video behauptet wurde.

Dabei waren so ziemlich alle Warnzeichen vorhanden, dass hier eine Überprüfung angebracht ist. Solche Warnsignale für Scam und Fake News sind zum Beispiel:

- Die Wahrheit, die dir präsentiert wird, ist simpel und eindeutig. Die Bösewichte und die Guten sind sofort ersichtlich. So sehr wir uns das wünschen würden: Die Realität ist selten so klar und einfach.
- Das, was präsentiert wird, ist unerhört, ungerecht und darf einfach nicht wahr sein. Aufregerthemen, die auf große unbekannte Ungerechtigkeiten hinweisen, verbreiten sich in Windeseile auf Social Media. Und der Algorithmus unterstützt dies, weil er von starken Emotionen profitiert. Zudem werden die Themen emotional vorgetragen von direkt oder indirekt Betroffenen. Wenn die Fakten schon für sich sprechen würden, wäre eine solch hoch emotionale Darstellung kaum nötig.
- Der Gedanke »Das habe ich ja noch nie gehört – das müsste doch eigentlich überall in den Nachrichten sein.« sollte immer ein Anlass zur Recherche auf klassischen Nachrichtenportalen sein. Die Empörung darüber, dass »die Medien« ein Thema

13 *https://taz.de/Video-der-Woche/!5098770/*

ignorieren würden, ist sehr oft ein Trick, um Aufmerksamkeit zu erlangen. Eine kurze Recherche zeigt dann, dass das Thema sehr wohl präsent ist.

- Auf Quellenangaben wird weitestgehend verzichtet und/oder der Beitrag beruft sich einzig und allein auf eine Quelle. Das darf Anlass dazu sein, sich genauer über diese Quelle zu informieren. Bei Expert*innen: Welche Qualifikation haben sie? Welchen Interessenverbänden gehören sie an und wie finanzieren sie ihre Arbeit? Bei Websites: Wer steckt hinter der Website und wie finanziert sich diese?

Ein Faktencheck klingt aufwendig – aber tatsächlich hilft meist schon eine kurze Recherche im Internet dabei, keinen Blödsinn weiterzuverbreiten. Wie so oft ist es dabei hilfreich, sich an den W-Fragen zu orientieren. Die folgende Grafik (Abbildung 1.8) gibt einen schnellen Überblick, wie die Fragen beim Einordnen von Informationen helfen.

Abbildung 1.8 Die W-Fragen helfen bei einem schnellen Faktencheck.

Da Journalist*innen von renommierten Medien der Wahrheitsfindung verpflichtet sind, kann ein Blick auf die Webseiten von klassischen Medien bereits eine Einordnung geben.

Folgende Webseiten sind zudem auf Faktenchecks spezialisiert, insbesondere von aktuell kursierenden Falschmeldungen:

- Mimimaka.org: Betrieben von einem Verein, weist vor allem auf Internetbetrug und online verbreitete Falschmeldungen hin. Auch viele Medien informieren sich hier. Finanzierung durch Werbebanner und Spenden.
- Correctiv.org/faktenCheck: Zeigt aktuelle Fake News und unter falschen Behauptungen in Umlauf gebrachte Bilder auf. Gehört zum spendenfinanzierten Onlinemagazin Correctiv und unterliegt dem Landespressegesetz.
- faktencheck.afp.com: Faktencheck-Service von Journalisten der Nachrichtenagentur afp

- dpa-factchecking.com/germany: Faktencheck-Service von Journalist*innen der Nachrichtenagentur dpa
- tagesschau.de/faktenfinder/: Faktencheck zu aktuellen Meldungen, recherchiert von Journalisten der Tagesschau

Natürlich können auch Faktenchecker irren – aber zumindest kannst du die Gefahr, etwas zu verbreiten, was offensichtlich nicht den Tatsachen entspricht, mit einer kurzen Recherche schon stark verringern.

Und auch Bilder können lügen. Wenn du unsicher bist, ob ein Bild echt ist, bearbeitet oder gar aus dem Zusammenhang gerissen wurde, hilft eine Recherche bei so genannten umgekehrten Bilder-Suchmaschinen. Ein Bild hochladen (oder die Bild-URL eingeben) und ähnliche Bilder dazu erhalten geht zum Beispiel bei Google (siehe Abbildung 1.9) oder bei tineye.com.

Abbildung 1.9 Bild hochladen oder Bild-URL eingeben und Google Lens zeigt, wo dieses oder ähnliche Bilder bereits verwendet wurden.

Seit die breite Masse der Bevölkerung auch Zugriff auf Plattformen hat, in denen die künstliche Intelligenz Bilder jeder Art erzeugen kann, ist eine neue Schwierigkeit hinzugekommen. Zum Zeitpunkt des Erscheinen dieses Buches gibt es noch keine zuverlässige Methode, Bilder, die von Midjourney, DALL-E und Co erstellt wurden und nichts mit der Realität zu tun haben, zweifelsfrei zu erkennen. Und wie echt diese Bilder aussehen können, zeigen die ersten viral gegangenen KI-Bilder vom Papst in Daunenjacke und der scheinbaren Festnahme des Ex-US-Präsidenten Donald Trump, siehe Abbildung 1.10.

Abbildung 1.10 Wer genau hinsieht, kann die Fehler noch erkennen – aber KI-Fake-Bilder werden immer besser.[14]

Das Wichtigste in Kürze

Ein Faktencheck bewahrt dich auch als Content Creator davor, versehentlich Fake News zu verbreiten. Ignoriere dein schlechtes Bauchgefühl nicht, wenn etwas zu überraschend erscheint oder dir die Quellen unbekannt vorkommen, sondern nutze Faktencheck-Websites und blicke ins Impressum der genannten Quellen, um herauszufinden, wer hinter dem Inhalt steckt und wessen Interessen diese Person oder Organisation vertritt.

1.4.2 Quellen nennen

Damit Menschen die von dir genannten Fakten prüfen können, ist es wichtig, dass du deine Quellen nennst. Nur so kann deine Community sich selbst ein Bild über deren Glaubwürdigkeit machen. Kleiner Zusatznutzen: Jedem ist sofort klar, dass dein Text nicht von einer KI wie ChatGPT erstellt worden ist, die grundsätzlich keine Quellen nennt, sondern dass hier Menschen Informationen ausgewählt und gewichtet haben.

Mit gutem Beispiel voran gehen einige YouTuber wie Mai Thi Nguyen-Kim von Mailab und teilweise auch Rezo, die ihren Videos eine lange Quellenliste anhängen, siehe

14 *www.zdf.de/nachrichten/digitales/papst-daunenjacke-fake-ki-kuenstliche-intelligenz-100.html*

Abbildung 1.11. So können diejenigen, die tiefer einsteigen möchten, Studien und journalistische Artikel zum Thema nachlesen. Das ist eine Rarität in der Content-Welt. Dabei mag bei Kurztexten wie Instagram-Captions oder in Kurzvideoformaten wie Reels noch verständlich sein, dass die Creator möglichst wenig Zeichen oder Sekunden für Quellenangaben »verschwenden« wollen. Dass aber auch viele Blogartikel ohne eine einzige Quellenangabe geschrieben werden, ist mir unbegreiflich. Content ist oft so geschrieben, als ob er allgemeingültige Wahrheiten nennt – ohne zu benennen, woher die Autorin ihr Wissen bezieht.

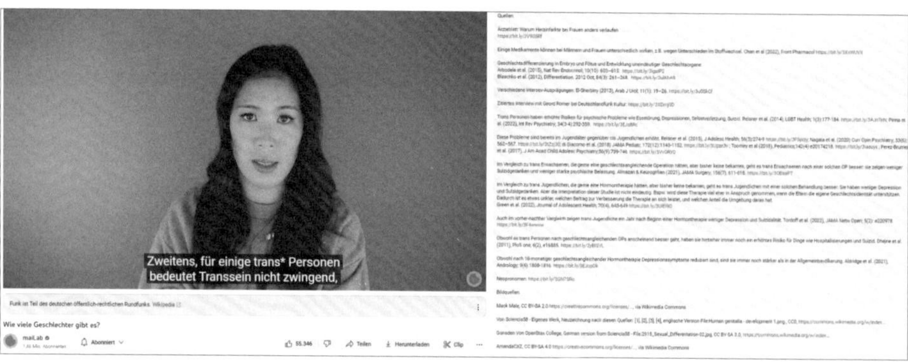

Abbildung 1.11 Mai Thi Nguyen-Kim fügt ihren Videos eine lange Quellenliste hinzu, damit sich Zuseher ein eigenes Bild machen können.[15]

Dein Content muss keine wissenschaftliche Arbeit werden, in der du selbst für Sprichwörter noch eine Primärquelle suchst und sie mit der Seitenangabe in einem Standardwerk versiehst. Aber das Klauen von Tipps und ganzen Textpassagen, ohne je eine Quelle zu nennen, muss ein Ende haben. »Copycats« nennt man sie unter Content Creator*innen. Und oft weisen die Beklauten darauf hin, dass sie schon damit zufrieden gewesen wären, zumindest als Quelle genannt zu werden. Ein Lichtblick sind hier aktive Communitys, die auf kopierten Content hinweisen. Und Content Creator, die auch juristisch gegen ihre »Copycats« vorgehen – und sie zumeist öffentlich an den Pranger stellen, um ein Unrechtbewusstsein zu schaffen.

Content Creator vergeben auch eine Chance, wenn sie nicht preisgeben, wie sie auf ein Thema gekommen sind, wo sie etwas gelesen haben oder wer sie auf ein Argument aufmerksam gemacht hat. Wenn die Person von ihrer Community darauf aufmerksam gemacht wird, dass du ihre Inhalte klaust und verbreitest, droht dir der Shitstorm. Wenn du die Person hingegen »tagst« – also markierst – und dich auf sie beziehst, besteht die Chance, dass sie sich freut und deinen Beitrag teilt. So profitiert ihr gegenseitig von eurer Reichweite, und es kann sogar eine Diskussion entstehen.

15 *https://youtu.be/8fraZlsmCio*

Bei TikTok und mit Instagram-Reels sind Unterhaltungen, in denen jeweils auf Kommentare mit einem Video geantwortet wird, bereits möglich. So kann ein Thema immer weitergedreht werden. Bei Stitches und Duetten wird der Urheber des Ursprungsgedankens nicht nur gezeigt, sondern das Quellenvideo wird (teilweise) abgespielt und natürlich verlinkt. Das ist eine ganz neue Art, Quellen zu würdigen. In Abbildung 1.12 siehst du ein Beispiel für ein Video bei TikTok, dass so immer weiter gereicht wurde. Zunächst wurde ein Video geteilt mit einer ungewöhnlichen Mascara-Werbung in einer U-Bahn. Dann schneidet ein TikToker seine eigene begeisterte Reaktion auf das Video ins Bild, und anschließend wird dieses Video wiederum von einer der Frauen »gestitcht«, die an der Marketingkampagne beteiligt war, und sie erzählt, wie es dazu kam.

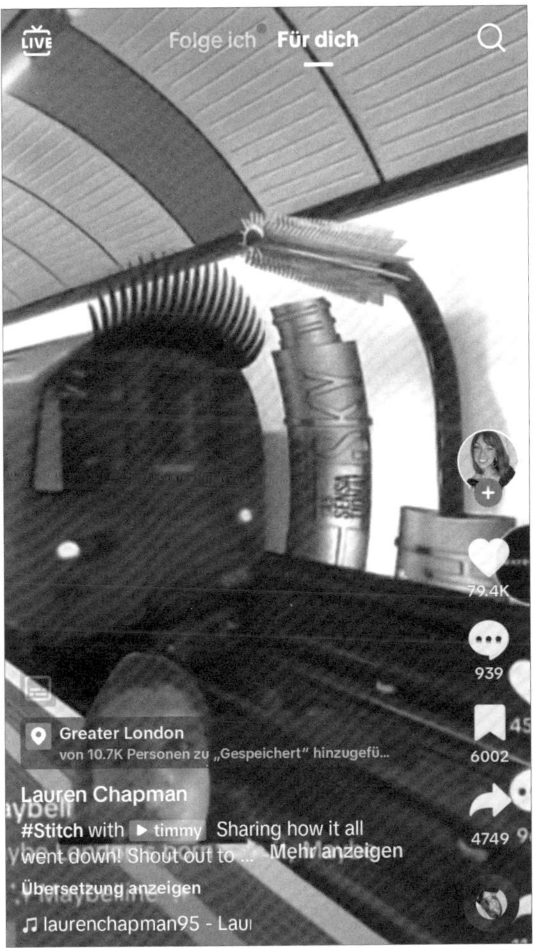

Abbildung 1.12 TikTok diskutiert über eine ungewöhnliche Marketingaktion von Maybelline, in der eine U Bahn geschminkt wird.[16]

16 *https://vm.tiktok.com/ZGJ4PeQNp/*

Aber auch wenn deine Quelle nicht auf derselben Plattform unterwegs ist und sich somit nicht verlinken lässt, tust du gut daran, sie zu erwähnen. Und zwar so, dass deine Community deine Quelle mit einer kurzen Recherche finden und selbst einsehen kann. Wie kannst du das umsetzen, ohne viele deiner wertvollen Zeichen zu verbraten?

Hier kannst du von Journalisten lernen. Sie erwähnen ihre Quelle einmal und in knapper Form, zum Beispiel so: »wie Polizeisprecher Hans-Jörg Rohe sagt« oder »schreibt Sybille Berg in ihrem neusten Buch« oder »wie Virologen der Charité in Berlin herausgefunden haben«. Wenn die Sätze danach in indirekter Rede stehen, weiß jeder: Diese Information stammt aus derselben Quelle.

Klingt der Konjunktiv der indirekten Rede für dich zu gestelzt? Möchtest du Sätze wie »das sei unmöglich zu umgehen, wenn man Erfolg haben wolle« umgehen? Dann versuch es mit einer »salvatorischen Klausel«. Zum Beispiel so: »Mark Zuckerberg stellt es so dar: Meta hat sich genaustens ...«.

Gelernt ist in unserem Leseverständnis, dass Faktenangaben, die im selben Absatz stehen, aus derselben Quelle sind. Allerdings sind die Absätze auf Social Media oft viel kürzer als die in Zeitungen oder Zeitschriften. Deshalb gehen deine Leser wohl eher davon aus, dass die Quelle dann wechselt, wenn du eine neue Quelle nennst.

All das stört den Lesefluss nicht – und ist ein wichtiger Service für unsere Community, der Vertrauen schafft.

Und wie ist das, wenn du als ausgewiesene Expertin auf deinem Fachgebiet Content erstellst? Also zum Beispiel als Dermatologin einen TikTok-Kanal führst, auf dem du Inhaltstoffe von Kosmetik bewertest? Tatsächlich kann eine Ausbildung oder Berufstätigkeit Beweis genug dafür sein, dass du über ein Thema Bescheid weißt, sodass du nicht jedes Mal Quellen nennen musst. Aber auch hier gilt: Es zumindest hin und wieder zu tun, steht dir gut und zeugt von Professionalität. Denn so gibst du der Community die Möglichkeit, auch einmal selbst nachzuschlagen und sich von deiner Expertise zu überzeugen.

Das Wichtigste in Kürze

Nenne die Quellen deiner Informationen. Das ermöglicht deiner Community, selbst zu überprüfen und einzuschätzen, ob diese vertrauenswürdig sind, und ist somit ein wichtiger Service. Dabei musst du nicht so detailliert zitieren, als würdest du eine wissenschaftliche Arbeit schreiben. Ein einfacher Querverweis reicht aus, wenn dieser deiner Community ermöglicht, selbst nachzuforschen oder nachzufragen. Wenn deine Quelle im selben Netzwerk unterwegs ist und du sie taggst, kann eine Diskussion entstehen und du gewinnst Reichweite.

1.4.3 Meinung kennzeichnen

Der Grundsatz, Fakten von Meinungen zu trennen, ist etwas aus der Mode gekommen. Meiner Ansicht nach zu Unrecht. Denn dieser journalistische Grundsatz ist auch ein Schutz gegen Fake News. Und zwar ein Schutz für den oder die Autorin. Der Gedanke dahinter: Für eine »falsche« Meinung kann ein Journalist nicht belangt werden. Dafür, falsche Fakten zu verbreiten, sehr wohl.

Heute lesen wir oft ein wildes Gemisch aus Fakten und Meinungen und verlieren das Gefühl dafür, was wahr ist und was die Person einfach nur denkt. Dadurch fällt es häufig nicht einmal auf, wenn jemand einen falschen Fakt als Meinung verkauft. Der Satz: »Ich finde, die Erde ist eine Scheibe.« ist noch immer falsche Faktenbehauptung. Anders die Formulierung: »Manchmal fühlt sich die Welt für mich wie eine Scheibe an – weil ich immer wieder das Gefühl habe, ins Bodenlose zu fallen, wenn ich mich zu weit von Zuhause entferne.«

Journalistinnen sind dazu angehalten, auch beschreibende Darstellungsformen, wie eine Reportage, von Meinungen und Interpretationen freizuhalten. Wenn man sehr streng ist, betrifft das sogar Adjektive: Es ist korrekter (und bildhafter), zu schreiben »Ihr kullerte eine Träne über die Wange.« als zu schreiben »Sie war furchtbar traurig.« Woher weiß die Autorin das? Es ist ihre Interpretation und damit eine Meinung.

Warum solltest du als Content Creatorin auch über diese Trennung von Meinung und Tatsachen nachdenken? Wie sinnvoll diese ist, zeigt vor allem die Reaktion von Leserinnen und Zusehern: Viele lesen scheinbar alles als Fakten. Sogar lustige Glossen – die scharfzüngige Form des Kommentars. Meine älteren Kollegen in der Redaktion haben mich gewarnt, als ich meine ersten Kommentare mit Augenzwinkern geschrieben habe: »Schreib am besten »Achtung Ironie« dazu, sonst kriegst du garantiert seltsame Zuschriften.« Davon bin ich weitestgehend verschont geblieben, aber ein Blick in die Kommentare beim Satiremagazin Postillion zeigt, wie wenig Verständnis dafür herrscht, dass man nicht alles, was geschrieben steht, für bare Münze nehmen kann (siehe Abbildung 1.13).

Um Verwirrungen vorzubeugen, hilft es zu kennzeichnen, wo es sich um deine eigenen Gedanken handelt. Und als Argumente für die eigene Meinung nur Fakten zu nennen, die auch einer Überprüfung standhalten.

Die eigene Meinung und eine klare Haltung sind auf Instagram und Co ganz klar erwünscht, sorgen für Interaktionen und geben Content Creatoren ein Profil. Eine Trennung im Sinne von »In diesem Post stehen nur Fakten, im nächsten dann meine Meinung.« würde vermutlich eher befremden.

Und doch: Man macht sich das Leben leichter, wenn man die Meinung ankündigt. Zum Beispiel mit Floskeln wie: »Meiner Meinung nach«, »Ich mache mir gerade viele Gedanken zu ... und finde ...«, »Ich bin zu dem Entschluss gekommen, dass ...«. Fakten lassen sich gut von der Meinung trennen mit Formulierungen wie »was wir wissen können ...« oder »soweit die Fakten«. Das spart dir viele unnötige Diskussionen über »falsche Fakten«.

Abbildung 1.13 Auch wenn da Satire steht: Sobald etwas wie Fakten präsentiert wird, nehmen es die Menschen für bare Münze.[17]

»Immer mehr Menschen essen Tütensuppe« – wirklich?

Fakten prüfen, Quellen nennen, Meinung kennzeichnen – so plausibel diese Grundsätze klingen, so einfach gehen sie in der Praxis vergessen. Ein typisches Beispiel ist das in Abbildung 1.14 gezeigte Content-Stück, das eine gesunde Alternative zur Fertig-Asia-Nudelsuppe aufzeigen will. Rezepte sind nicht geschützt und damit poten-

17 *www.facebook.com/DerPostillon/posts/pfbid0fSWf2gxPrFd6PTmgs3W6CU6HN8SmxvTQUbSC8uNsM4KgGpSfRvsSJoaX5srCw1FDl*

ziell eher unbedenkliche Content-Stücke. Das Problem an diesem Reel ist, dass es mit den Worten beginnt: »Es ist ganz klar, nicht jeder hat die Zeit, aufwendig zu kochen. Daher greifen in Deutschland auch immer mehr Menschen zu Suppenterrinen.«

Abbildung 1.14 Gerade der Zusatz »in Deutschland« weist darauf hin: Hier werden Fakten behauptet, ohne eine Quelle zu nennen.

Als Journalistin sträuben sich mir die Nackenhaare. Ein »immer mehr« ohne Hinweis auf eine Quelle oder Statistik zeigt: »Da verpackt jemand seinen eigenen Eindruck als Fakt.« Oder auch: »Da war jemand zu faul zu recherchieren und behauptet einen Trend, den er nicht belegen kann.« Da werde ich skeptisch. Hat die Person das Rezept überhaupt getestet? Oder behauptet sie vielleicht nur, dass man heißes Wasser auf Kohl schütten kann, und ich bekomme Blähungen, wenn ich es nachkoche? Oder platzt gar das Glas, wenn ich das kochende Wasser einschütte?

In diesem Fall hätte der Content Creator drei Möglichkeiten gehabt: den Trend mit einer Quelle belegen – zum Beispiel mit einem steigenden Fertigsuppenabsatz in Deutschland von Knorr oder Maggi. Oder seinen persönlichen Eindruck auch als diesen benennen: »Immer häufiger sehe ich, wie meine Bürokollegen sich nur schnell eine Fertigsuppe warm machen.« In diesem Beispiel hätte man drittens den missglückten Satz auch schlichtweg weglassen können. Einen Trend braucht es nicht, um ein Rezept zu verkaufen.

Wann ist die Meinungsfreiheit überschritten?

Und dann ist da noch etwas: Auch wenn in Deutschland die Meinungsfreiheit gewährt ist, darf natürlich längst nicht alles, was sich Meinung nennt, auch geschrieben werden. So verbieten es die Landespressegesetze beispielsweise, Holocaust-

Opfer zu verunglimpfen, zu Hass, Gewalt oder Attentaten gegen bestimmte Bevölkerungsgruppen aufzurufen oder Polizisten zu beleidigen. Auch Schmähkritik ist verboten – darunter werden Kommentare und Meinungsäußerungen verstanden, die nur den Zweck haben, eine Person zu kränken.

Man kann in all diese Gesetze eintauchen oder sich seines gesunden Menschenverstandes bedienen: Meinungsfreiheit ist gestattet, solange sie die Sicherheit nicht gefährdet und die Freiheit anderer Menschen nicht einschränkt.

Das Wichtigste in Kürze

Behandle deine eigene Meinung wie eine Quelle und kennzeichne diese als deine Ansicht. Berufe dich in deiner Argumentation nur auf Fakten, für die du eine gute Quelle nennen kannst oder deren Wahrheitsgehalt du anderweitig überprüft hast. Das schützt dich davor, dass du der Verbreitung falscher Fakten bezichtigt wirst. Deine Meinung darf unbequem sein, besonders wenn sie sich gegen Menschen richtet, die in der Öffentlichkeit stehen. Sie darf aber weder den einzigen Zweck haben, zu verletzen, noch zu Gewalt aufrufen.

1.4.4 Werbung kennzeichnen

Von Journalistinnen wird nicht nur erwartet, dass sie von der Politik unabhängig sind, sondern auch von wirtschaftlichen Interessen. In meinem Bewerbungsgespräch für die Redakteursausbildung saßen mir sieben streng dreinblickende Herrschaften gegenüber und wollten wissen: »Und was tust du, wenn du einen Skandal über Schmiergelder bei Aldi aufdeckst?« Aldi war ein unheimlich wichtiger Anzeigenkunde. Für eine Tageszeitung vielleicht sogar überlebenswichtig. Als Redakteurin in Ausbildung konnte ich mich noch auf meine fehlende Erfahrung berufen: »Ich suche das Gespräch mit dem Chefredakteur, weil ich das unmöglich alleine entscheiden kann.« Aber diese Frage zeigt einen Grundkonflikt der anzeigenfinanzierten Medien: Als Journalistin wird von dir erwartet, dass du auch jene Hand beißt, die dich füttert.

Und der tagtägliche Kampf mit der Anzeigenabteilung beginnt in vielen Redaktionen schon früher – nämlich dann, wenn Anzeigenkunden wieder und wieder nach einer Berichterstattung als Gegenleistung für die bezahlte Werbung fragen. Wer nachgibt, riskiert eine Rüge beim Presserat. Ich habe allerdings häufig erlebt, dass man dieses Risiko bewusst in Kauf nimmt, um überhaupt noch Anzeigenkunden zu finden.

Unterscheidet sich also deine Rolle als Content Creatorin hier wirklich so sehr von der eines Journalisten? Ja, denn die Erwartungshaltung der Leser ist eine andere. Wenn dein Content werbend daherkommt, ist das kein Grund, empört zu sein. In gewisser Weise rechnen deine Leserinnen und Leser damit, wenn du den Content für ein bestimmtes Unternehmen erstellst oder deine eigenen Produkte vermarktest. Im Hin und Her rund um die gesetzliche Kennzeichnungspflicht von Werbung gab es 2019 einen kurzen Moment in dem jeder Instagramer die Posts über sein eigenes Angebot als #Eigenwerbung kennzeichnete – nur um auf Nummer sicher zu gehen. Das ist nicht nötig. Dass du ein Businesskonto führst und kein Privatkonto, ist ein ausreichendes Signal für deine Community: »Hier wird etwas beworben.«

Anders sieht die Lage aus, wenn du dich dafür bezahlen lässt, dass du fremde Produkte bewirbst, oder wenn du Werbegeschenke einer anderen Firma vorstellst – hier greift die Kennzeichnungspflicht für Werbung (siehe auch Interview mit Rechtsanwältin Claudia Gips zu Beginn dieses Kapitels).

Dennoch kannst du auch als Content Creator die Leseerwartung deiner Community enttäuschen und deine Follower verärgern, wenn du allzu oft Werbung in einen Post packst, der nicht nach Werbung aussieht. Wenn du dem Leser beispielsweise versprichst, dass er in einem Blog-Artikel lernen wird, wie er zehn Kilo in drei Monaten verliert, in dem Artikel dann allerdings nicht das Vorgehen beschrieben wird, sondern du lediglich deinen Kurs bewirbst. Wenn du Mehrwert versprichst – liefere Mehrwert und keine Werbung. Vertraue lieber auf die werbende Wirkung, die dieses Geschenk ganz automatisch hat, wenn die Community zufrieden ist.

Wenn du eine emotionale persönliche Geschichte erzählst, um Nähe zur Leserin herzustellen, erzähle diese in erster Linie, weil du eine Botschaft für die Leserin hast. Diese Botschaft darf zwar hin und wieder lauten »und deshalb helfe ich heute Menschen wie dir dabei, dein Buchhaltungschaos in den Griff zu bekommen«. Aber eben nur hin und wieder. In der Mehrzahl der Fälle sollte deine emotionale Geschichte für sich stehen und kein trojanisches Pferd für deinen Call-to-Action sein.

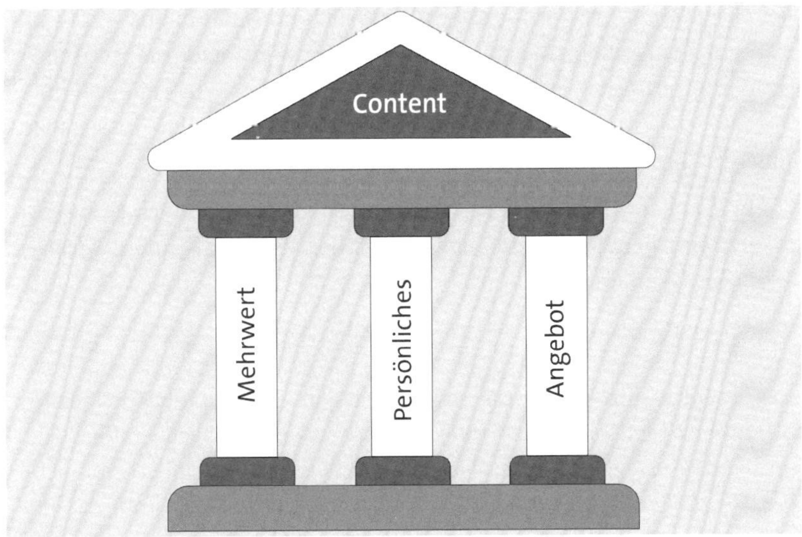

Abbildung 1.15 Nicht jeder Post sollte dein Angebot promoten – in welche Content-Säule passt dein Inhalt?

Für nachhaltig wirksamen Content hat sich ein Mix aus drei Content-Kategorien bewährt: Mehrwert, Persönliches und Angebot (siehe Abbildung 1.15). Freilich ist es möglich, dass ein Beitrag in mehrere Säulen passt. Wenn aber jeder deiner Posts ein Angebots-Post ist, betreibst du kein Content-Marketing mehr, sondern reine Werbung.

Wie oft sollte dein Angebot/Produkt im Fokus deines Contents stehen?

Content-Marketing umfasst immer die Säulen Mehrwert, Persönliches (was bei einem Unternehmen zumeist dem Blick hinter die Kulissen entspricht) und das Angebot. Wie oft das Produkt oder die Dienstleistung erwähnt und beworben wird, ist dabei stark von der Branche abhängig. Wer einem Social-Media-Account eines Online-Stores folgt, tut dies höchst wahrscheinlich, um keine Rabattaktionen und Produktneuheiten zu verpassen. Hier spricht nichts dagegen, dass ein Großteil der Posts werbend ist. Bei einem Expert*innen-Business hingegen gilt eine Daumenregel von 3:1 – auf einen Verkaufs-Post kommen drei wertvolle oder persönliche Inhalte.

Auch Content Creator*innen tun also gut daran, eine gewisse Trennung von Werbung und anderen Inhalten einzuhalten. Selbst dann, wenn es Eigenwerbung ist. Wenn auf dem Bild zum Angebots-Post das Produkt zu sehen ist oder Details zum Produkt aufgelistet werden, rechne ich auch mit einem Verkaufstext – und beginne nur zu lesen, wenn ich grundsätzlich interessiert bin. Wenn ich aber bei jedem »persönlichen Foto« von einer Wanderung oder vom Strand einen Werbetext präsentiert bekomme, enttäuscht das meine Leseerwartung und ich habe keine Lust mehr auf diesen Account.

Und je stärker ein Content Creator für sich in Anspruch nimmt, unabhängigen und objektiven Content zu erstellen, umso mehr sollte er sich wie ein Journalist nach der Trennung von Werbung und redaktionellem Inhalt richten. Besonders fair gegenüber deiner Community ist es, Angebote bzw. Werbung schon optisch anders zu präsentieren als die anderen Content-Stücke.

Wie du als Content Creator die Inhalte der verschiedenen Säulen nutzen kannst, um Aufmerksamkeit und Vertrauen aufzubauen und schließlich zu verkaufen, werde ich in Kapitel 8 ausführlich erläutern.

Das Wichtigste in Kürze

Auch wenn Content Creator nicht dazu verpflichtet sind, eigene werbende Inhalte speziell zu kennzeichnen, sollten sie bewusst entscheiden, in wie vielen ihrer Beiträge es einen Verkaufs-Call-to-Action gibt und wie sie diese auch optisch von persönlichen Geschichten und klassischen Mehrwert-Posts abheben. Mischformen sind möglich – aber Vorsicht: Wer in zu vielen Posts Kaufaufforderungen versteckt, enttäuscht die Erwartungen seiner Community.

1.4.5 Verschiedene Seiten zu Wort kommen lassen und ausgewogen berichten

Jetzt kommen wir allmählich in den Bereich, der für Content Creator eine wünschenswerte Kür ist. Journalist*innen versuchen, die eigene Unabhängigkeit zu erhalten, indem sie alle Seiten zu Wort kommen lassen. Das hängt auch mit der Recherchetechnik zusammen, die wir in Kapitel 4, »Recherchieren wie Karla Kolumna«, noch genauer betrachten werden: Menschen sind nicht objektiv, sondern haben oft schon eine Idee von der Wahrheit, bevor sie anfangen, sich näher mit einem Thema zu befassen. Um sich nicht nur selbst zu bestätigen, verpflichten Journalistinnen sich dazu, mindestens eine Quelle zu suchen oder zu Wort kommen zu lassen, die ihrer vorgefassten Sichtweise widerspricht. Auch Sozialwissenschaftler arbeiten ähnlich, sind hier sogar noch transparenter: Sie ordnen gleich zu Beginn ihrer Studien ein, inwiefern sie selbst involviert sind und wie sie diesen Bias methodisch ausgleichen möchten.

Du als Content Creatorin bist natürlich ganz besonders voreingenommen. Deine Wahrheit lautet: Den potenziellen Kundinnen da draußen wird nirgends so gut geholfen und sie können nirgends so großartige Produkte kaufen, wie bei dir. Niemand wird von dir erwarten, dass du etwas erwähnst, was gegen dein Produkt spricht. Oder gar Alternativen aufzeigst.

Aber gerade weil es niemand erwartet, fällst du enorm positiv auf, wenn du es tust. In der Schweiz gibt es eine groß angelegte Werbekampagne des Onlineshops digitec.ch, die mit »ehrlichen Meinungen« der Kunden auf Plakaten und in Spots für ihren Shop wirbt. Zugegeben, die negativen Kommentare sind oft so ausgewählt, dass sie eine gewisse Komik haben. Galant wird hier der Gedanke genährt: »Na, wenn das alles ist, was ist es zu bemängeln gibt …«, siehe auch Abbildung 1.16. Dennoch: So eine Kampagne braucht Mut, fällt auf und wirkt.

Abbildung 1.16 Digitec wirbt mit »ehrlichen Kundenmeinungen« mitsamt den enthaltenen Schreibfehlern.[18]

18 *https://youtu.be/K74pcBDJj4I*

Für die etwas weniger mutige Variante möchte ich mein eigenes Beispiel nennen: Ich verkaufe Coachings und Mentorings, gebe aber immer wieder den Hinweis, dass es natürlich auch andere Anbieter gibt und dass man eine Social-Media-Strategie natürlich auch alleine aufstellen kann. Ich gebe sogar Anleitungen, wie man vorgehen kann, wenn man es allein versuchen möchte. Indem ich ein Bewusstsein dafür schaffe, dass mein eigenes Angebot nicht für jeden geeignet ist, und auch klar kommuniziere, für wen es nicht geeignet ist, zeige ich auch »die andere Seite«. Wer dann noch bleibt, ist höchstwahrscheinlich eine Wunschkund*in, mit der ich gerne arbeite, weil sie mein Angebot zu schätzen weiß. Deshalb kann ich Dienstleistern, Beratern und Expertinnen – also Menschen, die eng mit ihren Kundinnen zusammenarbeiten, dieses Vorgehen sehr empfehlen. Es macht dich glaubhaft und erleichtert dir gleichzeitig die Arbeit.

Wenn es dir zu weit geht, von dir aus das anzusprechen, was gegen einen Einkauf bei dir spricht, solltest du diese Einwände gegen dein Angebot und deine Inhalte dennoch kennen. Recherchiere diese – selbst dann, wenn du nicht vorhast, sie zu erwähnen. Wenn du weißt, was »die Gegenseite« einwenden könnte, verhinderst du, dass dich negative Kommentare und (berechtigte) Einwände aus der Community kalt erwischen und frustrieren. Stell lieber sicher, dass du sie vorher kennst und darauf antworten kannst.

Das Wichtigste in Kürze

Als Content Creator erwartet niemand von dir, dass du dir deine Geschichten und dein Angebot »kaputt« machst, indem du die Gegenseite zu Wort kommen lässt. Trotzdem steht dir diese journalistische Tugend in abgeschwächter Form gut. Du kannst zum Beispiel durchscheinen lassen, dass dein Angebot nicht die einzige Lösung für ein Problem und auch nicht für jeden geeignet ist. Das stärkt das Vertrauen und die Sympathie der Community in dich und dein Angebot.

1.4.6 Kritisch sein, du vertrittst die Leserin

Meiner Meinung nach ist die wichtigste Grundhaltung, die sich Content Creatorinnen von Journalistinnen abschauen können, die absolute Leserzentrierung. Jedes mediale Stück wird für diejenigen erstellt, die es anschauen – nicht für die, die sich darin präsentieren. Das zeigt sich in Details wie einer klaren und einfachen Sprache. Wie du zu dieser findest, darauf werde ich im Detail in Kapitel 5, »Journalistische Textkniffe, die deinen Content verbessern«, und Kapitel 9, »Der entscheidende Feinschliff: Inhalte überarbeiten«, eingehen.

Und es zeigt sich in der Grundhaltung als »Advokat des Lesers«. Das heißt, du nimmst all die kritischen Fragen, die deine Community stellen könnte, mit in deine Recherche auf und stellst an ihrer Stelle diese Fragen. Du bist vor Ort oder bei den Experten. Du nimmst dir die Zeit für die Recherche, die sie nicht haben. Mit dieser »Vertreter«-Grundhaltung sorgst du automatisch dafür, dass dein Content relevanter wird.

Vielleicht klingt das im ersten Moment anstrengend, und vermutlich darfst du als Content Creator deiner CEO auch erst einmal erklären, warum du ihr all diese schwierigen Fragen stellst, obwohl du doch einfach nur nette Posts für Social Media und Co erstellen sollst. Dann antworte ihr gerne: »Wenn ich diese Fragen nicht stelle und beantworte, bleiben sie unbeantwortet. Das führt automatisch dazu, dass sich die Community Gedanken macht, die wir nicht mehr in der Hand haben. Also antworten wir doch lieber gleich und in unseren Worten. So sehen sie, dass wir nichts zu verbergen haben.«

Hier möchte ich das Beispiel der Druckgussmaschinen aus Abschnitt 1.3, »Geh weg vom Schreibtisch und nimm mich mit!«, erneut aufgreifen. Das atmosphärische Video, der Blick hinter die Kulissen der Produktion, wird uns nicht davor bewahren, dass auch kritische Fragen gestellt werden: »Ist ja schön, dass die Maschine jetzt viel mehr Teilchen produziert – aber wie sieht das mit der Energiebilanz aus?« Die Antwort auf diese berechtigte Frage sollte ich in meinem Content vorwegnehmen.

Niemand wird von uns als Content Creator erwarten, dass wir die Zahl herausgreifen, die uns in einem besonders schlechten Licht erscheinen lässt. Insgesamt frisst die neue Maschine vielleicht mehr Strom als ihre Vorgängerin. Wenn man es allerdings auf den Energieverbrauch pro Teilchen umrechnet, kann die Bilanz schon besser ausfallen. Auch Fragen wie »Was macht die Firma, wenn mal nicht so viele Aufträge anfallen?« oder »Was bedeutet das für die Arbeitsplätze?« spuken vermutlich in den Köpfen der Community herum und sollten gestellt und – wenn möglich – beantwortet werden.

So wird aus dem Werbefilmchen für die neue Druckgussmaschine ein runder Bericht. Die Community fühlt sich nicht einfach umworben, sondern informiert und ernst genommen.

Wenn es dir schwerfällt, eine kritische Sichtweise auf das eigene Unternehmen einzunehmen, helfen Kundenbefragungen oder der Blick auf bisherige negative Berichterstattung über deine Branche. Aber auch ChatGPT kann einen ersten Anhaltspunkt geben, wie Abbildung 1.17 zeigt.

Im Interview mit einer Fachzeitschrift für Steinmetze wurde ich einmal gefragt, wie man auf Social Media mit Themen umgehen soll, von denen man weiß, dass man zurecht kritisiert werden könnte. Es ging zum Beispiel darum, dass nicht alle Steine, die in Deutschland verbaut werden, unter fairen Bedingungen gewonnen wurden.

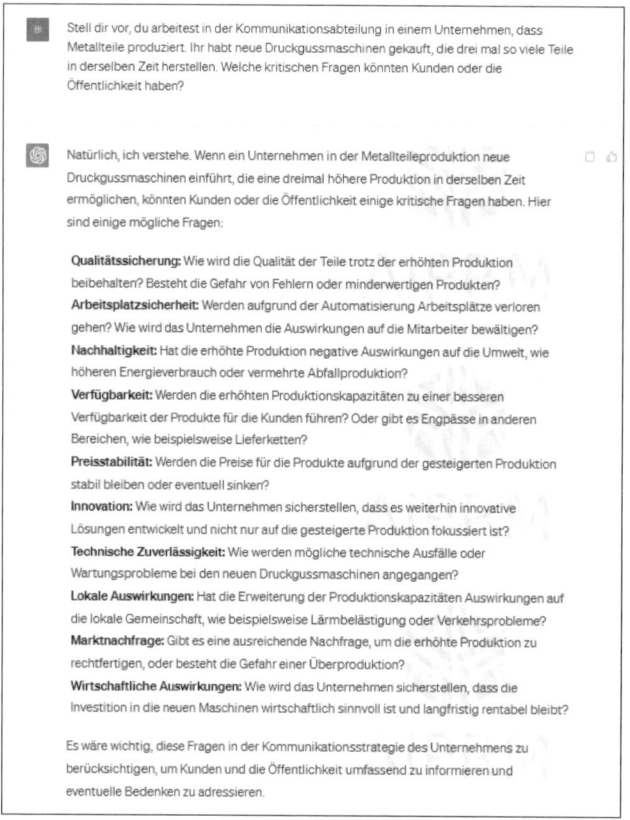

Abbildung 1.17 Welche kritischen Fragen hätte ChatGPT zu den neuen Durckgussmaschinen?

Meine Antwort lautet:

1. Geh diese Baustelle an. Wenn du weißt, dass du für etwas zurecht kritisiert werden könntest, kannst du zumindest ehrlich antworten, dass das Problem erkannt wurde und man eine Lösung sucht. So wird nicht nur die PR besser – sondern auch dein Unternehmen!
2. Wenn das nicht möglich sein sollte, bestehe zumindest darauf, dass dir als Content Creatorin das Problem genau erläutert wird und du, da du für die Kommunikation zuständig bist, transparent über die wirkliche Tragweite informiert bist. Nichts ist schlimmer als eine Kritik, die einen kalt erwischt. Diskutiere mit der Geschäftsleitung darüber, wie man das Problem kommuniziert – und nimm in dieser Diskussion die Rolle derjenigen ein, die nicht da sind und nicht selbst nachfragen können. Denke journalistisch und stelle die kritischen Fragen, die auch die Leserin stellen würde – auch wenn es unangenehm ist. Diesen Konflikt nicht auszutragen, schadet dem Unternehmen langfristig mehr, als dass es ihm kurzfristig nutzt.

Das Wichtigste in Kürze:
Für Inhalte, die als relevant wahrgenommen werden, braucht es Content Creator*innen, die ihre Rolle als Vertretung der Community erkennen und ernst nehmen. Die kritisch die Fragen stellen, die die Community beantwortet haben möchte.

1.5 Wie wichtig bist du als Content Creator? Wie subjektiv wird dein Content?

Journalist*innen sind fast immer um Objektivität bemüht. Nur in Meinungsstücken wie Kommentaren oder Kolumnen werden sie als Personen mit ihrer Meinung sichtbar. Ihr Privatleben und ihre persönliche Prägung spielt in den allermeisten Fällen keine Rolle – sie werden eher als störend empfunden und daher zurückgehalten.

Ich erinnere mich, dass ich für einen Artikel über ein gesundes Frühstück meine Kolleginnen und Kollegen zu ihren Frühstücksgewohnheiten befragt habe. Die kleine Umfrage mit Fotos brachte meiner Meinung nach eine persönliche Note ins Blatt – und ich als Leserin war eigentlich immer neugierig, welche Menschen hinter den Autorennamen steckten. Am nächsten Morgen in der Blattkritik, also der Besprechung der aktuellen Zeitung, wurde meine Umfrage dann allerdings als »unnötige Nabelschau« bezeichnet. Der Text der Nachrichtenagentur über die neuen Erkenntnisse zum gesunden Frühstück hätte völlig ausgereicht.

Wenn man die Feeds sozialer Netzwerke vergleicht, sieht man: Die Spannbreite reicht von der Influencerin, die sogar die Marke ihrer Zahnpasta teilt, bis hin zum Unternehmen, das grundsätzlich nur Produkte und das eigene Logo, nie aber ein Gesicht zeigt. Wie persönlich Content sein sollte, darüber gehen die Meinungen offensichtlich weit auseinander.

Meine Haltung dazu ist klar: Wenn du nicht gerade ein reines News-Portal ohne einordnende Kommentare betreibst, muss dein Content unbedingt eine subjektive Note haben. Das zeigt schon mein Content-Säulenmodell, in dem eine tragende Säule für persönliche Inhalte steht. Deine persönlichen Inhalte machen dich unverwechselbar und geben Anknüpfungspunkte. Menschen wollen mit Menschen kommunizieren, sich in anderen wiedererkennen und eine Verbindung aufbauen. Wenn wir uns wegbewegen vom sozial geprägten und hin zum interessenbasierten Feed, ist es umso wichtiger, dass man Posts erstellt, die unverwechselbar sind. Denn warum sollte man gerade dir folgen, nachdem du »drei Tipps für bessere Zahnhygiene« geteilt hast, und nicht einer der x anderen Zahnärztinnen mit ähnlichen Tipps? Wegen deiner einzigartigen Persönlichkeit.

Abbildung 1.18 Persönliche Einblicke ziehen auch bestimmte Kund*innen an. Bei mir: viele Menschen, die auch einen kleinen Hund haben.[19]

19 Screenshot von *www.instagram.com/hashtagbiancafritz/*

Unverwechselbar wirst du unter anderem, indem du persönliche Einblicke gibst. Auch solche, die nicht direkt mit dem Produkt in Verbindung stehen. Wenn ich mir meine Kundinnen ansehe, fällt auf, dass es eine ungewöhnlich hohe Dichte an Malteser-Hundemamas gibt. Zufall? Oder liegt es doch daran, dass ich die Content-Mentorin bin, deren süßer Malteser immer wieder durch die Story hüpft und sich in den Feed verirrt (siehe Abbildung 1.18).

Als ich für eine Schweizer Behörde ein Video produziert habe, das intern die neue Führungsriege einführen sollte, haben wir auf den Schreibtischen der Interviewten Hinweise auf ihre Hobbys versteckt. Wer im Nachhinein alle Hobbys der richtigen Person zuordnen konnte, nahm an einer Verlosung teil für eine Kutschfahrt in den Alpen. Solche persönlichen Einblicke machen nahbar und im wahrsten Sinne des Wortes merk-würdig. Denn optisch hatte man die Männer in grauen Anzügen ehrlich gesagt kaum auseinanderhalten können.

Wie vermeidet man das Gefühl von »sinnloser Nabelschau«?

Nicht jeder wird die Idee, Persönliches nach draußen zu tragen, gut finden. Das Gefühl, dass die eigene Geschichte oder Meinung nicht relevant sei, ist weit verbreitet. Und schmückt ihre Träger*innen mit Bescheidenheit. Was bei der Entscheidung hilft, ist nicht einfach wahllos Persönliches zu posten, sondern sich auf zwei Bereiche zu konzentrieren.

1. Geschichten, die man erzählt, weil eine bestimmte Botschaft bei der Community ankommen soll. Das kann zum Beispiel bedeuten, dass man seine Mehrwertinhalte mit persönlichen Anekdoten anreichert und sie dadurch farbiger und emotionaler macht. So unterstützt man den Lerneffekt.
2. Gerade bei Selbständigen und Personal Brands gehören auch persönliche Einblicke ohne direkten Bezug zur Botschaft oder zum Angebot des Content-Kanals in den Feed. Das ist die Kontaktpflege, die sicherstellt, dass man mit dem Content Creator in Verbindung bleibt und ihn kennenlernt. Um seine Community aber nicht mit dem eigenen Mittagessen und täglich neuen Ideen und Launen zu verwirren, hilft es, wenn man sich auf bestimmte Bereiche seiner Persönlichkeit und seines Privatlebens beschränkt und von diesen häufiger spricht. Zum Beispiel so: »Ich teile feministische Posts, Eindrücke und Gedanken vom Gassigehen mit meinem Hund und meine Erfolge aus dem Schwimmtraining – Punkt.« So verzettelt man sich nicht und die Menschen erinnern sich bei bestimmten Themen an dich und leiten dir Inhalte dazu weiter.

Neben den persönlichen Themen und Geschichten macht auch deine Haltung deinen Content besonders. Du musst nicht zu jedem Thema eine Meinung haben – aber die Meinungen, die du vertreten möchtest, dürfen und sollten immer wieder in deinen Post deutlich werden. Die Zeit ist vorbei, in der Unternehmen neutral bleiben sollten.

Von Unternehmen wird zunehmend erwartet, dass sie ihre Werte unter Beweis stellen, indem sie Haltung zeigen und Stellung beziehen. In den USA konnten wir beispielsweise beobachten, wie Unternehmen, die sich während der »Black Lives Matter«-Bewegung nicht positioniert haben, kritisiert wurden, dass sie sich mit ihrem Stillschweigen auf die Seite der Rassisten stellen würden.

Werte und Haltung sollten im Unternehmen ausgehandelt, weitergegeben sowie regelmäßig diskutiert werden. Content Creator spielen hier eine wichtige Rolle, weil sie nicht nur das Unternehmen nach außen präsentieren, sondern auch das direkte Feedback von der Community im Blick haben.

Zu guter Letzt hier noch einmal der Hinweis: Haltung ist wichtig und fein – aber sie sollte auch diese erkennbar sein. Wir verkaufen unsere Meinung nicht als Fakt, siehe Abschnitt 1.4.3, »Meinung kennzeichnen«.

Das Wichtigste in Kürze:

Als Content Creatorin musst du nicht so objektiv sein, wie eine Journalistin – im Gegenteil. Je mehr deine Inhalte über dich oder die Haltung deines Unternehmens verraten, umso mehr Möglichkeiten geben diese der Community, sich in dir zu erkennen und sich mit dir zu verbinden.

1.6 Bist du die Zeit, die Gala oder Stiftung Warentest? Was wir von unterschiedlichen Genres lernen können

Journalismus ist nicht gleich Journalismus. Eine Bild-Zeitung erfüllt eine andere Aufgabe als das Magazin der Stiftung Warentest. Wir erwarten nicht denselben Grad an Tiefe und nicht dieselbe Sprache, wenn wir eine Gala in die Hand nehmen oder die Zeit. Jedes Medium findet seine Leserinnen und Leser und hat seinen eigenen Stil und eigene Formate. Und du kannst von jeder journalistischen Herangehensweise etwas anderes lernen.

Als Content Creator*in hast du die Wahl, ob du dich an seriösem Journalismus, Boulevard und Unterhaltungsmedien oder an Verbraucherjournalismus orientieren möchtest. Mischformen sind natürlich möglich – und gerade online beliebt. Erstaunlich ist, dass es sogar für viele Content Creator möglich scheint, in einem Video eine fundierte politische Meinung mit vielen seriösen Quellenangaben zu veröffentlichen und davor und danach einfach Comedy-Quatsch zu streamen – wie das Beispiel Rezo zeigt (siehe Abbildung 1.19).

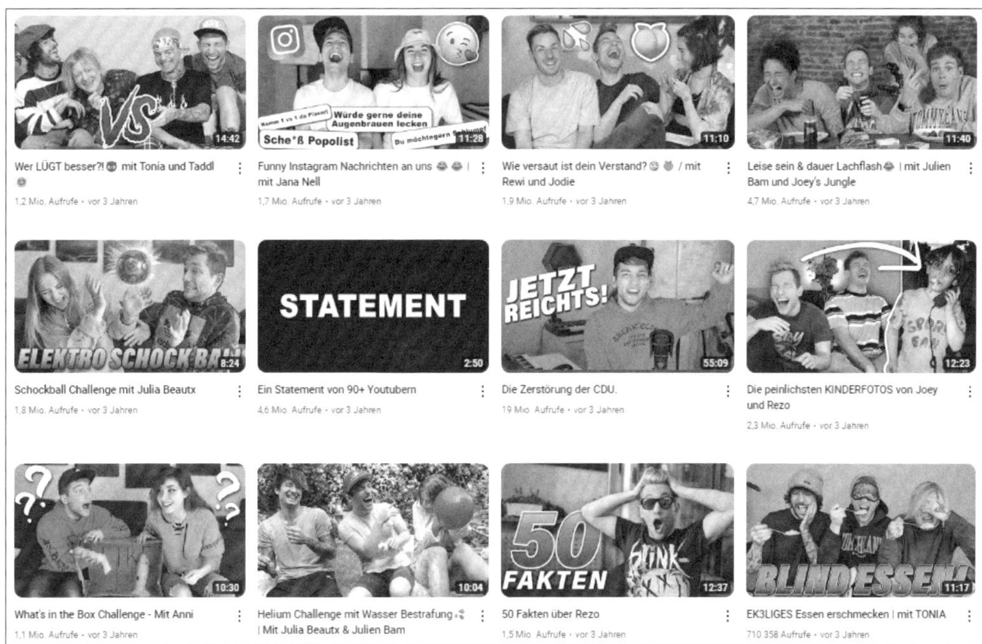

Abbildung 1.19 Die »Zerstörung der CDU« und ein Statement zur EU-Wahl stehen bei Rezo zwischen lustigen Tests und Blödeleien.[20]

Aber auch wenn es Beispiele gibt, wo der Wechsel zwischen seriösen und skandalösen oder Blödel-Inhalten funktioniert: Als Content Creator macht man sich das Leben einfacher, wenn der eigene Kanal klar einzuordnen ist. Die Stärken und Schwächen der jeweiligen Journalismusansätze kennenzulernen, kann dir dabei helfen, die eigenen Inhalte einzuordnen und bewusst zu gestalten.

Dafür darfst du dich fragen:

- Was passt zu dem, für das du stehen willst?
- Was ist Menschen, die sich für dein Angebot interessieren, wichtig?
- Werden sie gern von dir unterhalten?
- Erwarten sie exklusive und faktentreue Informationen?
- Eine Einordnung von Geschehnissen mit spitzer Feder?
- Oder sollst du ihnen Arbeit abnehmen, indem du Dinge testest, vergleichst und eine Schneise in einen für sie unüberschaubaren Dschungel schlägst?

Beginnen wir mit dem, was meist unter Journalismus verstanden wird: dem **Nachrichtenjournalismus**. Journalisten von Nachrichtenmagazinen wie Spiegel online, Tages oder Wochenzeitungen wie der Süddeutschen und der Zeit berichten über das

20 *www.youtube.com/@Rezojaloley/videos*

aktuelle Weltgeschehen und ordnen dieses ein. Sie betreiben damit quasi die Urform des Journalismus mit den dazu gehörenden und in diesem Kapitel beschriebenen Tugenden. Thematisch stehen Politik, Wirtschaft und Wissenschaft im Zentrum – Kultur, Gesellschaft und Sport kommen am Rande dazu. Das zeigt schon, dass der Nachrichtenjournalismus bei Weitem nicht alle Themen umfasst, über die Menschen lesen und Bescheid wissen möchten. Gerade Gesundheitsthemen, Familienthemen und Promi-News oder auch aktuelle technische Entwicklungen kommen oft zu kurz – und ermöglichen einen bunten Reigen an Fachmagazinen, Mittagsshows, Blogs und Co, die diese Bereiche abdecken.

Je nach Medium steht entweder die Vermittlung der Fakten im Mittelpunkt oder die einordnenden Meinungsstücke von Redakteur*innen und Kolumnisten.

Menschen, die sich klassischer Nachrichtenmedien bedienen, erwarten seriöse Information, klar recherchiert und verständlich aufbereitet. Sie wollen mitreden und informiert sein. Dafür sind sie bereit, den Medienstücken ihre volle Aufmerksamkeit zu schenken.

Und das ist auch nötig. Denn obwohl klassische Nachrichtenjournalisten das Ziel haben, Inhalte einfach zu präsentieren, fehlt oft die Zeit oder auch die Lust, die Inhalte so herunterzubrechen, dass sie für jeden verständlich sind. Die Tagesschau beispielsweise steht seit Jahren in der Kritik, weil sie nur von einem Bruchteil der Zusehenden verstanden wird. Der Grund dafür: Es werden schlichtweg zu viele Informationen in zu wenig Zeit gequetscht.[21] Die Zeit schreibt dazu: »Die Tagesschau kann nur besser werden, wenn man sie verlängert.«[22]

Damit sind wir bei dem Grundproblem von seriösem Journalismus angelangt: Er braucht Zeit, um komplexe Zusammenhänge einfach zu erläutern. Das gilt sowohl für die Journalisten, welche die Inhalte aufbereiten, als auch für diejenigen, die die Medien konsumieren.

Und genau dieses Problem nutzt der **Boulevardjournalismus**, wie ihn zum Beispiel die Bild betreibt, um sein Publikum zu ködern. Die große Stärke der deutschen Zeitung mit vier Buchstaben ist: Jeder Satz ist klar, einfach und verständlich.

In der Grundschule hatte ich mal beim Bäcker eine Bild entdeckt, reingelesen und danach meinen Eltern stolz verkündete, dass ich jetzt auch Zeitungsleserin sei und meine Lieblingszeitung die Bild sei. Doch statt Begeisterung erntete ich nur bedauernde Blicke. Dabei war ich damals schlicht und einfach nur glücklich, etwas gefunden zu haben, was ich schon als Kind verstehen konnte. Einfache Sätze mit Subjekt, Prädikat, Objekt. Komplizierte Sachverhalte wie die Steuererhöhung werden erklärt am Beispiel von Hans-Ueli Müller. Außerdem wird die Welt klar in Gut und Böse unterteilt.

---

21 *www.sueddeutsche.de/kultur/sprache-in-der-tagesschau-das-unverstaendliche-ritual-1.800867*
22 *www.zeit.de/2023/02/tagesschau-ard-journalismus-kritik*

Das funktioniert, weil Boulevardzeitungen die komplexe Realität auf extrem vereinfachte Wahrheiten herunterbrechen – und heute weiß ich, warum meine Eltern das gefährlich fanden. Aber meine Faszination für die einfache Sprache und die knackigen Überschriften blieb bestehen. Mit Anfang 20 machte ich sogar ein Praktikum bei der Bild und durfte lernen, dass hinter 30 Zeilen Boulevardbericht mehr Arbeit steckt als hinter einer ganzseitigen Reportage bei der Lokalzeitung, wo ich zuvor gearbeitet hatte. Boulevardjournalisten recherchieren häufig hartnäckiger und genauer als ihre Kolleginnen. Sie wissen so viel mehr als sie schreiben. Nur so ist es ihnen möglich, später in einfachen Sätzen zu schreiben, die auch klar »Schuldige« benennen.

Zudem wird abends stundenlang und mit vielen kritischen Augen an den Titeln für die Geschichten gefeilt. Überschriften wie »Wir sind Papst« sind legendär – einfach, emotional und genial klar (siehe Abbildung 1.20).

Abbildung 1.20 Die Bild machte aus ihrer legendären Überschrift sogar ein Plakat, um den Papst in Deutschland zu begrüßen.[23]

23 *www.bild.de/politik/inland/politik-inland/legendaere-bild-schlagzeile-zu-benedikts-ernennung-wir-sind-papst-82377118.bild.html*

Wer sein Handwerk so beherrscht, könnte richtig gute Artikel abliefern – nur leider ist der Boulevard eben auch dafür bekannt, bewusst zu manipulieren und skrupellos in die Privat- und Intimsphäre von Menschen einzudringen. Wie oft der Boulevard gegen journalistische Grundsätze verstößt, nur eine Seite zu Wort kommen lässt, Meinung und Fakten nicht trennt und es mit der Wahrheit zugunsten vieler Klicks nicht so genau nimmt, zeigen die zahlreichen Rügen des Presserats gegen Boulevardblätter in Deutschland. 2021 zum Beispiel betraf fast die Hälfte aller Rügen des Presserates die Bild und ihre Ableger.[24]

Mein Intermezzo im Boulevard war zum Glück nach einem Monat vorbei. Denn ich ging jeden Morgen mit Bauchweh zur Arbeit. Der Grund dafür: Die Redakteure wollten mich zu einem 19-Jährigen schicken, um über dessen 200 Kilogramm schwere Mutter zu berichten. Die Überschrift stand bereits fest: »Der Wal von ...«. Ich sollte nun das Vertrauen des Sohnes gewinnen, damit er mir möglichst pikante Details über das Familienleben mit »einem Wal« erzählte. Ich konnte mich drücken – hatte damit aber jegliche Chance auf andere gute Geschichten in der Redaktion verspielt. Ich war schlicht nicht skrupellos genug.

Menschen, die Boulevardblätter wie die Bild lesen, wollen sich aufregen und stören sich dabei nicht an undifferenzierten Meinungen. Vielmehr schätzen sie klare, einfache Wahrheiten. Sie wollen beim Lesen unterhalten werden. Es soll menscheln. Besonders dann, wenn es um menschliche Abgründe geht.

Content Creator*innen können von Boulevardjournalisten lernen, wie man Dinge in einfache Sprache fasst und mit ausgefeilten Titeln die Neugierde weckt.

KI-TIPP: Lass ChatGPT skandalöse Titel schreiben

Die meisten Headlines kranken daran, dass sie zu brav sind. Wenn du ausprobieren möchtest, ein bisschen mehr wie die Bild-Zeitung zu titeln, kannst du dir eine erste Inspiration von ChatGPT holen. Das Programm simuliert den skandalheischenden Stil der Bildzeitung ziemlich gut. Wie immer bei der Zusammenarbeit mit KI gilt: Die Bewertung und Anpassung der Inhalte liegt beim Creator. Nicht nur die Fakten müssen überprüft werden, sondern der Titel muss natürlich stilistisch auch zum Rest des Artikels passen. Die Ideen der KI können den Creator allerdings aus seinen üblichen Denkmustern herausholen, und so wird in Co-Creation der Content besser. In Abbildung 1.21 siehst du, wie ChatGPT in der Rolle als Bild-Zeitungsredakteur einen Blogbeitrag über Fehler bei der Pflege von Swimmingpools betiteln würde.

24 *www.spiegel.de/kultur/presserat-jahresbericht-2021-fast-die-haelfte-aller-ruegen-betrifft-bild-und-ihre-ableger-a-37860ada-da1e-4176-b0a9-2ac3562a6af1*

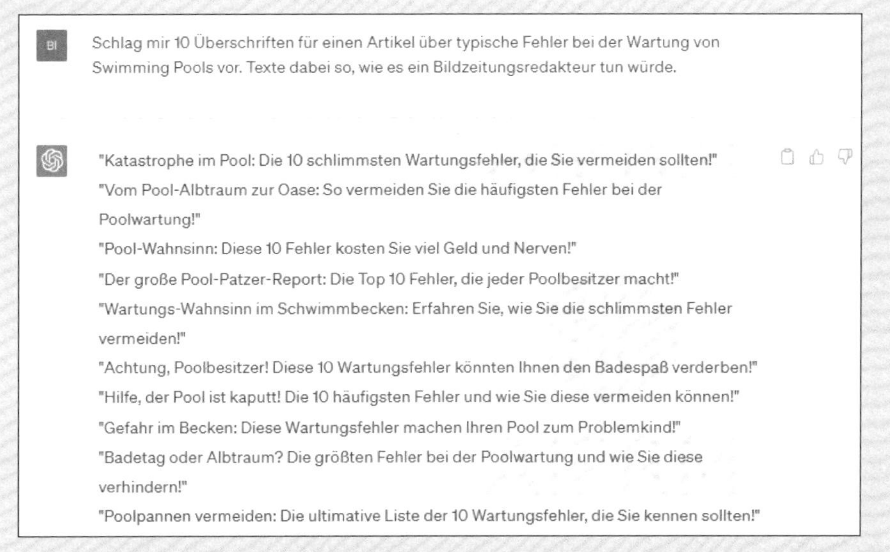

Abbildung 1.21 »Gefahr im Becken« macht neugierig – aber passt die Überschrift auch zu einem Artikel über verstopfte Abflüsse?

Ähnlich unseriös wie Boulevardblätter sind **Promimagazine** wie die Gala und die Bunte und die meisten **Frauenzeitschriften**. Auch sie bedienen sich einer einfachen Sprache, knackiger Überschriften und simpler Lebensweisheiten. Thematisch haben sie allerdings keinen Nachrichtenschwerpunkt, sondern es dreht sich alles um persönliche Geschichten, garniert mit ein paar Kosmetik- und Ernährungstipps. Das alles wird gemischt mit Unmengen an Werbung – nicht selten als redaktionelle Inhalte getarnt.

Die Sprache ist emotional und steckt voller Klischees. Eine Stärke dieser Art des Journalismus ist, dass sie Porträts und Interviews mit Prominenten nicht nur führen dürfen, sondern oft so von den Stars berichten, dass sich die Leserinnen sich in diesen wieder erkennen und denken: »Ach siehste, sind doch auch nur Menschen«. Content Creator lernen hier, wie ein Personenkult entsteht. Es sind dieselben Techniken, mit denen man auch eine Personal Brand kreiert.

Zum Schluss möchte ich noch auf eine Form des Journalismus eingehen, die sowohl eigene Formate bekommt (beispielsweise das Magazin der Stiftung Warentest oder das ZDF-Verbrauchermagazin) als auch in viele Zeitungen und Sendungen mit eingebunden wird. Der **Verbraucherjournalismus**, auch Ratgeberjournalismus oder Servicejournalismus genannt, erfreut sich ungebremster Beliebtheit. Hier soll den Konsumenten dabei geholfen werden, sich im Dschungel an Produkten und Dienstleistungen zu orientieren und eine gute Wahl zu treffen – und dabei viel Zeit und Geld für eigene Tests und Recherchen zu sparen.

Wer das als seinen Mehrwert sieht, darf sich zwei Dingen gewiss sein: Diese Art der Informationsvermittlung ist enorm aufwendig und erfordert ein Höchstmaß an Objektivität und die Bereitschaft, sich in kleinste Details und Unterschiede einzufuchsen. Nur so gelingt es, auch die versteckten Nachteile und Stolperfallen aufzudecken.

So habe ich beispielsweise während meiner Zeit in der Wirtschaftsredaktion einer Tageszeitung sämtliche Kredite für Studierende der ortsansässigen Banken verglichen und mich vor Ort beraten lassen. Eine mehrwöchige Recherche, denn das Kleingedruckte war bewusst so gehalten, dass sich die Kredite nur schwer vergleichen ließen.

Was bedeutet das für deinen Content? Weil du deiner Community die unbeliebte Arbeit abnimmst, ist der Mehrwert dieser Inhalte besonders hoch. Von Servicejournalisten können Content Creator lernen, Kriterien aufzustellen und Dinge zu vergleichen, aber auch, trockene Informationen in Geschichten zu packen, indem sie konkrete Beispiele erzählen.

Die größte Stolperfalle für Creatorinnen ist wohl, dass viele Unternehmen versuchen, gute Bewertungen zu kaufen. Die wenigsten Servicejournalisten sind von diesen wirtschaftlichen Interessen so unabhängig wie die Stiftung Warentest. Sie finanziert ihre aufwendigen Tests durch den Verkauf ihrer Zeitschriften und derzeit noch aus Bundeszuschüssen – die Magazine sind im Gegenzug komplett anzeigenfrei. Content Creator*innen lernen von der Stiftung Warentest zum Beispiel, welche Kategorien für Vergleiche Sinn machen. Im Test für Ventilatoren, siehe Abbildung 1.22 wären das beispielsweise der Stromverbrauch, der Luftstrom, die Sicherheit und die Lautstärke.

Abbildung 1.22 Selbst Ventilatoren zu vergleichen, ist eine Wissenschaft – wenn man so gründlich ist wie Stiftung Warentest.[25]

Nehmen wir beispielsweise Onlineportale, die neue Smartphones testen und vergleichen. Sie bekommen die Geräte häufig gestellt und versuchen ihre redaktionelle Unabhängigkeit durch klar messbare Kriterien zu sichern und unter Beweis zu stellen.

Wichtig ist für alle Content Creator*innen, stets transparent zu machen, wann sie Geld für eine Besprechung bekommen oder ein Testobjekt erhalten – ansonsten verlieren sie ihre Glaubwürdigkeit, siehe auch Abschnitt 1.4.4, »Werbung kennzeichnen«.

Von welchem Journalismus kannst du was lernen?

Um eine Orientierung zu bekommen, welche Art des journalistischen Handwerks und Stils für dich besonders wertvoll ist, kannst du dir folgende Fragen stellen:

Wofür möchtest du stehen und was erwartet deine Community von dir?

- **Deine Community erwartet, dass das, was sie bei dir liest, seriös recherchiert und wahr ist?** Dann orientiere dich an Nachrichtenmedien. Dein Stil darf sachlich sein, und du solltest die volle Komplexität eines Themas aufgreifen können. Deine Inhalte müssen dafür höchstwahrscheinlich tendenziell lang sein. In den Onlineportalen von Medien wie Zeit, Spiegel und Süddeutsche (und in diesem Buch) lernst du, wie du Titel und Anrisse so formulierst, dass die Community weiß: Es lohnt sich, die Lesezeit zu investieren.
- **Deine Community will schnell und unterhaltsam informiert werden.** Dann lerne von Boulevardmedien, klickstarke und neugierig machende Überschriften zu schreiben. Und mach es dir zur Gewohnheit, noch einmal nachzuhaken, wenn andere schon aufgegeben haben. Nur mach es besser als die Bild und Co, bleib bei der Wahrheit und achte die Menschenwürde.
- **Deine Community will gesehen werden und mitfühlen.** Storytelling, ganz nah am Menschen, ist eine Fähigkeit, die du dir aneignen solltest. Wie es aussieht, wenn du immer Personen in den Mittelpunkt stellst, kannst du lernen, wenn du eine Promizeitschrift, aber auch Porträts und Reportagen liest. Wichtig für Content Creator ist. Online hat es sich eingebürgert, die Moral der Geschichte für deine Community, die deine Leserin aus der Geschichte lernen kann, nicht nur anzudeuten, sondern glasklar auszusprechen.
- **Deine Community will Tipps, Tests und Tutorials, die ihr Zeit sparen.** Lerne von der Objektivität einer Stiftung Warentest. Schau dir an, welche Kriterien seriöser Verbraucherjournalismus nutzt. Service-Content ist aufwendig, aber auch langlebig und wird geschätzt. Halte dich unbedingt an die Kennzeichnungspflicht, wenn Geld fließt oder dir Produkte zum Test zur Verfügung gestellt wurden.

25 *www.test.de/Ventilatoren-im-Test-5058132-0/*

Kapitel 2
Themen und Formate: Wo steckt die Geschichte und wie erzähle ich sie?

Das Internet – scheinbar unendliche Weiten für deinen Content. Doch wahrgenommen wird nur, was relevant ist. Wie also findest du bedeutsame Geschichten für dein Thema?

Ich hatte jeden Morgen Herzklopfen in meiner Zeit als Tageszeitungsredakteurin. In der morgendlichen Redaktionskonferenz wurde reihum das Wort erteilt. In Kürze sollte man schildern, welche Geschichten man für das eigene Ressort geplant hatte. Meine Redaktionskollegen waren also die erste Kundschaft, an die ich meine Inhalte verkaufen musste. Und der Satz, vor dem ich mich fürchtete, war: »Okay, aber was genau ist die Geschichte?« Das ist die nettere Formulierung für: »Warum sollte das unsere Leser*innen interessieren?«

Es war ein tägliches Bootcamp, um die Relevanz von Inhalten innerhalb kürzester Zeit auf den Punkt zu bringen. Und das lange bevor auch nur eine Zeile geschrieben war! Dann entschied die Chefredaktion – die natürlich am Kopf des Tisches saß, um alles überblicken zu können – welche Geschichten so wertvoll oder spannend waren, dass sie auf Seite 1 angekündigt werden. Ein Ritterschlag, um den die Redakteurinnen und Redakteure jeden Tag aufs Neue buhlten.

Wenn etwas meinen journalistischen Blick besonders geschult hat, dann die Angst, hier etwas Falsches zu sagen. Die Zeit vor der morgendlichen Konferenz nutzte ich also, um eingegangene Meldungen und Nachrichten zu überprüfen und um mir selbst immer wieder die Fragen zu stellen: »Wo liegt die Geschichte?« Und: »Wie könnte ich das spannender erzählen?« Oder: »Warum bringen wir das Thema gerade jetzt?«

Jetzt magst du vielleicht denken: »Okay logisch: Der Platz auf Seite 1 eines Printproduktes ist begrenzt. Der Platz für Online-Content ist unendlich. Was nicht groß interessiert, geht eben unter. Was solls.«

Das ist theoretisch richtig. Allerdings steigen die Ansprüche der Algorithmen an die Inhalte. Und zeitgleich sinkt die Aufmerksamkeitsspanne der Nutzerinnen. Deine Situation als Content Creator ist also durchaus vergleichbar mit meiner Situation als junge Redakteurin in einer Runde mit ungeduldig auf die Uhr schielenden Chefredakteuren.

Auch du musst Themen auswählen, die relevant sind und deinen User innerhalb kürzester Zeit überzeugen, dass sie seine Zeit wert sind. Also darfst auch du dich jeden Tag aufs Neue fragen: Hätte dieses Thema einen Platz auf Seite 1 verdient? Denn das sind deine Hit-Geschichten. Sie haben absolute Priorität.

In diesem Kapitel zeige ich dir, wie du Themen mit journalistischer Brille auswählst. Du wirst aber auch sehen: Ob ein Content-Stück als relevant empfunden wird, hängt nicht allein vom Thema ab. Es liegt auch an der Art, WIE du dieses Thema präsentierst. Findest du die Geschichte im Thema? Wenn ich an dieser Stelle von Geschichten spreche, meine ich nicht die herkömmliche Marketingmethode des »Storytellings« mit einem Helden, einer Herausforderung, einem Weg und einer Lösung. Es geht es darum, wie man den Zugang zum Thema so wählt, dass daraus Content wird, den man gerne liest, hört oder ansieht.

Dabei ist es hilfreich, die klassischen journalistischen Darstellungsformen zu kennen und zu wissen, wie beispielsweise ein szenischer Einstieg einen Text bereichert. Und wie man das konkret in Posts umsetzen kann. Vielleicht hast du schon gemerkt, dass ich das auch in diesem Buch immer wieder mache? Dieses Kapitel zum Beispiel begann mit einer Szene aus der Redaktionskonferenz, um dir den Einstieg in den Text zu erleichtern.

Verschiedene Blickrichtungen und journalistische Werkzeuge helfen dir zudem, das gleiche Thema immer wieder neu aufzubereiten. Schließlich schreiben dieselben Redakteur*innen Jahr für Jahr über das Stadtfest und auch Ostern findet jedes Jahr wieder statt. Die Leser erwarten trotzdem eine taufrische Geschichte. Zu guter Letzt schauen wir uns an, wie du als Content Creator sicher gehen kannst, dass du nicht am Interesse deines Publikums vorbei kreierst.

Das Wichtigste in Kürze

Auch wenn du dich im Internet nicht an Zeichen oder Zeitbegrenzungen halten musst: Wirklich erfolgreich werden nur Content-Stücke, die es auch auf Seite 1 einer Zeitung geschafft hätten. Also frag dich: Wo liegt die Geschichte in diesem Thema? Und lerne, genau diese Geschichte immer wieder neu zu erzählen.

2.1 Relevanz ermitteln: Inwiefern ist das neu, wichtig, interessant?

Um bedeutungsvolle Inhalte zu finden, solltest du zuerst eine begrenzte Anzahl von Hauptthemen festlegen. Für welche Themen soll dein Account wahrgenommen werden? Ich empfehle meinen Kund*innen für gewöhnlich, sich auf maximal vier Oberthemen festzulegen. Je weniger Themen, umso einfacher wird es, auch für diese Themen bekannt zu werden. Die gewählten Oberthemen dürfen ruhig breit gehalten sein. Beispielsweise: Mobilfunk-News, Yoga für Schwangere oder Kreativitätsförderung. Auch hier kannst du von Medien lernen, denn kein Medium versucht ALLES abzudecken. Selbst Publikumsmedien mit einer breiten Zielgruppe arbeiten in Ressorts und legen damit Schwerpunkte.

Wenn du selbständig bist oder eine Personal Brand entwickeln möchtest, fällt das Festlegen auf bestimmte Themenbereiche oft besonders schwer, da wir als Personen vielseitige Wesen sind und uns ungern einschränken lassen. In diesem Fall empfehle ich vor allem, das eigene Warum zu erarbeiten und sich zu fragen, welche Themen dieses Warum besonders gut erfüllen. Warum tust du, was du tust, und wie kannst du deinen Purpose bereits mit deinem Content erfüllen?

Zudem kann es hilfreich sein, erst einmal einen »Braindump« zu machen. Das bedeutet, unsortiert mindestens eine halbe Stunde lang alles niederzuschreiben, über das man prinzipiell gerne posten würde. Anschließend sichtet man das Material auf Themen aus derselben Themengruppe und sortiert es in maximal vier Oberthemen. Dieser Zwischenschritt hilft dir dabei, den nötigen Überblick zu gewinnen und Strukturen zu entdecken, wo auf den ersten Blick keine zu sein scheinen. Mehr über das Warum und die Themenfindung für Selbständige und Purpose-Entrepreneure liest du in meinem Buch »Mindful Social Media Marketing. Achtsam und erfolgreich kommunizieren«[1].

Sobald die Hauptthemen festgelegt sind, setzt du dir deine journalistische Brille auf. Im Redaktionsalltag lässt sich das mit folgender Situation vergleichen: Du hast verkündet, wofür dein Medium steht, und abonnierst Nachrichtendienste, Blogs und andere Medien, die sich mit dem Thema befassen. Außerdem flattern Pressemitteilungen und Mails zu diesem Thema herein. Du hast es dir und der Welt jetzt leichter gemacht, weil du nicht mehr einfach für alles stehst, sondern gezielt recherchieren kannst und für deine Themen kontaktiert wirst. Damit hebst du dich bereits wohltuend von der Masse an privaten und halb-privaten Accounts und Blogs ab, die heute das Rezept ihres Mittagessens posten, morgen das Bürgergeld kommentieren und übermorgen einfach mal probieren wollen, einen Onlinebastelkurs zu verkaufen.

Jetzt gilt es, innerhalb der schon reduzierten Inhaltsmasse die wirklich relevanten Geschichten zu finden.

Dafür stellst du an die Inhalte folgende drei Fragen:

- Ist das neu?
- Ist das wichtig?
- Ist das interessant?

1 Bianca Fritz: Mindful Social Media Marketing. Achtsam und erfolgreich kommunizieren. Rheinwerk Verlag, 2020

Deine Inhalte laufen also durch zwei Filter – der erste filtert deine Hauptthemen heraus, der zweite sucht innerhalb dieser Hauptthemen die relevanten Geschichten (siehe Abbildung 2.1).

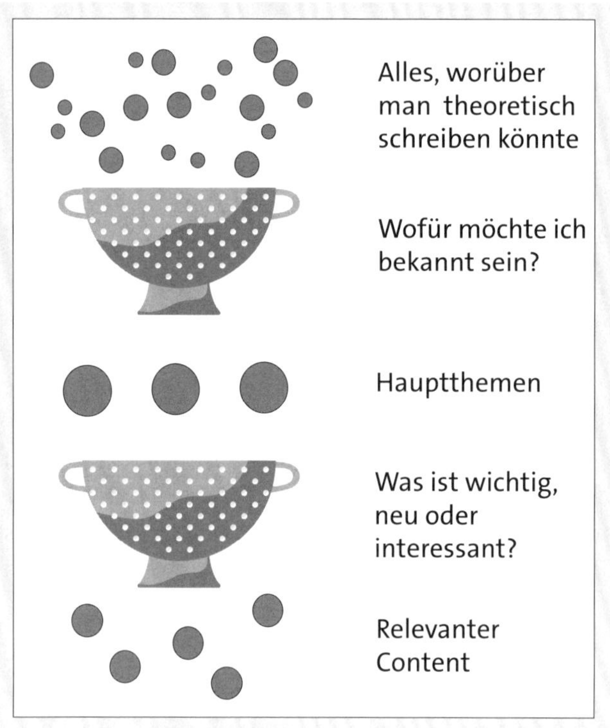

Abbildung 2.1 Diese zwei Filter helfen dir bei der Themenauswahl und der Frage: »Wo steckt die Geschichte?«

Was bedeutet neu?

Diese Kategorie ist insbesondere dann wichtig für dich, wenn du Content mit Nachrichtenwert erstellst. Du ordnest eine neue Studie zum Thema Süchte ein, du stellst ein gerade veröffentlichtes Parteiprogramm vor oder zeigst die neuste Kollektion von Wolfgang Joop. Neuigkeiten können natürlich auch interne News sein: Du schreibst einen Blogartikel für einen Kunden über die Entwicklung seines neuen Produktes.

Content Creator stehen häufig vor der Herausforderung, dass ihr Material nicht wirklich neu ist. Deshalb können wir hier zwei wichtige Fragen ergänzen:

- Wurde das so schon mal gesagt?
- Wurde das von dieser Person schon einmal gesagt?

Oft geht es eher darum, Nuancen des Neuen zu finden oder auch Themen neu zu verknüpfen und neue Gedanken zu einem bekannten Thema zu teilen. So hat beispielsweise die Yogalehrerin Claudia Uthke, die yogische Wechselatmung mit dem Gendern in Verbindung gebracht. »Atme ein, ›Teilnehmer‹ – kurze Pause – atme aus, ›-innen‹« (siehe Abbildung 2.2). Beides keine neuen Themen – in dieser Kombination aber schon.

Abbildung 2.2 Gendergerechte Sprache und die Wechselatmung – manchmal ist es die Perspektive, die ein Thema »neu« macht.[2]

Was bedeutet wichtig?

Wichtig kann bedeuten, dass es die Leser*innen unmittelbar betrifft. Es hat einen Einfluss auf ihre Entscheidungen, das zu wissen, ja eventuell müssen sie sogar ihr Verhalten ändern. Wenn es hier nicht gerade um Gesundheitsthemen oder neue Gesetze geht, die jeden betreffen, ist die Kategorie »wichtig« ganz eng verknüpft mit der Zielgruppendefinition. Je besser du die Personen kennst, für die du schreibst, umso einfacher wird es für dich abzuschätzen, ob sie von einem Thema direkt betroffen sind, und wenn ja, inwiefern?

2 *www.instagram.com/p/CR57ldljoZ1/*

Darüber hinaus sind wichtige Content-Stücke diejenigen, die uns helfen, Dinge besser zu verstehen und einzuordnen. Analysen und Erklärungen fallen in diese Kategorie. Wichtige Content-Stücke für einen Businesscoach könnten zum Beispiel Blogartikel sein, die erklären, wie man seine Zielgruppe bestimmt. Unternehmen legen in wichtigen Content-Stücken offen, warum die ihnen angelastete Veruntreuung von Geldern von Investoren falsch sind – etwa mit einem transparenten Blick in ihre Finanzen.

Wichtige Beiträge laufen tendenziell Gefahr, langweilig und zu sachlich zu werden. Wer sie aber mit konkreten Beispielen und Geschichten von anderen Betroffenen garniert, peppt sie auf. Dann fallen sie zusätzlich in die Kategorie »interessant«, auf die ich gleich noch genauer eingehen werde.

Ein Beispiel ist die Geschichte von Aika. Die Hündin wurde von ihren Tierärzten totgeweiht. »Wollen Sie sie gleich einschläfern oder verhungern lassen?«, stellte der Arzt die wohl schmerzhafteste Frage, die man einer Hundemama stellen kann. Aikas Frauchen entschied sich, zunächst eine Ernährungsberaterin für Hunde aufzusuchen. Meine Kundin. Das ist vier Jahre her. Aika erfreut sich heute allerbester Gesundheit. Natürlich könnte meine Kundin in ihrem Content einfach nur erzählen, wie wichtig es ist, genau die Hundenahrung zu finden, die ein empfindlicher Hund verträgt, ohne allergische Reaktionen zu zeigen. Das ist wichtig. Wenn sie aber die Geschichte von Aika erzählt, packt sie mich auch emotional. Denn eine interessantere Geschichte als eine, bei der es um Leben und Tod geht, gibt es nicht.

Was bedeutet interessant?

Was Meghan Markle in den vergangenen Monaten für Klamotten ausgegeben hat, ist nicht im Geringsten wichtig und auch der News-Wert dieser Information hält sich in Grenzen, weil sie vermutlich immer viel Geld für ihre Kleidung ausgegeben hat. Aber es interessiert mich dennoch. Auch True-Crime-Storys sind interessant. Oder Videos, die zeigen, wie Tiere vergorene Früchte futtern und dann niedlich durch die Gegend torkeln. Alle Dinge haben eines gemeinsam: Es menschelt – wir schaffen es, eine Verbindung zu unserem Leben herzustellen. Wir stellen uns vor, wie wir selbst in einem 5000 Euro teuren Kleid aussehen würden oder was wir stattdessen mit diesem Geld gemacht hätten. Wir gruseln uns, weil wir denken, der Täter aus der True-Crime-Story habe eine gewisse Ähnlichkeit mit unserem Nachbarn. Und wir erinnern uns an die Tapsigkeit unseres Welpen zurück oder an die letzte Party, wo wir vielleicht ein Gläschen zu viel hatten.

Jeder Inhalt – auch der neue und wichtige – kann also interessant werden. Es ist alles nur eine Frage der Aufbereitung. Journalisten nutzen hierfür zwei Techniken: die **Personalisierung** und die **Lokalisierung**. Für die Lokalisierung gehen Journalisten beispielsweise zum Flüchtlingsheim in der eigenen Stadt und fragen: Wie geht ihr mit dem Ansturm um? Was heißt das konkret für euch? Anstatt einfach nur die Zahl zu drucken, wie viele Menschen im vergangenen Jahr nach Deutschland geflüchtet sind. Für die Personalisierung nehmen sie das Thema Bürgergeld und erzählen am Beispiel einer alleinerziehenden Mutter ganz konkret, was das für ihren Geldbeutel und ihr Leben bedeutet.

Lass mich das wieder auf dich anwenden: Als Content Creatorin kannst du lokalisieren, indem du eine Geschichte so schreibst, dass sie für deine ganz bestimmte Zielgruppe noch relevanter wird. Ein Beispiel ist Herr Anwalt auf TikTok, der sich bewusst an eine junge Zielgruppe richtet, deren Sprache, Themen und auch Gestaltungsweisen übernimmt, sodass juristische Themen plötzlich für Teenager relevant und interessant sind. Abbildung 2.4 zeigt ein Video, in dem er darauf eingeht, ob es vor dem Gesetz okay ist, die 12-jährige Freundin zu küssen. Man erhält vom Anwalt selbst eine klare Antwort, ganz ohne Paragrafen, und wird zugleich noch wunderbar unterhalten.

Das Personalisieren von Inhalten, um sie interessanter zu machen, ist sogar noch einfacher: Du gibst nicht einfach nur Tipps, sondern du erzählst, was sie bei dir bewirkt haben. Oder du erzählst konkrete Geschichten deiner Kunden, um zu zeigen, was dein Produkt kann. Personalisieren kann auch bedeuten, dass du deine mögliche Wunschkundin in deinem Content persönlich ansprichst: »Wem graut mehr davor, die Hausaufgaben zu machen? Deinem Kind oder dir?«

Da solche »Kennst du das auch«-Ansprachen plump wirken können, umgehen viele Creator diese Ansprache, indem sie in Videos fiktive Szenen nachspielen. Oder kleine Dialoge mit sich selbst drehen oder solche, in denen das Gegenüber gar nicht gebraucht wird, weil sie eigentlich Monologe sind.

Abbildung 2.3 Mit Rollenspielen lässt sich in Kurzvideos leicht lokalisieren.

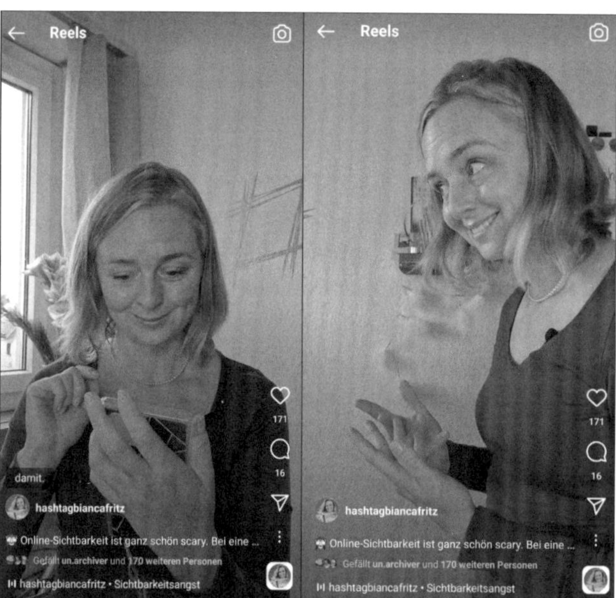

Abbildung 2.4 Noch leichter lassen sich Kurzvideos mit Rollenspielen personalisieren.[3]

So war beispielsweise meine Ad mit einem Dialog zwischen der Frau, die Sichtbarkeitsängste hat und etwas nicht posten will, und mir als Coach (beide von mir gespielt, siehe Abbildung 2.4) sehr erfolgreich und hat mir zu einem geringen Ad-Preis viele Leads eingespielt. Denn selbst fiktive Charaktere machen ein abstraktes Thema konkret und sorgen dafür, dass wir uns damit identifizieren können. Und es deshalb interessant finden.

Die wichtigste Frage für die Personalisierung lautet: **Was hat dieses Thema mit mir und/oder meiner Zielgruppe zu tun?**

Das Wichtigste in Kürze

Bevor du konkrete Content-Stücke planst: Wähle maximal vier Themengebiete für deinen Content. Dann setze die journalistische Brille auf und frage dich: Was ist innerhalb dieser Themen für meine Zielgruppe neu, wichtig oder interessant? Auch neue und wichtige Themen können eine Prise »interessant« vertragen. Diese fügst du hinzu, indem du ein Thema lokalisierst – also an deine Zielgruppe anpasst. Oder du personalisierst, indem du dich fragst: Was hat das mit mir oder ihr (deiner Wunschkundin bzw. deinem Leser) zu tun?

3 *https://vm.tiktok.com/ZMYkCT2rn, www.instagram.com/reel/ClQXt9IAciK*

2.2 Nachricht? Interview oder Reportage? Reel oder Blogartikel? Ein Thema – viele mögliche Formate

»Okay, das Thema ist super, diese Geschichte will ich erzählen – aber wie mache ich da jetzt einen Post draus?« Wenn diese Frage in meinen Onlineprogrammen gestellt wird, lehne ich mich gerne einmal zurück und lasse die anderen Teilnehmerinnen antworten. Denn wir alle kennen ja so unendlich viele Möglichkeiten, Content zu gestalten. Wir haben viel Erfahrung gesammelt, in dem wir Content selbst gestaltet oder zumindest konsumiert haben. Und tatsächlich unterscheiden sich die Ratschläge der Teilnehmerinnen stark. Der Ärztin, die im Schichtdienst arbeitet, antworten sie: »Du hast doch vorher gesagt ›Ich will meine Kolleginnen in der Schichtarbeit nicht verlieren.‹. Das finde ich ein super Zitat – mach das doch einfach auf ein Bild und schreib im Text, wie du das meinst.« Oder: »Mach ein Reel, wie du nach dem Schichtwechsel zur Mama wirst, dein Klemmbrett mit den Patientendaten und den Arztkittel ablegst und das Babytragetuch umbindest.« Oder: »Schreib doch über fünf Vorteile, die Schichtdienst hat – die kannst du dann als Karussell-Post gestalten.«

Das größte Learning in diesem Moment: Jedes Thema lässt sich in fast jedem Format erzählen. Hat man einmal etwas gefunden hat, was neu, wichtig und interessant ist, sollte man daraus unbedingt mehrere Content-Stücke kreieren. Zu Beginn meiner Zeit als Content-Coach habe ich mit meinen 1:1-Kundinnen einen Content-Plan erstellt, in dem aus jedem Thema mindestens vier Posts wurden. Ein langer Text, ein kürzerer, ein knackiger Satz als »Visual Quote« also Zitat auf dem Bild, und ein Video. Heute würde ich das Live-Video und das Kurzvideo (Reel) ergänzen und mit einer Umfrage zum Thema noch ein interaktives Element mit einbringen. Und wer weiß, welche Gestaltungsmöglichkeiten sich die Netzwerke nächsten Monat ausdenken, sodass wir dasselbe Thema noch einmal neu erzählen können.

Wie deckt man die Vielfalt der Darstellungsmöglichkeiten auf? Ich schlage vor, das Thema erst einmal in aller Breite zu erzahlen, um sich danach an kürzere, knackigere Formate zu wagen.

Aber Achtung, damit meine ich nicht: Schreib erst einmal einen langen Blogartikel und mach dann lauter nette Social-Media-Häppchen daraus. Das geht meistens schief. Denn es führt zu Blogartikeln, die textlich kaum gestaltet wurden und schwer zu lesen sind. Auch ein Blogartikel ist ein gestaltetes Content-Stück. Dein Blogartikel ist nicht einfach nur dein ungekürzter Instagram-Text. Sondern ein Blogartikel folgt eigenen, anspruchsvollen Regeln. Immerhin erwartest du, dass sich hier jemand 20 Minuten Zeit nimmt, den Text zu lesen. Das ist ein viel höheres Commitment als bei einem 60-sekündigen Reel. Also darfst du für diesen Text auch mehr Zeit investieren. (Mehr über einen spannenden Aufbau von Texten erfährst du in Abschnitt 5.3, »Hilfe, wo bin ich? Orientierung und Textaufbau«.)

Was ich stattdessen mit »in Breite erzählen« meine, ist, dass du erst einmal alles runterschreibst oder erzählst, was dir zu dem Thema einfällt. Rohfassungen sind zu Unrecht aus der Mode gekommen. Heute schreiben Content Creator ihren Text direkt in das Posting-Feld und erwarten, dass er bereits perfekt ist. Dabei ist dieser erste Schritt zu deinem Content so unheimlich wertvoll. Der »shitty first draft« bringt dich nicht nur ins Tun, sondern verhilft dir auch zu einem Überblick. Mit etwas Abstand kannst du dann den Text umsortieren und einzelne Elemente herausheben, um daraus einen sinnvollen längeren Posting-Text entstehen zu lassen, dann ein kürzerer, dann vielleicht das Visual Quote, das nur aus einem schlagkräftigen Satz besteht, oder die »4 Tipps«, die du in einem Karussell-Post oder Reel vermittelst. Entscheide dich, den Wald einmal zu durchschreiten, bevor du dir einzelne Bäume genauer ansiehst.

Was du hier von Journalisten lernen kannst? Nehmen wir die Redakteure einer Tageszeitung als Beispiel. Auch sie gehen im Normalfall so vor, dass sie erst einmal ausführlich recherchieren, mit Menschen sprechen und sich vor Ort umsehen. Alles, was sie sammeln, kommt in ihren Notizblock – und eben nicht schon in den gelayouteten Artikel. Meine Kolleginnen haben oft gesagt: »Ich hab noch eine Geschichte im Block, die ich schreiben sollte.« Das ist so nicht ganz korrekt. Eigentlich ist es ein »shitty first draft« – eine ausgewalzte Sammlung von allem, was sie erzählen könnten –, aber noch keine Geschichte.

Dieses Material sichten sie und suchen die Geschichte darin. Erst dann gestalten sie den Text, indem sie zum Beispiel gezielt Szenen oder Zitate auswählen, die sinnbildlich für die Botschaft oder den Grundton der Geschichte stehen. Diese durchweben sie geschickt mit Zahlen und Fakten. So entsteht zum Beispiel eine längere Reportage oder ein Feature. Aber wie auch bei dir als Content Creator bleibt es zumeist nicht bei diesem einen Content-Piece.

Das entstandene journalistische Erzählstück soll weiter vorne in der Zeitung angekündigt werden. Also müssen die Journalisten alles noch einmal versachlichen und verdichten, damit es in 50 Zeilen passt. Beide Artikel brauchen knackige Überschriften, die Lust aufs Lesen machen. Vielleicht noch einen schmissigen Teaser, also einen Vorspann für die Onlineausgabe der Zeitung, damit die Geschichte auch auf der Webseite geklickt wird. Immer und immer wieder wird der Journalist gezwungen, die Geschichte weiter einzudampfen oder auf andere Art zu erzählen. Und dann kommt um 16 Uhr die Chefredakteurin um die Ecke und sagt: »Uns ist ein Kommentar geplatzt. Magst du dein Thema noch auf Seite 1 in 30 Zeilen kommentieren?«

Tatsächlich ist das oft kein Problem, denn jetzt hat unser Journalist das Thema schon so oft hin- und hergewälzt, dass er es in- und auswendig kennt. Mit seiner eigenen Meinung hat er aber bisher – der Trennung von Meinung und Fakten sei Dank – hintern Berg gehalten.

Auch wenn die Reihenfolge sicher von Redaktion zu Redaktion variiert, gehen also auch Journalisten so vor, dass sie von der Rohversion zum langen Textstück, dann zu kürzeren, zu Kurztexten wie Titeln und Teasern und dann eventuell zur Kommentierung schreiten. Nicht zu früh die eigene Meinung zu verfassen, schützt dich übrigens auch davor, dass diese unreflektiert ist und mit einem dir noch unbekannten Fakt oder Gegenargument ausgehebelt werden kann.

Du als Content Creator kannst von der Art und Weise, wie journalistische Inhalte gestaltet sind, einiges für deine Content-Stücke abschauen. Dafür blicke ich jetzt mit dir auf die einzelnen journalistischen Formate und erkläre, wie du ihre wichtigsten Regeln nutzt, um deine Inhalte in mehreren Formaten zu erzählen. Eine Übersicht, was aus einem Thema »aus deinem Block« entstehen kann, findest du auch in Abbildung 2.5.

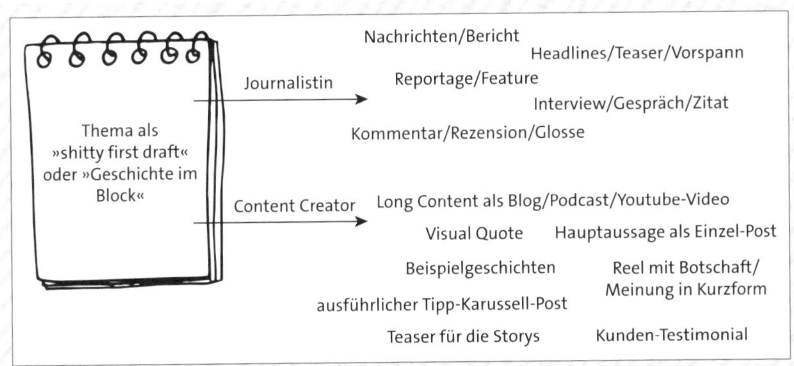

Abbildung 2.5 Einmal ist keinmal – dein Thema lässt sich mannigfaltig erzählen.

Nachricht und Bericht – die klassische Erzählreihenfolge aufbrechen

Halte dich an die ungeschriebene goldene Regel »ein Gedanke = ein Post« – und orientiere dich dafür an der journalistischen Nachricht. So überforderst du deine Community nicht, sondern leitest sie. Die Neuigkeit oder Botschaft kommt klar bei ihnen an, weil du auf alles Überflüssige verzichtest. Wenn die Community Hintergrundinformationen braucht, um diese Botschaft oder diese Neuigkeit zu verstehen, bist du beim Bericht. Ein Bericht ist also eine ausgedehnte Nachricht.

Egal, ob Nachricht oder Bericht. Was du hier lernen kannst: Diese Texte beginnen mit der wichtigsten Aussage. Diese Regel ist essenziell – auch für deinen Content. Und sie unterscheidet sich grundsätzlich von dem, was die meisten von uns in der Schule gelernt haben: das wichtigste Argument für den Schluss aufbewahren. Doch egal, ob in der Zeitung oder online: Wir rechnen lieber mit den ungeduldigen Leserinnen und Zusehern, die sofort sehen wollen, um was es geht.

Damit wird auch die chronologische Erzählreihenfolge aufgebrochen. Eine Nachricht über einen Flugzeugabsturz beginnt nicht mit dem Einchecken, sondern mit der Aussage, dass der Flieger abgestürzt ist, und damit, wie viele Menschen dabei ums Leben kamen. Du stellst also die Information an den Anfang, die neu, wichtig und interessant für die Leserin ist. Das, was aus dem Rahmen fällt, das Ungewöhnliche. Und damit auch das, was die Aufmerksamkeit der Community fesselt.

Da du als Content Creator besonders das Interesse der Leserin oder des Zuhörers im Kopf hast, wenn du deine Texte schreibst, kann es sehr gut sein, dass du etwas anderes wichtig findest als der CEO des Unternehmens, für welches du Content schreibst. Das zeichnet deinen journalistischen Blick aus. Der Verleger Hubert Burda soll dazu einmal gesagt haben:

Der Wurm muss dem Fisch schmecken, nicht dem Angler.

Ein Beispiel: Vielleicht will dein CEO, dass du schreibst, was die neue Kinderkrippe in seinem Unternehmen kostet. Damit alle sehen, wie großzügig er ist. Du weißt auch, dass dein Content vor allem für potenzielle neue Mitarbeiter*innen spannend sein soll – sie sind eine wichtige Zielgruppe für deinen Content. Die Nachricht für sie ist nicht, was die Kinderkrippe das Unternehmen kostet, sondern dass es sie jetzt gibt und man seine Kinder bei der Arbeit betreuen lassen kann. Zum Beispiel so: »Ab kommenden Monat können alle Mitarbeitenden der Albert AG ihre Kinder mit zur Arbeit bringen, denn es gibt nun eine angegliederte Kinderkrippe.«

Der erste Satz beantwortet die Fragen »Was ist passiert?« oder »Wer hat was getan?« oder auch »Wem ist was passiert?«, wenn in die Vergangenheit geblickt wird. Wenn in die Zukunft geschaut wird: »Was wird passieren?« oder »Was erwartet dich in diesem Content-Stück?« So wird selbst ein Satz wie »Was du bisher über Bungee Jumping gedacht hast, stimmt nicht.« in gewisser Weise zu einem nachrichtlichen Einstieg. Und dieser wirft zugleich natürlich die Frage auf: »Was stimmt denn dann?« Auf gute Einstiege und die Kombination aus Überschrift und erstem Satz werde ich in Abschnitt 5.2, »Von Einstiegen und Teasern – catch me if you can«, ausführlich eingehen. Dort vertiefe ich auch, wie man herausfindet, was das Wichtigste ist, das an den Textanfang gehört. Für den Moment genügt es, dass wir uns bei der Nachricht der Idee bedienen, mit dem Filetstück einzusteigen – der wichtigsten Neuigkeit, der überraschendsten Aussage oder Behauptung.

Nach diesem Paukenschlag können wir gelassen zum chronologischen Erzählen oder an den Anfang einer Argumentationskette zurückkehren, um die weiteren Fragen des Publikums zu beantworten. Welche sind das in einer Nachricht oder einem Bericht? Die noch fehlenden W-Fragen! »Wann und wo ist es passiert oder wird es passieren?« Und »Warum ist das wichtig?« oder »Wozu dient das?« und manchmal auch »Wie kam es dann dazu?« An dieser Stelle kommt der CEO dann doch noch zu Wort und kann erzählen, warum man sich für die Kinderkrippe entschieden hat und meinetwegen eben auch, was das seinen Betrieb kostet.

Reportage und Feature – Bilder und Beispiele finden

Diese journalistischen Erzählformen nehmen dich mit ins Geschehen, indem sie dir ein Thema an einem bestimmten Beispiel (meist einer Person) erzählen und ins Geschehen ein- und auszoomen. Was du als Content Creator hier also lernen kannst, ist Storytelling. Du lernst Themen anhand von Beispielen zu erzählen und Bilder zu suchen und zu beschreiben, die für das Thema stehen und Emotionen wecken.

Eine Zeitungsreportage über einen Tag mit einem Lebensmittelkontrolleur habe ich beispielsweise mit einer extremen Nahaufnahme begonnen. Ich habe beschrieben, wie dieser seinen Daumen in die Klarsichtfolie drückt und unter seinem Druck roter Fleischsaft zusammenläuft. Dann zoomte ich heraus, ließ ihn das verpackte Fleisch zurück ins Kühlregal legen und sagen: »Hier ist alles in Ordnung, keine braunen oder grünen Stellen.« Anschließend zoomte ich noch weiter aus der Szene heraus auf das Thema, wegen dem ich überhaupt mit dem Lebensmittelkontrolleur unterwegs war: »Deutschland fürchtet sich vor Gammelfleisch – deshalb sind Menschen wie Hubert Roth gerade besonders beschäftigt. Er arbeitet als einer von fünf Kontrolleuren in der Region ...« Dieser Wechsel zwischen Detailbeobachtungen und dem Thema, für das sie stehen, ist sehr üblich im journalistischen Erzählen. Das Konkrete macht das Abstrakte greifbar.

Du kennst das aus Filmen, wo wortwörtlich gezoomt wird. Dein Video-Content wird also zum Beispiel reportageartig, indem du ein spannendes Detail filmst und in der nächsten Einstellung das gesamte Bild zeigst. In meinem Beispiel also zunächst den Daumen im Fleisch und dann den Lebensmittelkontrolleur, der von Regal zu Regal geht. Dazu die Stimme aus dem Off: »Deutschland fürchtet sich vor Gammelfleisch ...« Mehr darüber, wie du unterschiedliche Film-Perspektiven nutzen kannst, um eine Geschichte zu erzählen, erfährst du in Abschnitt 7.2.1.

Du als Content Creator kannst von Journalistinnen lernen, wie du diese Beispiele oder Bilder findest und wie du sie einsetzt, um Emotionen zu erzeugen – egal, ob in Text, Bild oder Ton. Wenn du vor Ort bist und eine Szene einfangen kannst, halte die Augen offen nach Dingen, die dich besonders überraschen und beeindrucken. Sammle, was du selbst interessant findest – ob in Worten, Geräuschen oder in (bewegten) Bildern. Hinterher kannst du dich fragen: Was war besonders typisch für das Gesehene? Welches Bild hat eine symbolische Bedeutung für die Geschichte, die ich erzählen möchte. Und genau mit diesem Bild steigst du ein und zoomst dann – ob in Textform oder tatsächlich mit deiner Kamera – heraus auf das große Ganze.

Wenn du nicht vor Ort bist, sondern etwas anhand eines Beispiels erzählen möchtest – zum Beispiel von einer bestimmten Person, dann frage dich: Wen betrifft das? Und sprich mit diesen Menschen (oder erinnere dich an Gespräche, die du mit ihnen geführt hast). Dann beginne den Text mit ihrer persönlichen Geschichte – das holt das Thema vom Abstrakten ins Konkrete.

Wenn dein Content-Stück umfangreich ist und ein Thema aus mehreren Perspektiven beleuchtet, komm immer wieder zurück zu dieser konkreten Person, diesem konkreten Bild, begleite sie ein Stück.

Besonders kunstvoll wäre es, wenn du am Schluss deines Content-Stücks sogar wieder zum Einstieg zurückkommen kannst. Damit gibst du dem Inhalt eine Klammer, und das fühlt sich für deine Community abgeschlossen und rund an.

Schön wäre für meine Geschichte zum Beispiel gewesen, dass der Kontrolleur zurückgeht und genau dieses Päckchen abgepacktes Hackfleisch kauft, in das er zuvor seinen Daumen gedrückt hatte. Weil es so schön frisch aussah. Das war leider nicht so. Aber man darf ja noch von dem perfekten Ende für die ideale Geschichte träumen.

Reportagen und Features lehren uns, szenisch zu erzählen. Wir dürfen der Person, die für uns recherchiert hat, über die Schulter blicken. Wir sehen, was sie sieht. Das ist »Show don´t tell« in Reinform. Ich habe als Leser oder Zuschauerin das Gefühl, mir ein eigenes Bild zu machen – auch wenn die Auswahl der Szenen und Beispiele sowie ihre Reihenfolge meinen Blick in Wahrheit lenkt.

Eine Besonderheit bei Content Creatorinnen, die vor allem als Personal Brands tätig sind, ist die Mischform aus szenischem Einstieg und Kommentar/Meinung/Gedanken. Ich erzähle etwas, was ich beobachtet habe, und reiche sogleich nach, was das in mir ausgelöst hat oder was ich dazu zu sagen habe. Ein Beispiel dafür ist das Video vom Zimmerpflanzen-Unternehmen Feey (siehe Abbildung 2.6): Sie spielen typische Fehler von Pflanzenbesitzern szenisch nach und schalten sich dann ein und rufen »Stopp – so geht es nicht.«

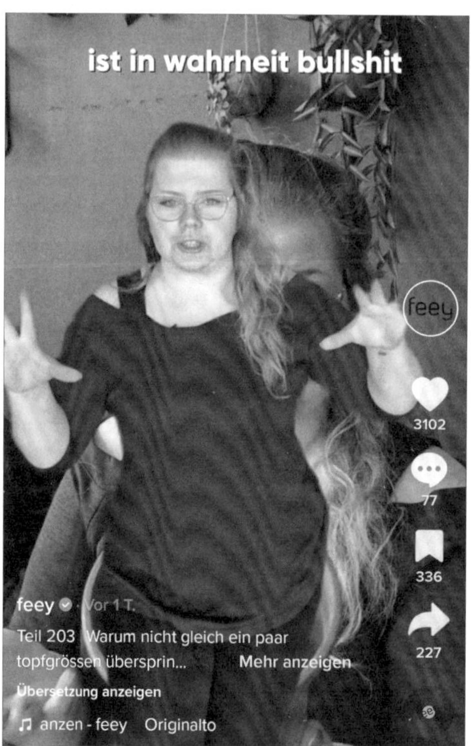

Abbildung 2.6 Szenischer Einstieg und dann gleich der einordnende Kommentar dazu. Feey macht es vor.[4]

4 *https://vm.tiktok.com/ZGJapGaeJ/*

Anders als Journalisten, die auch in ihrem Storytelling keine Meinung einbringen sollen, steht es Content Creatorinnen gut und fällt auf, wenn sie das szenische Erzählen auch so nutzen.

Eine weitere Besonderheit ist, dass der szenische Einstieg für ein kürzeres Content-Stück oft auf einen oder zwei Sätze gekürzt werden muss. Das macht das szenische Erzählen anspruchsvoll und fordert uns auf, unsere Inhalte zu verdichten.

Der szenische Einstieg in Kürze

Nimm dir eine Behauptung über »die Menschen heutzutage«, für die du gerne einen szenischen Einstieg schreiben möchtest. Entweder du greifst etwas aus deinem Themenfeld heraus, oder du nimmst zur Übung einen Satz wie: »... sind furchtbar ungeduldig«, »... behaupten gerne Dinge, die sie nicht belegen können«, »... warten nur darauf, dass sie etwas zum Lachen bringt«. Dann geh an einen Ort, an dem viele Menschen sind und wo du ihr Verhalten beobachten kannst. Nimm einen Block mit und schreibe auf, was du siehst und hörst.

Für den Satz mit den ungeduldigen Menschen könnte sich zum Beispiel folgende Szene an einer Supermarktkasse anbieten: Der alte Mann kramt im Münzfach seiner Geldbörse, sieht nichts und leert den Inhalt aus. Die Münzen kullern in alle Richtungen. Die Frau hinter ihm in der Schlange verdreht die Augen, rafft ihre Einkäufe vom Band und sucht sich eine andere Kasse. Auf dem Weg fällt ihr eine Tafel Schokolade herunter. Ein kleiner Junge nimmt die Schokolade und sucht die Frau. Als er bei ihr ankommt, hat sie schon bezahlt und raunzt den Jungen an: »Jetzt ist es auch zu spät.«

Diese Szene notierst du und kürzt sie auf ein bis zwei Sätze herunter, die das beschreiben, was du sagen möchtest. In meinem Fall könnte es die Reaktion der Frau auf den kleinen Jungen sein. Allerdings müsste ich dann auch die Vorgeschichte an der anderen Kasse erzählen. Das wird zu lang. Also entscheide ich mich für das Augenrollen der Frau als Reaktion auf den alten Mann und schreibe: »Ein Augenrollen, fixes Zusammenraffen der Einkäufe vom Band und schon ist die Frau verschwunden. Dabei hatte der alte Mann seine Münzen schon fast abgezählt. Menschen sind heute eben ungeduldig.«

Kommentare, Glosse und Rezension – Haltung zeigen und Stellung beziehen

Wenn du einen Kommentar schreibst, sagst du deine eigene Meinung. Soweit logisch. Was du hier als Content Creator aus dem journalistischen Handwerk mitnehmen kannst, ist folgender Grundsatz: Du musst dich für eine Seite entscheiden. Es ist wie bei einer Abstimmung. Kreuze jetzt an: »Ja« oder »Nein«, »Gut« oder »Schlecht«. Kein schwammiges »Entweder ... oder« und kein langweiliges »Das wird sich zeigen müssen.« Wenn du Stellung beziehst, wird dein Kommentar spannend. Deine Meinung wird bei mir als Leserin oder Zuhörerin etwas auslösen. Zufriedenes Kopfnicken, wenn ich mit ihr übereinstimme, ein empörtes Luftschnappen, wenn der Autor meiner Meinung nach völlig daneben liegt. Als Content Creator weißt du: Beides ist gut. Denn beides führt zu Kommentaren oder dazu, dass deine Beiträge geteilt werden, weil du in Worte fasst, was anderen schwerfällt.

Im Journalismus nennt man Kommentare, die sich klar auf eine Seite schlagen Geradeaus-Kommentare. Sie sind kurz, knackig, klar und nennen nur die Argumente, die die eigene Meinung untermauern. Genau das funktioniert auch auf Social Media gut.

Journalisten haben hier gegenüber Personal Brands und Unternehmen allerdings einen großen Vorteil: Ihre Kommentare werden als Meinung des Senders oder der Redaktion wahrgenommen und häufig weniger mit ihnen als Person in Verbindung gebracht. Mir ist es als Redakteurin oft schwer gefallen, mich ganz auf eine Seite zu schlagen und die guten Argumente der Gegenseite außer Acht zu lassen. Das funktionierte nur, wenn ich mir sagte: »Das muss nicht meine persönliche Meinung sein. Es ist eine Rolle, die ich einnehme. Zum Wohl des Textes.« Um jetzt als Content Creatorin mit eigenem Unternehmen einen Geradeaus-Kommentar zu schreiben, muss ich mir einer Sache SEHR sicher sein.

Sanfter ist der Einerseits-andererseits-Kommentar – er erinnert an die Erörterung aus Schultagen. Ich nenne Argumente für beide Seiten – und entscheide mich dann am Schluss für eine der Seiten. Diese Analyse ist sehr wertvoll für Leserinnen, weil sie viel über ein Thema lernen und zur eigenen Orientierung noch eine persönliche Haltung serviert bekommen. Die Stellungnahme am Schluss ist wichtig und macht das Content-Stück erst zum Meinungsstück: Wenn du dich am Schluss nicht für eine Seite entscheidest solltest, versandet der Kommentar.

Der Einerseits-Andererseits-Kommentar braucht mehr Raum und eine Community, die bereit ist, sich tiefer mit einem Thema auseinanderzusetzen. Einerseits-andererseits-Kommentare sind also definitiv Long-Content-Stücke – zum Beispiel für einen Blogartikel oder eine Podcast-Episode. Hier ist es entscheidend, der Community gleich zu Beginn klarzumachen, welchen Nutzen sie haben, wenn sie dranbleiben. Zum Beispiel, dass es ihnen leichter fallen wird, sich selbst eine Meinung zu diesem komplexen Thema zu bilden.

Ein guter Einerseits-andererseits-Kommentar kann deinen Expertenstatus zeigen und überzeugen. Dadurch, dass du beide Seiten der Medaille zeigst und dann klar darlegst, warum du dich für eine entscheidest, kann ich dir gut folgen und den Weg mit dir gehen.

Es gibt eine einzige Ausnahme in den klassischen kommentierenden Textformen, bei der du dich nicht für eine Seite entscheiden musst. Der Journalismuslehrer Walter von La Roche nennt sie eine Spielform des Einerseits-andererseits-Kommentars[5]: Die Autorin zeigt dabei vor allem die Vielschichtigkeit des Problems auf und damit auch,

5 Walther von La Roche: Einführung in den praktischen Journalismus. List, 1999, S. 152

warum sie sich nicht entscheiden kann. »Leute, da gibt es so viel zu bedenken, ich bin ratlos« ist der Tenor, der aus diesen Zeilen spricht.

Das kann zwei Wirkungen erzielen: Im schlechten Fall stehst du als Account/Person/Unternehmen ohne klare Haltung da. Du wirkst farblos und fade. Im besten Falle ist es eine Einladung an deine Community ihre eigene Meinung kundzutun. »Ich sehe all diese Argumente – und kann mich einfach nicht entscheiden – was sagt ihr?« Das ist ein wundervoller Call-to-Action, der zeigt, dass dir die Meinung deiner Community wirklich am Herzen liegt und du nicht nur einfach Interaktionen generieren willst.

Allerdings solltest du die Meinungsfindung nicht allzu oft an deine Community auslagern. Besonders nicht, wenn du selbst als Experte zu einem Thema wahrgenommen werden möchtest. Denn an Expert*innen richten wir uns doch, wenn wir Orientierung und Beratung suchen – also wie wirkt es, wenn diese selbst ständig ratlos sind?

Du kannst aber auch geschickt als Experte wahrgenommen werden und zugleich deine Community nach ihrer Meinung fragen. Das zeigt das folgende Beispiel des Reels-Experten Brock Johnson. Er postet darüber, dass Instagram das Reels-Bonus-Programm beendet, bei dem Creator für Videoansichten bezahlt wurden. An seinem Post überraschte mich zunächst, dass er auf den Bildern im Karussell-Post nur die Meinung der Community abfragt. Du siehst seinen Post in Abbildung 2.7. Gerade wenn ein Creator hunderttausende Views pro Reel erzielt, ist SEINE Meinung zu dieser Veränderung doch wichtiger als meine? Zum Glück aber erfahre ich Brocks Meinung dann in der Caption: Obwohl die Geldbeträge niedrig waren, ist er überrascht und enttäuscht von diesem Update, weil er die Bezahlung als große Chance für Creator wahrgenommen hatte.

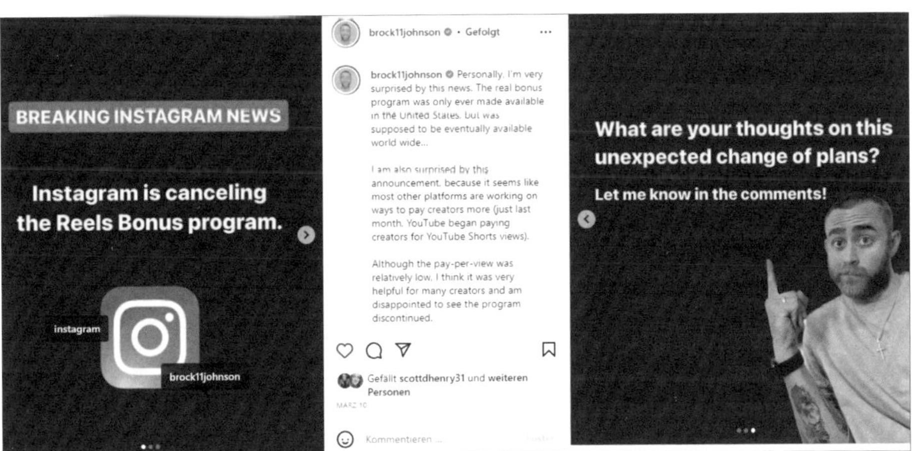

Abbildung 2.7 Meinungs-Posts sind ein guter Ausgangspunkt für Diskussionen mit der Community. Brock Johnson macht es hier vor.[6]

6 *www.instagram.com/p/Cpl2hOrLx8a*

Eine subtilere Spielform des Kommentars ist die Glosse – hier wird ein Thema satirisch aufgegriffen und überspitzt. Du musst mir deine Meinung gar nicht mehr direkt sagen – ich erfahre sie zwischen den Zeilen. Du argumentierst nicht, du stellst bloß. Du diskutierst Widersprüche nicht, du zeigst sie auf. Satirisch zu kommentieren, ist Übungssache und wird das ein oder andere Mal in die Hose gehen – aber es lohnt sich enorm, zu üben und dranzubleiben. Gerade für Content Creator, die etwas vermarkten möchten. Denn das ewige auf Schmerzpunkten herumdrücken und Menschen darauf aufmerksam machen, was sie alles noch nicht können und wo es in ihrem Leben Defizite gibt, macht wenig Lust zu kaufen. Ganz anders wirkt es, wenn es jemand schafft, Content zu erstellen, in dem ich mich so überspitzt wiedererkenne, dass ich über mich selbst lachen kann. In einer kleinen Reels-Serie habe ich die Probleme meiner Kundinnen überspitzt als Zootierchen dargestellt. Den »Prokrastoris Creatoris« beispielsweise (siehe Abbildung 2.8), der sich vor lauter Perfektionismus lieber hinter den Blättern versteckt, anstatt sich zu zeigen – und deshalb auch leider nicht zu sehen ist. »Der postet nix, der wartet lieber, bis alles perfekt ist.« Mehr Überspitzung geht kaum. Diese Reels-Serie kam super an – die häufigsten Kommentare zu dieser Serie gingen in die Richtung: »Du hast mich erwischt.«

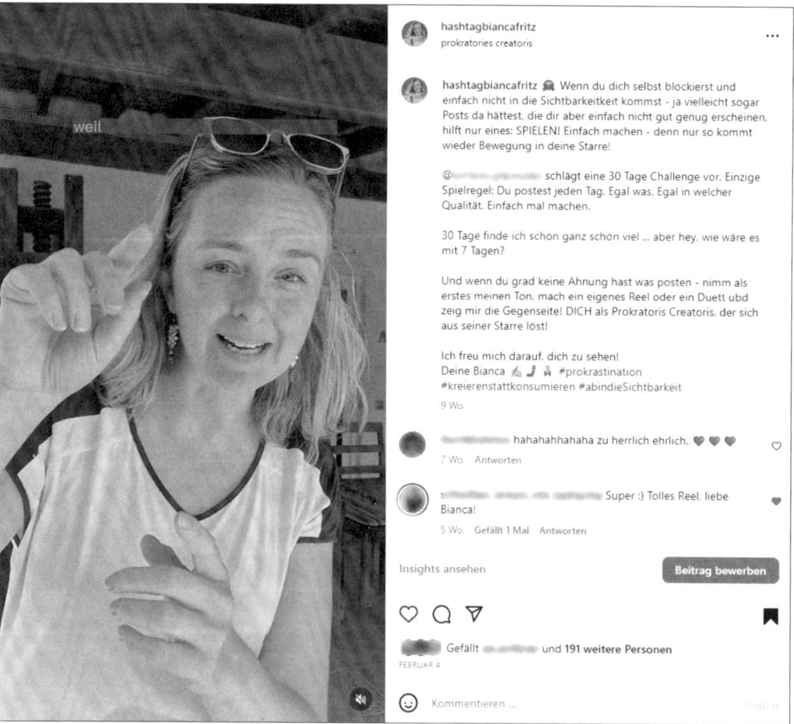

Abbildung 2.8 Wo bist du denn? Satirisch überspitzt und direkt angesprochen als Prokrastoris Creatoris.[7]

7 *www.instagram.com/reel/CoPaa_UgS1p/*

Zu guter Letzt möchte ich auf die Rezension als Meinungsstück eingehen. Darunter versteht man die Stellungnahme zu einem Werk – einem Buch, Theaterstück, Film, Serie, Doku –, es kann aber natürlich auch die Rezension eines YouTube-Videos sein. Auch hier steht die Meinung des Rezensenten im Mittelpunkt. Dieser muss sich aber nicht für »gut« oder »schlecht« entscheiden, sondern kann auch einzelne Aspekte toll und andere grausig finden.

Wenn zu deinem Content Rezensionen gehören, möchte ich dich vor etwas warnen, was viele Nachwuchsjournalisten gut kennen: der Hybris, die mit der Rolle einhergeht, dass du bewerten darfst. Ein fieser Verriss liest sich schmissig und gibt viele Klicks. Leicht passiert es, dass man sich für seinen kritischen Blick auf die Schulter klopft. »Ich habe in kurzer Zeit erkannt, was ihr nicht bemerkt habt, obwohl ihr Monate an diesem Ding gearbeitet habt – schaut, wie schlau ich bin.« Wer sich zudem auf »leichte Opfer« einschießt wie Anfänger, die tatsächlich viele Fehler machen – ist schlichtweg fies. Mich hätte ein solch fieser Artikel fast meinen Ausbildungsplatz gekostet. Ich hatte über einen Liederabend der Landfrauen mit so spitzer Feder geschrieben, dass diese sich zusammengeschlossen haben, um bei der Chefredaktion gegen mich vorzugehen. Kein Wunder: Hätte ich wirklich erwähnen müssen, dass es im Raum nach frischer Milch roch und die Frauen beim Singen nur selten den Ton trafen? Was ich daraus lernte: Ein gut zu lesender Text, der verletzt, nutzt keinem – er streichelt höchstens kurzzeitig das Ego der Autorin.

Heute würde ich nur noch Werke verreißen, wenn diese meiner Meinung nach völlig zu Unrecht hochgelobt sind und es mir wichtig erscheint, dass man einen anderen Blick auf das Werk gewinnt.

Also mach nicht dieselben Fehler, die ich als Jungjournalistin gemacht habe: Sei fair, wenn du rezensierst. Zeige mir, wie du zu deiner Meinung gekommen bist. Welche Stellen dir gefallen haben und warum dich andere enttäuschten. Verrisse sind selten gerechtfertigt. Genauso sinnlos sind übrigens auch stetige Lobhudeleien. Denn Worte wie »grandios« und »einzigartig« nutzen sich schnell ab.

Interview, Gespräch, Zitat

Einer der größten Unterschiede, den ich zwischen Journalist*innen und Content Creator*innen sehe, ist: Content Creator stellen so gut wie jedes Gespräch, das sie führen auch online. Entweder als Audio- oder Videofile vom Gespräch oder, selten geschnitten – und noch viel seltener – als ausformuliertes Frage-Antwort-Interview, im Textformat. Für mich als Content-Konsumentin heißt das einerseits: Ich bekomme viel von der Person und auch der Gesprächsatmosphäre mit. Aber andererseits auch: Ich muss geduldig sein und mir die wirklich wichtigen Aussagen selbst zusammensuchen. Und in vielen, vielen Podcast-Interviews da draußen würde sich eine Stunde auf zwei bis drei wichtige Sätze zusammendampfen lassen. Manchmal passiert das noch im Anschluss bei Posts, die auf das Interview hinweisen – aber leider ist dieser Service eher die Seltenheit.

Journalistinnen führen viele Gespräche zu Recherchezwecken und zitieren einfach nur die wichtigsten Aussagen daraus. Das Gespräch an sich wird nicht aufgezeichnet und/oder gesendet.

Erst wenn sie jemanden vor sich haben, von dem sie wissen, dass es für die Zuschauer/Leser/Hörerinnen ein Gewinn ist, das ganze Gespräch zu hören, wird auch das gesamte Gespräch verwendet. Ich möchte dir schon an dieser Stelle den Gedankenanstoß mitgeben, auch Gespräche zu führen, die du nicht in Gänze sendest. Denn von der Serviceleistung, hier auszusortieren, profitiert nicht nur deine Community, die sich nicht mehr durch Smalltalk und dünne Aussagen schlagen muss, sondern auch dein Gesprächspartner. Insbesondere diejenigen, die nicht besonders eloquent sind. Sie klingen überzeugender, wenn sie auf ihre wichtigsten Aussagen zusammengekürzt wurden, als wenn sie in epischer Breite sprechen.

Und zu guter Letzt profitierst auch du als Creator*in. Denn die Art und Weise, wie du Gespräche zu Recherchezwecken angehst, unterscheidet sich grundsätzlich von den Gesprächen, die als Interview verwendet werden. Oft kannst du in Recherchegesprächen, die »off camera« geführt werden sehr viel tiefer gehen und erhältst spannendere Aussagen. Wie du diese Recherchegespräche führst, vertiefe ich in Abschnitt 4.3, »Wie du Recherchegespräche führst«. Wie man gute Interviews moderiert, die auch gesendet werden können, werde ich in Kapitel 6, »Gespräche führen, die faszinieren«, ausführlich behandeln.

Aber zunächst einmal möchte ich dich dazu anregen, darüber nachzudenken, wann es ein Interview braucht – und wann ein Informationsgespräch, aus dem du zitierst, die bessere Wahl ist.

Diese Entscheidungsfragen helfen dir dabei:

- Ist die Person spannend in der Art und Weise, wie sie redet? Hat sie zum Beispiel eine besondere Ausdrucksweise und/oder Mimik, eine angenehme Stimme, sodass man ihr beim Reden länger zusehen/zuhören möchte?
- Findet das Interview digital oder telefonisch statt? Oder vielleicht an einem besonderen Ort, der eine Bedeutung für das Thema des Interviews hat? Gespräche im Kontext sind spannender – weil hier auch mit der Umwelt interagiert werden kann.
- Geht es im Interview eher um die Person oder um ihre sachliche Expertise? (Wenn die Person im Fokus steht, ist es oft auch ein Gewinn, ihr länger zuzuhören.)
- Wenn du die Person wegen ihrer Expertise für ein bestimmtes Fachgebiet interviewst: Hast du schon Interviews mit ihr gesehen, die zeigen, dass sie eloquent, farbig oder zumindest verständlich antwortet?

Insgesamt gilt also der Grundsatz: Je wichtiger die Person ist, desto eher braucht es ein Interview. Wenn es aber vor allem um fachliche Einschätzungen geht, bist du oft mit einem Recherchegespräch und daraus gewonnenen Zitaten besser bedient.

Das Wichtigste in Kürze

Jedes Thema lässt sich in mehreren Formaten erzählen. Und du verschenkst etwas, wenn du das nicht nutzt, weil jedes Format zu einem weiteren Content-Stück führt. Du kannst dabei bei der Länge des Content-Stücks, den genutzten Medien variieren und dich an unterschiedlichen journalistischen Darstellungsformen orientieren. Dabei lernst du:

- Von Nachricht/Bericht: dich auf einen Gedanken oder eben eine Nachricht pro Post zu beschränken. Das Wichtigste herauszufiltern und an den Anfang zu stellen und keine W-Frage aus dem Blick zu verlieren.
- Von Reportage/Feature: bildhaft zu erzählen und Geschichten an konkreten Beispielen aufzuziehen.
- Von Meinungsstücken wie Kommentar/Glosse/Rezension: klar Stellung zu beziehen und deiner Community damit eine Orientierung zu bieten. Damit das gelingt, brauchst du den Mut, dich zu entscheiden.
- Auch Interviews und Gespräche sind ein schönes Format für Content – allerdings dürfen Content Creator*innen hier noch bewusster auswählen, wem sie diese Plattform zur Verfügung stellen. Oft ist der Community und dem Gesprächspartner besser gedient, wenn Gespräche im Off geführt werden und nur Zitate daraus verwendet werden.

2.3 Schon wieder Ostern. Neue Zugänge zum immer gleichen Thema finden

Schon jetzt hast du – durch die verschiedenen Formate – vermutlich verschiedene Zugänge zu deinem Thema bekommen. Gerade wenn du als Content Creatorin monothematisch unterwegs bist, kann es darüber hinaus hilfreich sein, dir diejenigen Methoden aus dem Journalismus abzuschauen, die dir helfen, neue Perspektiven auf das immer gleiche Thema zu gewinnen. Denn die Medienredaktionen stehen schließlich jedes Jahr aufs Neue vor dem Problem: Was schreiben wir über Ostern? Eine Übersicht zu den Perspektivwechseln auf das immer gleiche Thema findest du in Abbildung 2.9.

Um dir an einem konkreten Beispiel zu zeigen, wie du die einzelnen Methoden nutzt, habe ich quasi den Worst Case für eine Content Creatorin herausgegriffen: Du erstellst Content für eine Firma, die nur ein einziges Produkt herstellt. Du bist also extrem monothematisch unterwegs. Sagen wir: Du bewirbst Periodenunterwäsche.

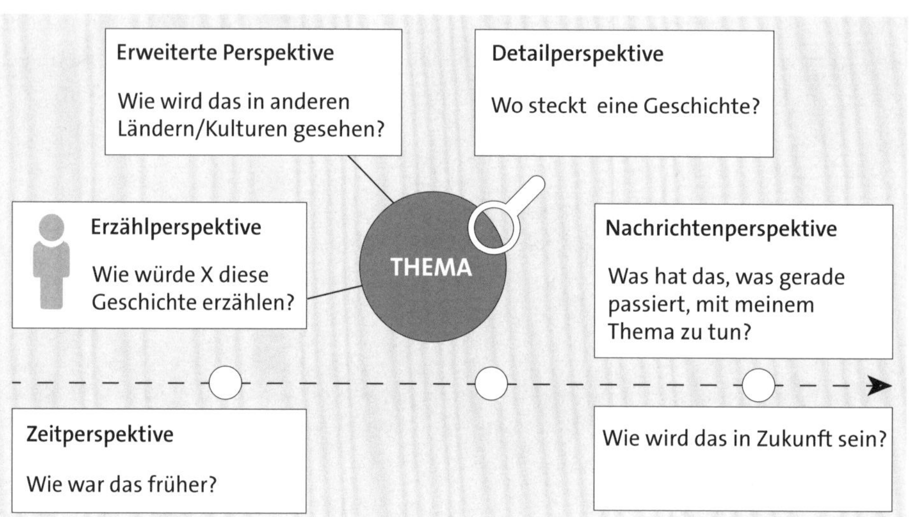

Abbildung 2.9 Ein Thema, unendlich viele Geschichten. Der Perspektivwechsel macht es möglich.

Die Themen-Mindmap zum Ein- und Auszoomen

Trotz ChatGPT und Co bin ich, was Assoziationen angeht, noch immer ein großer Fan von Mindmaps mit Papier und Stift. Wir selbst kennen die Geschichte und Erfahrungen, die in das Produkt eingeflossen sind, am besten und können daher auch ungewöhnliche Dinge zu Papier bringen – und diese sogar mit eigenen Beispielen und Emotionen verknüpfen. Die eher generischen Ideen, die uns die KI liefert, sind allerdings eine gute Ergänzung, um selbst nichts zu vergessen. In Abbildung 2.10 sieht du, was ChatCPT mit AirPM vorschlägt, wenn ich frage, über welche Themen ich schreiben könnte, um für Periodenunterwäsche zu werben. Natürlich könnte ich hier weitergehen und meine Frage verfeinern, um die Algorithmen dafür zu nutzen, die Themen-Mindmap zu erstellen. Für mein Beispiel bleibe ich der Einfachheit halber bei Papier und Stift und den Assoziationen aus meinem Kopf – so siehst du, wie ich methodisch vorgehe.

Schreibe dein Thema in die Mitte und dann zeichne Äste und assoziiere alles, was dir zu diesem Thema einfällt. Bei der Periodenwäsche könnte sich ein Ast auf der ersten Ebene auf das Material beziehen. Einer auf den Umweltschutzaspekt der Unterwäsche. Einer auf Trageeigenschaften, einer sich auf die Periode im Allgemeinen. Eine Astebene tiefer greifst du Aspekte aus den Unterthemen heraus. Du stellst zum Beispiel einzelne Materialien und ihre Eigenschaften vor. Beim Perioden-Ast gehst du auf die Geschichte der Menstruation ein und den Umgang mit der Blutung in unterschiedlichen Kulturen. Damit du eine visuelle Vorstellung hast, habe ich in Abbildung 2.11 eine mögliche Mindmap erstellt.

Wenn Sie Periodenunterwäsche bewerben möchten, gibt es viele relevante Themen, über die Sie schreiben können. Hier sind einige Ideen:

1. Der Komfort und die Bequemlichkeit von Periodenunterwäsche im Vergleich zu anderen periodenbezogenen Produkten.
2. Die verschiedenen Stile und Designs von Periodenunterwäsche, einschließlich Schlüpfer, Shorts und Tangas, und wie sie für unterschiedliche Aktivitäten und Flowstärken geeignet sind.
3. Die umweltfreundlichen Vorteile von Periodenunterwäsche im Vergleich zu Einwegprodukten wie Tampons und Binden.
4. Die Kostenersparnisse, die mit dem Kauf von Periodenunterwäsche verbunden sind, da sie wiederverwendbar sind und somit Geld sparen.
5. Die Vermeidung von unangenehmen Gerüchen, die bei der Verwendung von Einwegprodukten auftreten können.
6. Die einfache Pflege von Periodenunterwäsche, einschließlich Wasch- und Trocknungsanweisungen.
7. Wie Periodenunterwäsche dazu beitragen kann, das Selbstbewusstsein und die Unabhängigkeit von menstruierenden Menschen zu stärken.
8. Die Tatsache, dass Periodenunterwäsche diskret unter normaler Kleidung getragen werden kann, ohne dass man sich Sorgen um sichtbare Linien oder andere Anzeichen machen muss.
9. Die Verwendung von hypoallergenen Materialien bei der Herstellung von Periodenunterwäsche, um Hautreizungen zu vermeiden.
10. Erfahrungsberichte von zufriedenen Kundinnen, die ihre positiven Erfahrungen mit der Verwendung von Periodenunterwäsche teilen.

Abbildung 2.10 Diese Themen schlägt ChatCPT mit AIPRM vor, wenn ich nach Werbethemen für Periodenunterwäsche suche.

Wenn diese nun vor dir liegt: Geh zu den äußersten Ästen, also zoome auf einen Detailaspekt und überlege dir, welche Geschichte es hier zu erzählen gibt. Angenommen die Füllung der Periodenunterwäsche besteht aus Merinowolle – welche Geschichte steckt in dieser Wolle? Hier könntest du zum Beispiel die Schafe vorstellen: Wo grasen sie? Wie leben sie? Zeige Materialeigenschaften, indem du das Material hörbar machst – zum Beispiel am Mikrofon entlang kratzt und anschließend mit Flüssigkeit auffüllst und auch das Geräusch aufnimmst, wenn du in die vollen Fasern drückst. Schmatzt es, oder hört es sich trocken an? ASMR-Fans werden begeistert sein.

Oder lässt sich bei dem Umweltaspekt etwas herausgreifen? Was genau richten eigentlich Binden oder Tampon in den Weltmeeren an? Gibt es hier vielleicht eine Geschichte zu erzählen? Einen Ort, wo besonders viele Tampons stranden?

Welche Schätze verbergen sich in der Historie der Periode: Was genau war eigentlich diese blaue Flüssigkeit damals in der o.b.-Werbung? Und warum scheuten sich die

Medien und Werbetreibende davor, rote Flüssigkeit zu verwenden? Wie ist das heute? Du siehst, das Einzoomen auf einzelne Themenäste und Aspekte kann dir enorm dabei helfen, neue Geschichten zu entdecken.

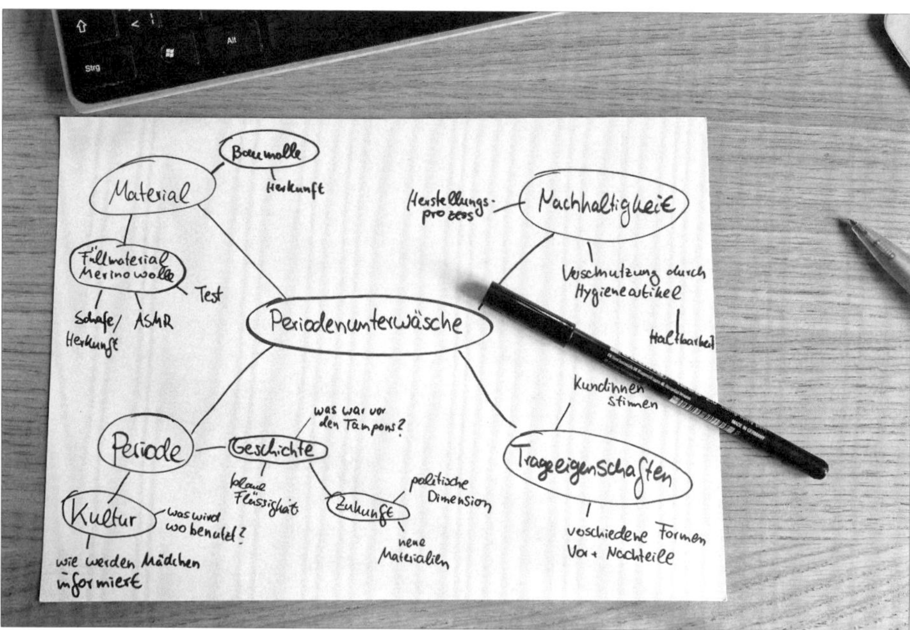

Abbildung 2.11 Mindmap mit Papier und Stift

Die Zeitperspektive: Und früher? Und in Zukunft?

Wie war das früher? Das ist fast immer eine spannende Frage, um ein Thema neu zu beleuchten und aufzuklären. Journalistinnen, die auch Archive nutzen, schreiben sehr viel ungewöhnlichere und reichhaltigere Geschichten als solche, die das nicht tun. Unsere Periodenunterwäsche-Creatorin könnte sich die konkrete Frage stellen, was die Vorläufer der Periodenunterwäsche waren. Welche Materialien und Formen haben Frauen genutzt, bevor es Tampons und Binden gab? Und natürlich funktioniert die zeitliche Perspektivenverschiebung auch in die Gegenrichtung: Wie könnte die Zukunft meines Themas aussehen? In unserem Beispiel: Wie könnte die Zukunft der Hygieneartikel aussehen? Gibt es Forschung, die an neuartigen Fasern arbeitet, die noch mehr Blut aufnehmen? Streiten sich vielleicht sogar Trendforscher darüber, was da kommt? Super, dann gibt es noch mehr Perspektiven und garantiert eine spannende Geschichte.

Die Nachrichtenperspektive

Was ist jetzt gerade neu/aktuell? Wie kann ich das, was Menschen gerade in den Nachrichten lesen oder was gerade in der Gesellschaft diskutiert wird, mit meinem Thema verbinden? Hat das Einfluss auf das, was ich anbiete? Aktuelle »Aufhänger«, wie Journalist*innen diesen Dreh nennen, sind tatsächlich Gold wert für jede Art von Geschichte und Content. Denn die Community ist ohnehin gedanklich schon im Thema – es ist daher leichter, ihr Interesse zu wecken und sie für den Content zu gewinnen. Die Content Creatorin kann zum Beispiel die Diskussion um einen geringeren Steuersatz für Damenhygieneartikel aufgreifen, um die Frage zu beantworten: Was würde das am Preis unserer Unterhosen verändern? Und überhaupt: Wie steht die Unterhose preislich im Vergleich zu Tampons und Co? Wie oft muss ich sie tragen, damit sie mich günstiger kommt als die (steuerreduzierten) Tampons? Das Thema Periode hat auch eine politische Dimension, und so kann unsere Creatorin auch abklären, auf welche Nachrichten zum Thema Gleichberechtigung und Frauenrechte sie reagieren kann/sollte. Beim Frauenstreiktag in der Schweiz (14. Juni) gibt es zum Beispiel Aktionen, wo mit in roter Farbe getränkten Tampons geworfen wird. Vielleicht ein aktueller Anlass, sich ins Spiel zu bringen, einige mit roter Farbe getränkte Unterhosen zur Verfügung zu stellen und so eine aktuelle Geschichte nicht einfach zu berichten, sondern mit entstehen zu lassen?

Blick über den (kulturellen) Tellerrand

Wie machen das andere? Wie gehen andere damit um? Andere Kulturen und Ländergewohnheiten sind eine wundervolle Geschichtenfundgrube. Unsere Content Creatorin könnte sich zum Beispiel fragen: Gibt es noch irgendwo auf der Welt Frauen, die Pflanzen nutzen, um das Blut aufzufangen? Werden junge Mädchen in unterschiedlichen Kulturen anders auf die erste Periode vorbereitet?

Eine andere Erzählperspektive nutzen

Geschichten können völlig unterschiedlich klingen, wenn sie von unterschiedlichen Menschen erzählt werden. Der Schlagerfan wird einen komplett anderen Andrea-Berg-Konzertbericht schreiben als die kritische Kulturredakteurin. Die junge Volontärin, die noch nie mit Schlager in Berührung kam, hat noch einmal einen anderen Blick. Und wie würde so ein Bericht eigentlich klingen, wenn man ihn von Andrea Berg selbst schreiben lassen würde? Das muss sie natürlich gar nicht faktisch tun – sondern man kann für sie schreiben, vielleicht sogar als Schlagertext. Oder noch besser: Singen! Zurück zu unserer Periodenunterwäsche-Creatorin: Sie hat es leicht, denn sie kann ihr Produkt von unterschiedlichen Mitarbeiterinnen erzählen lassen. Sie könnte der Näherin aus der Produktion die Kamera einen Tag lang mitgeben. Oder die Kundinnen selbst Content erstellen lassen – wie waren die Erfahrungen beim Tragen? Oder kreativer: Was sieht und erlebt eine solche Unterhose eigentlich, bis sie zum ersten Mal zum Einsatz kommt? Wenn man das Höschen animiert und ihm Augen gibt, kann es ja vielleicht sogar Gefühle haben. Zum Beispiel ein bisschen Angst so ganz alleine im dunklen Karton. Besser also, man bestellt gleich zwei!

Das Wichtigste in Kürze

Um im gleichen Thema immer wieder neue Geschichten zu entdecken, gilt es, die Perspektive zu wechseln – die Kamera zu verschieben. Eine Themen-Mindmap, in der du aus- und einzoomst, hilft dir dabei, Geschichten in Detailaspekten deines Themas zu finden. Die Frage nach der Vergangenheit und der Zukunft eines Themas lässt uns tief einsteigen. Der tagesaktuelle Aufhänger macht neugierig und der Blick über den kulturellen Tellerrand hilft dabei, neue Aspekte eines Themas zu entdecken. Auch die ungewöhnliche Erzählerperspektive zeigt neue Seiten – selbst und vielleicht sogar besonders dann, wenn eine Unterhose in die Erzählerrolle schlüpfen darf.

2.4 Wie deine Community mit dir Themen setzt

Für die meisten Printredakteure (in diesem Fall ist der männliche Plural bewusst gewählt), die ich in meiner Zeit als Journalistin kennengelernt habe, waren Leserbriefe nichts, worüber man sich freuen konnte. Denn voll des Lobes waren diese selten. Ein Leserbrief war vielmehr ein Zeichen, dass man beim Kommentieren etwas zu scharfzüngig gewesen ist oder irgendetwas nicht bedacht hatte. Das konnte das Ego kränken, weil man den eigenen Artikel doch als ein abgeschlossenes Werk betrachtete. Oder noch schlimmer: Der Leserbrief legte einen Finger in die offene Wunde. Denn eigentlich wusste man ja schon: »Das hätte ich noch genauer recherchieren oder sorgfältiger schreiben können.«

Kein Wunder also, dass sich in den Redaktionen die Begeisterung eher zurückhielt, als die Zahl der Rückmeldungen plötzlich anstieg. Weil Leserinnen und Leser Artikel online ganz leicht kommentieren konnten – und sich nicht die Mühe machen mussten, eine E-Mail oder gar einen Brief zu schreiben.

Aber es gibt keinen Weg zurück mehr zu der Zeit, als Inhalte im Elfenbeinturm entstanden sind und es für Leser*innen kaum Möglichkeiten gab, Einfluss zu nehmen. Und Content Creator*innen wissen längst, wo die Vorteile einer aktiven Community liegen. Diese ist engagiert und damit häufig kaufwilliger, trägt mit ihren Interaktionen zu einer hohen Reichweite der eigenen Beiträge bei und – und darauf will ich jetzt genauer eingehen – kann mit dir Themen setzen. Denn als Content Creator profitierst du enorm davon, das aufzugreifen, was deine Community bewegt.

Vorbei sind die Zeiten, in denen du dir deine Themen ganz alleine ausdenken musstest. Du stärkst sogar die Beziehung zu deiner Community, wenn diese spürt: »Hier werde ich gesehen.«

Wie also kannst du Community-orientiert Themen setzen?

1. Wichtig ist erst einmal deine eigene Einstellung: Du solltest Lust auf die Unterhaltung mit der Community haben und Kommentare und Nachrichten nicht nur als Reichweitenlieferant sehen oder gar als nervige Zusatzaufgabe, sondern als wertvolle Informationsquelle, die dir Recherchearbeit erspart.
2. Mit dieser Einstellung: Schaffe einen Raum, in dem gerne diskutiert wird, in dem die eigene Meinung erwünscht ist. Ein Raum, in welchem regelmäßig nach der Meinung der Community gefragt wird. Und in dem die Kommentare auch vom Creator gesehen und wertschätzend beantwortet werden. Nur wer das Gefühl hat, gesehen zu werden, wird mehr als einmal kommentieren. Außerdem muss es sich sicher anfühlen zu kommentieren – achte also unbedingt darauf, dass Hasskommentare und persönliche Angriffe gegen andere Community-Mitglieder moderiert und gelöscht werden.
3. Besonders gut kannst du die Fragen und Gedanken einer Community erfassen, wenn du Themen noch nicht umfassend behandelst, sondern lediglich anreißt und erste wichtige Gedanken oder Impulse dazu teilst. Dann stellst du weiterführende Fragen dazu. So nutzt du nicht nur die Schwarmintelligenz, sondern gibst deinen Community-Mitgliedern auch das gute Gefühl, selbst etwas beigetragen zu haben. Denn Menschen sind vor allem auf Social Media, um über sich zu sprechen. Nutze das.
4. Wenn die Community auf deine Inhalte reagiert, Fragen, Unsicherheiten und Themenwünsche mit dir teilt, reagiere zeitnah darauf und erstelle neue Inhalte, die diesen Bedürfnissen gerecht werden. Wenn sie einverstanden sind, dann markiere die Community-Mitglieder, die dich auf dieses Thema aufmerksam gemacht haben. Oder antworte bei Instagram oder TikTok direkt mit einem Video auf einen Kommentar. Ein Beispiel von Ikea Austria auf TikTok siehst du in Abbildung 2.12 – die Creatorin nutzt die Frage au der Community, um diverse Produkte vorzustellen und ihre Namen zu erklären.
5. Gerade zu Beginn, oder wenn die Community noch nicht interaktionsfreudig ist, gilt es, die Wunschkundin und ihre Fragen und Bedürfnisse an anderen Orten aufzuspüren, um darauf zu reagieren. Auf ihrem Profil, in Foren, in Buchrezensionen oder in Facebook-Gruppen zu deinem Thema. Die Antworten auf ihre Fragen, gibst du trotzdem auf deinem Account – auch wenn du nicht dort gefragt wurdest. Es geht ja ums Thema, das offenbar für deine Wunschkundin wichtig ist.
6. Frage regelmäßig nach – mit Umfragen direkt auf Social Media oder auch in deinem Newsletter: Für welche Inhalte folgt ihr mir? Welche Art von Content wünscht ihr euch? Oder auch: Hast du eine Frage an mich? Je konkreter und einfacher die Umfragefragen gehalten sind, umso mehr Menschen antworten. Also gib den Menschen Optionen, aus denen sie wählen können, und nicht nur freie Textfelder.

Abbildung 2.12 Ikea Austria hätte die Namen der Produkte auch ohne Sticker erklären können – aber so fühlt sich die Kommentierende gesehen.[8]

Warum nicht auch einmal direkt zwei bereits gepostete Beiträge zeigen und fragen »Was spricht dich mehr an?«, um daraus Rückschlüsse für künftige Themen und die Gestaltung zu ziehen. Einen Teil einer solchen Umfrage in der Instagram-Story von Nicole Krenz vom Digitalen Co-Working siehst du in Abbildung 2.13.

8 *https://vm.tiktok.com/ZGJu8E1QD/*

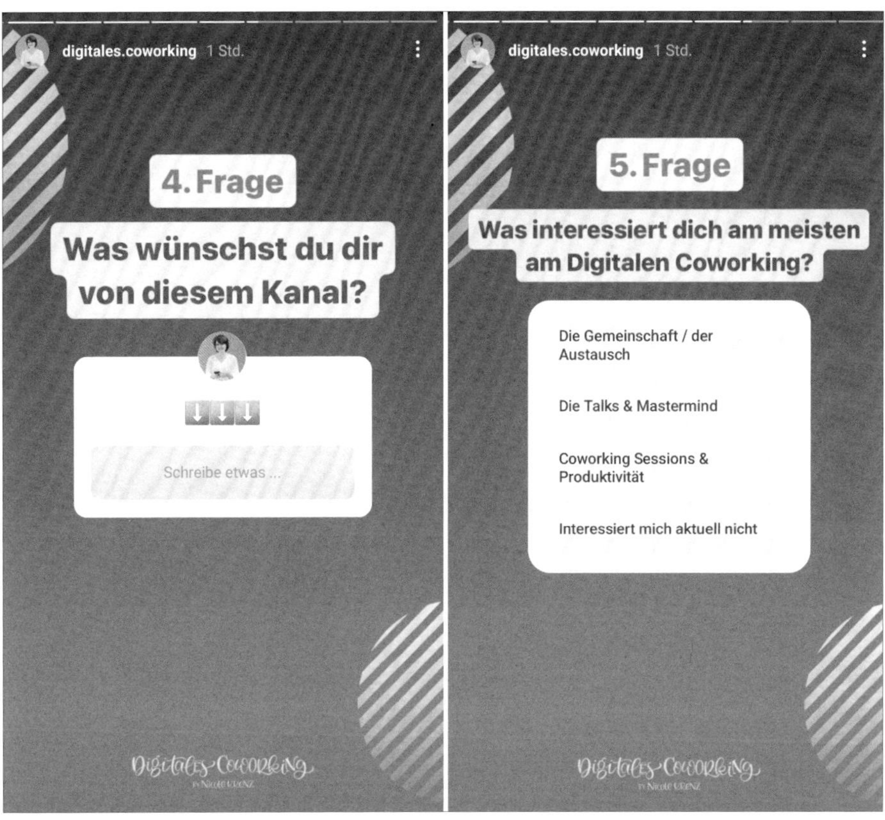

Abbildung 2.13 Die Sticker von Instagram machen das Beantworten von Umfragen zum eigenen Content einfach.[9]

7. Indirekt geben dir natürlich auch deine Statistiken Auskunft darüber, welche Inhalte sich deine Community wünscht. Diese Ergebnisse sind zwar durch den Algorithmus möglicherweise verfälscht – weil Menschen Beiträge gar nicht erst gezeigt bekommen, mit denen sie möglicherweise interagiert hätten. Aber eine erste Orientierung geben die Zahlen auf jeden Fall. Was wird besonders oft geteilt, geliked und vor allem kommentiert?

Für deine Arbeitsorganisation bedeutet das: Zum Community-Management gehört, mögliche Themen aus Kommentaren und Privatnachrichten zu sammeln – und entweder sofort aufzugreifen oder in die nächste Content-Planung einzubringen. Außerdem solltest du regelmäßige Content-Umfragen in deine Jahresplanung integrieren. Ein guter Zeitpunkt dafür ist eine ruhige Phase – zum Beispiel nach einem Launch.

9 *www.instagram.com/digitales.coworking/*

Das Wichtigste in Kürze

Deine Community schenkt dir Themenvorschläge – wenn du sie ermunterst, zu interagieren, konkret danach fragst, welche Inhalte sie sich wünschen, und auf ihre Kommentare reagierst – anstatt dies als lästige Administrationsaufgabe abzustempeln oder gar an ungeschulte externe Mitarbeitende auszulagern.

Kapitel 3
Content-Planung: Regelmäßige gute Inhalte sind kein Zufall

»Was soll ich nur posten?« Eine gute Planung verhindert, dass Content Creator regelmäßig vor dieser Frage stehen. Sie garantiert, dass sie gut durch themenarme Zeiten kommen, dank flexibler Planung auch Aktuelles aufgreifen können – und wissen, wie man schlau recycelt.

Eine meiner schönsten Aufgaben als Tagezeitungsredakteurin war es, in Schulklassen über meine Arbeit zu sprechen. So sollten schon Grundschulkinder emotional an die Zeitung herangeführt werden – und tatsächlich fanden viele die Vorstellung faszinierend, Tag für Tag so viele Seiten mit Schrift und Bildern zu füllen. »Und was machen Sie, wenn es nichts zu schreiben gibt? Bleibt die Seite dann leer?« Diese Frage wurde eigentlich in jeder Klasse gestellt. Auf meine Erwiderung, dass es immer etwas zu schreiben gebe, erntete ich nur kritische Blicke. »Auch mal ein Gedicht oder ein Rätsel?«, fragte mich eine Schülerin, und ich versprach ihr an dieser Stelle, dass ich den nächsten Weißraum ganz bestimmt mit einem Gedicht füllen wurde. Doch dazu kam es nie. Dem Redaktionsplan sei Dank. Medien planen ihre Inhalte so, dass es niemals zu wenig gute Geschichten gibt.

In diesem Kapitel zeige ich dir, was du aus der Redaktionsplanung für deinen Content übernehmen kannst. Wie feste Rubriken und Serien dich unterstützen können und daraus sogar ein »Stehsatz« entsteht. Also ein Überschuss an Content für die Saure-Gurken-Zeit.

In meiner täglichen Arbeit mit Content Creator*innen erfahre ich, dass sie Planung oft mit unflexibel sein gleichsetzen. Hier machen gerade Journalist*innen aus tagesaktuellen Medien ganz wunderbar vor, wie man Planung und aktuelles, schnelles Reagieren verbinden kann – damit dich dein Plan unterstützt, anstatt dich einzuengen.

Und dann hast du als Content Creatorin noch eine Möglichkeit, von der die meisten Journalisten nur träumen können: Du darfst Inhalte wiederholen. Du darfst Themen leicht verändert noch einmal aufgreifen und sogar die exakt gleichen Posts immer wieder recyceln. Wie du das in deine Planung einbindest, ist ebenfalls Thema dieses Kapitels.

Du würdest der Schulklasse also vermutlich etwas ganz anderes antworten: »Wenn ich nichts zu schreiben habe, dann druck ich einfach einen Artikel aus der Zeitung vom letzten Jahr.«

3.1 Wie feste Formate und Designs dich unterstützen

Politik im Inland, dann der Blick auf Wahlen und Unruhen im Ausland, Naturkatastrophen, eine Prise Wirtschaftsnachrichten, ein paar Todesfälle, eventuell noch etwas Kultur, dann auf jeden Fall der Sport und das Wetter. Seit Jahrzehnten ist die Tagesschau gleich aufgebaut. Nur in absoluten Ausnahmesituationen wird von dieser Form abgewichen.

Für die Planung in der Redaktion heißt das: Die Kernthemen wurden klar festgelegt und eingegrenzt. Zudem ist relativ fix vorgegeben, wie viel Sendezeit diese einzelnen Themenressorts bekommen. Dieser feste Rahmen hilft dabei, dass sich die Redaktionen wenig strukturelle Überlegungen machen müssen. Sie können sich darauf fokussieren, aus den tagesaktuellen Nachrichten die wichtigsten auszuwählen. Sie überprüfen den Stoff aus den Agenturen, recherchieren gegebenenfalls nach und entscheiden, was in welchen Slot kommt. Mit einer solch klaren Redaktionsplanung ist schlichtweg GARANTIERT, dass die Tagesschau ihre 15 Minuten Sendezeit JEDEN TAG füllen wird. Ein Tag mit zu wenig Content? Das ist undenkbar.

Wie man das Sterben der Insekten aufhalten kann – im Garten oder auf dem Balkon (Seite 2)

Badische Zeitung

Freiburg im Breisgau · Dienstag, 18. April 2023

Kritik an Plänen zu Klimagesetz

Die Ampel-Koalition plant Lockerung von Vorgaben im Klimaschutzgesetz. Unabhängige Experten haben Bedenken.

Steinmeier ehrt Merkel als „beispiellose Politikerin“

Altkanzlerin Merkel wird mit dem höchstmöglichen deutschen Orden ausgezeichnet. Manche sehen das kritisch. Ihr Nachfolger an der Spitze der CDU gibt sich eher wortkarg.

TAGESSPIEGEL

Spiel auf Zeit

NEUE TANZKURSE FÜR JUGENDLICHE

Das Wetter

Die Börse in Kürze

VOR ORT

Die Umgestaltung des Colombipark startet

UNTERM STRICH

Im Auge des Betrachters

Macht Schönheit den Wert eines Menschen aus? In Italien gibt es einen „Club der Hässlichen“, der das nicht so sieht.

Zollitsch schweigt zu Missbrauchsbericht

Kämpferische Songs und Skulpturen – in der Ukraine steht auch die Kunst im Krieg (Kultur)

Badische Zeitung

Freiburg im Breisgau · Montag, 17. April 2023

Fachkräftemangel so groß wie nie

Eine Studie kommt für 2022 auf 630.000 nicht besetzte Stellen in Deutschland. Besonders fehlt es etwa an Informatikern.

SC-Frauen erreichen das Pokalfinale

Söder will weiter Atomkraft

Einen Tag nach dem deutschen Ausstieg aus der Atomenergie sorgt Ministerpräsident Söder mit einer Forderung für Wirbel. Der Bayer will in Eigenregie Kernkraftwerke weiter betreiben können. Dafür erntete er umgehend Kritik.

Schlichter empfehlen deutlich mehr Lohn

TAGESSPIEGEL

Nichts als Wahlkampf

Das Wetter

Sallai erzielt 1000. SC-Tor

VOR ORT

Entsorgungsvorschlag für Kappler Altlast

UNTERM STRICH

Das Windener Katzenproblem

Eine Katze soll in Winden einen Feuerwehreinsatz ausgelöst haben, weil sie am Wasserhahn herumgespielt hat. Der Schaden war gering – doch die Tiere im Elztal-Ort haben es wirklich in sich.

BZ-Card-Angeboten

Abbildung 3.1 Die Titelseiten unterschiedlicher Tage gleichen sich, weil Redaktionen mit festen Formaten arbeiten. Quelle: Twitter Badische Zeitung

Auch Printerzeugnisse funktionieren nach diesem Prinzip: Es gibt Themenressorts und innerhalb dieser gilt es meist feste Formate zu füllen. Zum Beispiel den Spaltenkommentar auf Seite 1 der Tagezeitung, den Aufmacherartikel mit der wichtigsten Nachricht des Tages, eine Meldung aus dem Lokalen unten rechts und ein längeres kommentierendes Stück am Fuß der Seite. Diese Formate siehst du am Beispiel zweier Titelseiten der Badischen Zeitung in Abbildung 3.1. All diese festen Formen haben zur Folge, dass eine Titelseite der anderen gleicht. Neuer Tag, andere Themen, ähnliche Zeitung.

Eine solch starre Redaktionsplanung nimmt natürlich ein Stück weit die Flexibilität. So habe ich beispielsweise vor einigen Monaten einer Tageszeitung eine Rezension eines Buches angeboten, das sowohl Geschichte als auch Ratgeber für Kinder war. Die Antwort: »Klingt super spannend – aber wir wissen leider wirklich nicht, welchem Ressort wir das zuordnen sollten.«

Kein Wunder, dass die Idee einer strukturierten Redaktionsplanung auf viele Content Creator*innen wie eine Einschränkung wirkt. Bei meinen Coachees erlebe ich oft, dass sie zwar bereit sind, sich auf bestimmte Hauptthemen festzulegen (wie ich es in Abschnitt 2.1, »Relevanz ermitteln: Inwiefern ist das neu, wichtig, interessant?«, beschreibe), und auch noch großes Interesse zeigen, wenn es darum geht, jedes Thema in mehreren Formate zu erzählen (Abschnitt 2.2, »Nachricht? Interview oder Reportage? Reel oder Blogartikel? Ein Thema – viele mögliche Formate«). Wenn ich allerdings vorschlage, diese Formate als feste Formate regelmäßig einzuplanen, also zum Beispiel das Donnerstagzitat oder das Montags-Live-Video einzuführen, stoße ich auf Widerstand. Die Sorge ist groß, dass man mit einer fixen Planung den Anschluss verpasst, weil sich auf den Social-Media-Plattformen die Formate und beliebten Darstellungsformen so rasch weiterentwickeln.

Hinzu kommt, dass die Community die eigenen Planungsbemühungen oft gar nicht bemerkt. Niemand wird sich beschweren, wenn dein Donnerstagszitat einmal ausbleibt. Das liegt zum einen an der mangelnden Treue der Community, die ich in Abschnitt 1.1, »Treue Follower waren gestern: Warum heute jeder Post ein Hit sein muss«, thematisiert habe, zum anderen daran, dass der Algorithmus deinen Follower*innen immer nur wenige Posts ausspielt, sie also vermutlich nie bemerkt haben, dass sich bestimmt Formate wiederholen.

Trotzdem bin ich großer Fan von fixen Formaten und festgelegten Themenkategorien. Wenn du sie nutzt, profitierst du von folgenden Vorteilen:

- Da feste Formate immer gleich oder ähnlich gestaltet sind, kannst du mit Templates oder Vorlagen arbeiten und gestaltest nicht jeden Beitrag neu. Das gilt sowohl für die optische Gestaltung als auch für den inhaltlichen Aufbau.
- Wiederkehrende Formate reduzieren die Anzahl der Entscheidungen, die getroffen werden müssen. Was posten wir am Mittwoch? Wie wird das aussehen? Wie bauen wir das auf? All diese Entscheidungen sind bereits getroffen.

- Bereits getroffene Entscheidungen können in Prozesse umgewandelt werden und das macht auch das Auslagern von Aufgaben an Teammitglieder, virtuelle Assistentinnen oder Freelancer einfacher.
- Selbst, wenn du als Unternehmerin oder Selbständige alles alleine machst, profitierst du davon, Prozesse zu gestalten, weil du ähnliche Aufgaben bündeln kannst. So bekommst du sehr viel mehr Arbeit in kürzerer Zeit erledigt.
- Weil es leicht ist, mehrere Texte oder Videos derselben Art hintereinander zu produzieren, kannst du damit einen Stehsatz anlegen an fertigen Posts/Beiträgen, die am jeweiligen Tag nur noch veröffentlicht werden müssen – darauf gehe ich in Abschnitt 3.3, »Einen Stehsatz schaffen für die Saure-Gurken-Zeit«, ein.
- Die wiederkehrenden Formate füllen einen Teil deiner Feeds und sorgen dafür, dass dein Content kontinuierlich präsent bleibt – selbst in Phasen, in denen kein neuer Content produziert wird und Creatorinnen nicht inspiriert sind.

Es spricht also vieles dafür, einen Redaktionsplan zu schreiben und fixe Formate einzuplanen. Zugleich darf und muss man als Content Creator dieses Modell flexibler denken, davon abweichen und die Formate verändern oder abschaffen, wenn das Publikum den Content nicht wertschätzt. Das Motto lautet also: Lerne von der Tagesschau – aber sei zugleich flexibler als sie.

In Staffeln denken

Gerade wenn man ein neues Format einführt, lohnt es sich für Content Creator, in Staffeln zu denken. Wer sagt denn, dass man die Rubrik »Buch der Woche« für immer behalten muss? Wie wäre es stattdessen erst einmal mit zehn »Folgen« für die erste Staffel. Und wie großartig wäre es, diese ersten zehn Folgen gleich an einem Vormittag produzieren zu können, da sie alle dieselbe Form haben?

Noch vor Ende der ersten Staffel gilt es zu überprüfen: Wie kommt dieses Format bei der Community an?

Übrigens muss nicht nach Außen kommuniziert werden, wie viele Folgen oder Episoden es gibt. Dieses Denken ist vor allem für die eigene Planung hilfreich. Ich würde sogar davon abraten, etwas zu versprechen, was man dann eventuell nicht halten kann. Das Risiko ist zu groß, dass es dir wie Netflix geht und du treue Zuschauende damit enttäuscht, ein Format vorzeitig abzusetzen oder keine Folgen mehr zu liefern, obwohl du diese angekündigt hattest.

Wenn du feste Formate planst, kannst du dabei die Inhalte festlegen, also zum Beispiel »Jeden Dienstag posten wir einen Gesundheitstipp.« oder das Format, in welches die Inhalte passen sollten, zum Beispiel »Jeden Dienstag posten wir ein Reel.« Oder du kombinierst beides: »Jeden Dienstag posten wir ein Reel, Dauer 30 Sekunden, mit einem Tipp, wie du mit nur fünf Minuten Zeitaufwand täglich gesünder wirst.« Je mehr festgelegt ist, umso einfach ist das Vorproduzieren von Inhalten.

Hier einige Beispiele zur Inspiration:

- Jeden Freitag beantworten wir eine Frage aus der Community in einem 90-sekündigen Reel.
- Jeden Dienstag stellen wir eine Mitarbeiterin in einem Steckbrief mit Fragen in einem Karussell-Post vor – auf dem letzten Bild hält sie ihr Lieblingsprodukt aus unserem Shop in die Kamera.
- Jeden Mittwoch gibt es einen Post über eine Yoga-Asana, jeden Freitag ein kurzes Live-Video mit Gedanken zur Woche.
- Jeden zweiten Freitag stelle ich in einem kurzen Live die Neuigkeiten aus meiner Branche/Sparte vor und kommentiere diese mit meiner Meinung.
- Jeden ersten Montag im Monat stelle ich einen besonderen Platz aus der Region vor – mal als Bild, mal als Reel, mal als Video einer Person, die erzählt, was sie an diesem Platz liebt.
- Jeden Mittwoch gibt es Reel mit zehn Sekunden ästhetischer Naturaufnahme und der Erinnerung, tief durchzuatmen.
- Jeden Dienstagmittag interviewe ich eine spannende Person aus meinem Themenbereich live (evtl. mit festen Fragen), sodass man zuhören und währenddessen das Mittagessen schnippeln kann.
- Jeden zweiten Donnerstag zeige ich eine Detailaufnahme aus unserer Produktion und lasse die Community raten, was hergestellt wird. Unter allen richtigen Antworten verlosen wir am Montag darauf einen 50-Euro-Warengutschein.

Wie du siehst, muss ein festes Format nicht bedeuten, dass du jede Woche gefühlt dasselbe postest. Vielmehr bekommt die eigene Kreativität einen Rahmen, was diese häufig sogar noch anregt. Ein Beispiel dafür sind Reels: Dass Content Creator*innen mit Reels in ihrer Videozeit begrenzt wurden und bestimmte Gestaltungsmittel, wie Schrift auf dem Video, nutzen sollten, hat ihre Kreativität nicht eingeschränkt, sondern explodieren lassen. Probiere es einfach mal aus, nimm dir ein mögliches festes Format und überlege dir mindestens zehn Folgen oder Episoden hierzu. Ich stelle mir das so vor, dass die Kreativität, wenn sie in einen kleineren Raum gesperrt wird, schneller die Richtung wechselt (siehe Abbildung 3.2).

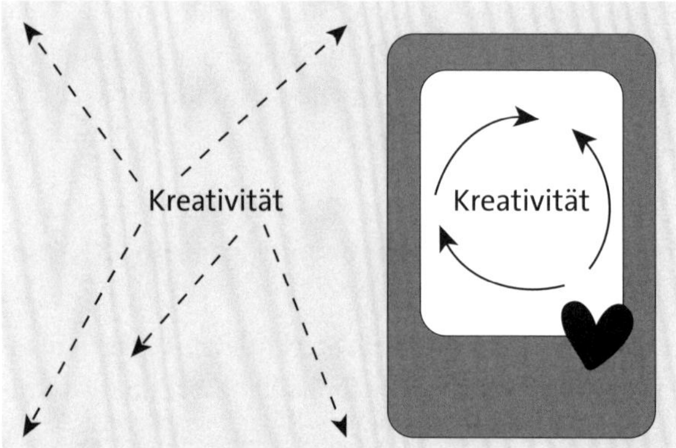

Abbildung 3.2 Wenn Kreativität einen Rahmen bekommt, wechselt sie schneller die Richtung.

Eine Warnung vorab: Es ist möglich, dass Serien oder feste Formate etwas weniger Interaktion erzeugen, als komplett neu gestaltete Inhalte. Das lässt sich mit dem Gewöhnungseffekt und der Trägheit der Community erklären, die glaubt, man müsse einen Inhalt nicht mehr mit Interaktionen belohnen, weil er sowieso wiederkehre. Solange die Interaktion bei den festen Formaten nicht deutlich unter jene der anderen Beiträge zurückfällt, ist das kein Grund zur Beunruhigung. Und wenn du unsicher bist, ob ein Format weiterhin geschätzt wird: Frag deine Community!

Das Wichtigste in Kürze

Feste Formate geben Content Creator*innen die Sicherheit, dass ihr Feed nie leer bleiben muss, und sie sorgen dafür, dass du beim Content erstellen Zeit sparst. Feste formale Vorgaben an die Gestaltung oder den Inhalt des Contents mögen auf den ersten Blick wie eine Einschränkung wirken, führen aber zumeist dazu, dass das Thema besser auf den Punkt gebracht wird und man sogar mehr Einfälle dazu hat. Zum Einstieg empfiehlt es sich, in Staffeln zu denken und regelmäßig zu überprüfen, wie die fixen Formate bei der Community ankommen.

3.2 Was liegt in der Luft? Aktuelle Themen aufgreifen – trotz Plan

Wie gelingt es Medien, aktuell zu bleiben und blitzschnell auf das Tagesgeschehen zu reagieren? Und zwar trotz der oft starren formalen Vorgaben, die wir uns im vorangegangenen Abschnitt angesehen haben.

Ein Geheimnis liegt darin, dass sie sich oft zwar in der Gestaltung der Formate festlegen, die inhaltliche Ausgestaltung der festen Formate aber vom Tagesgeschehen abhängig machen. So kann der Kommentar auf Seite 1 einer Tageszeitung mal aus der Kategorie Politik, mal der Wirtschaft, mal dem Sport und manchmal sogar aus der Kultur stammen – je nachdem, welches Tagesereignis nach einer Meinungsäußerung ruft. Der Aufsetzer (so wird das Meinungsstück auf Seite 1 am unteren Seitenrand genannt) kann mal eine ernsthafte Einordnung einer Nachricht sein, mal eine launige Glosse. Nur die Länge und die Gestaltung des Artikels (zum Beispiel kursive Überschrift, Foto des Autors) bleiben gleich.

Bei ganz großen Ereignissen behalten sich die Redaktionen auch vor, die Gestaltung komplett umzuwerfen. Die Kontinuität und der Bruch damit haben eine starke Signalwirkung. Wenn die Seite 1 der Tageszeitung plötzlich anders aussieht, weiß ich: Heute ist etwas wirklich Außergewöhnliches passiert. Diese Wirkung bleibt natürlich nur erhalten, wenn sparsam damit umgegangen wird.

Du als Content Creator*in bist dadurch, dass du keine Platz- und Zeitbegrenzungen hast, sehr viel freier als die Journalisten und Redakteurinnen der klassischen Medien. Aus den bereits genannten Gründen empfehle ich dir, mit festen Formaten zu arbeiten, deren Inhalte du auch vorplanen und vorproduzieren kannst. Flexibel bleibst du, indem du:

1. Lücken in der Planung lässt – nicht jeder Tag sollte bereits mit einer festen Rubrik verplant werden.
2. Nur thematische ODER formale Vorgaben für einen bestimmten Platz im Redaktionsplan festlegst. Sodass du auf aktuelle Ereignisse reagieren kannst, indem du zum Beispiel einfach den Inhalt deines Freitags-Reels austauschst.

Wie eine 14-Tage-Planung aussehen kann, die die Säulen Mehrwert, Persönliches und Angebot beachtet, feste Formate hat und dennoch genug Lücken oder Flexibilität für tagesaktuelle Inhalte freihält, zeigt Abbildung 3.3

Tatsächlich ist die flexible Planung auch eine Frage des Mindsets: Nur weil am Dienstag das Zitat der Woche erschienen ist, bedeutet das nicht, dass die Stellungnahme der Geschäftsleitung zum plötzlichen Börsencrash nicht live gehen darf. Ja, es stimmt: Die Algorithmen der meisten Netzwerke belohnen eine gleichmäßige und regelmäßige Verteilung der Inhalte und reagieren auf unerwartet häufiges Posten eher zögerlich oder werten es gar als Spam. Außerdem möchten deine Follower ja nicht plötzlich häufiger online sein oder mehr Zeit im Netzwerk verbringen, nur weil du heute mehr zu sagen hast. Trotzdem musst du hier nicht übervorsichtig sein: Wenn du mal ein paar Tage hintereinander drei statt zwei Posts pro Tag herausgibst oder mal ein paar Tage die empfohlene Maximalanzahl eines Netzwerks überschreitest, sollte das keine gravierenden Auswirkungen haben. Insgesamt gilt: Je relevanter deine Inhalte sind, umso weniger entscheidend ist auch, wann und in welchen Abständen diese gepostet werden.

Montag	Dienstag	Mittwoch	Donnerstag	Freitag	Samstag	Sonntag
Reel mit motivierendem Spruch zum Wochenstart Ziel: Verbinden mit Community Kategorie: Mehrwert	14-tägig Reel oder Meme, das Problem der Kundin mit Humor zeigt Ziel: Relatability und Share Kategorie: Angebot/ Mehrwert		Hinweis auf aktuelles Angebot, Freebie oder Wochenrabatt – Format frei Ziel: Leads Kategorie: Angebot		Mitarbeiter-vorstellung oder Rückblick auf Geschehnis der Woche Ziel: Verbindung schaffen Kategorie: Persönliches	Reel mit Tipps aus den Hauptthemen-bereichen Ziel: Expertise zeigen Kategorie: Mehrwert
Reel mit motivierendem Spruch zum Wochenstart Ziel: Verbinden mit Community Kategorie: Mehrwert	14-tägig Kunden-Testimonial Ziel: Social Proof Kategorie: Angebot	14-tägig Blick und Einordnung in aktuelle Trends und Studien aus der Branche, Live-Video Ziel: Mehrwert/ Expertise zeigen Kategorie: Mehrwert		Hinweis auf aktuelles Angebot, Freebie oder Wochenrabatt – Format frei Ziel: Leads Kategorie: Angebot	Mitarbeiter-vorstellung oder Rückblick auf Geschehnis der Woche Ziel: Verbindung schaffen Kategorie: Persönliches	14-tägig: Karusell-Post mit Tipps aus den Hauptthemen-bereichen Ziel: Expertise zeigen Kategorie: Mehrwert

Abbildung 3.3 Lücken lassen und fixe Formate so planen, dass sich auch deren Inhalte flexibel umplanen lassen. Beispielsplan für 14 Tage.

Eines gilt es allerdings zu beachten: Wer Posts vorproduziert und vorplant, läuft Gefahr, dass Posts online gehen, die an diesem Tag nicht passend sind. Muss der Post »10 Gründe, warum es so wichtig ist, in dich zu investieren« wirklich an dem Tag veröffentlicht werden, an dem die Erhöhung der Krankenkassenprämie bekannt gegeben wurde? Das Reel, welches das Strandleben feiert an dem Tag, an dem ein Tsunami Tausenden von Menschen das Leben nahm? Diese Beispiele zeigen, wie wichtig die Kenntnis über das aktuelle Weltgeschehen und die damit einhergehenden Befindlichkeiten auch für Content Creator*innen ist, die scheinbar nachrichtenunabhängigen Content veröffentlichen.

Vor solchen Fettnäpfchen bewahrt eine kurze Überprüfung der Texte und Postings an dem Tag, an dem diese online gehen. Sich nur auf die Software zu verlassen, die den Post zur vorgeplanten Zeit online stellt, kann ordentlich daneben gehen.

Und die tägliche Überprüfung der geplanten Inhalte hilft noch auf eine andere Weise: Du hast im Blick, ob es einen aktuellen Aufhänger für dein Thema gibt. Beim Überprüfen der Inhalte kannst du dich noch einmal fragen: Warum ist es gerade HEUTE wichtig, dieses Content-Piece zu veröffentlichen? Und vielleicht einen Satz in der Caption oder im Vorspann ergänzen, der sich auf die jetzige Situation bezieht. So wirken auch Posts aus der Konserve immer wieder aktuell. Bei Video-Content wird es natürlich etwas komplizierter, da man hier zurück zum Schnittprozess gehen muss und eventuell die Dramaturgie stört, wenn man einen aktuellen Aufhänger ergänzen möchte.

Im Workflow lässt sich diese Überprüfung kurz vor der Veröffentlichung gut integrieren, so bist du im Thema drin und kannst deinen neuen Post gleich in der Story teilen und Neugierde darauf wecken sowie auf die ersten Kommentare reagieren.

Und wenn du dann merkst, dass der Post, der für morgen eingeplant war, heute viel besser passen würde? Dann spricht wie gesagt überhaupt nichts dagegen zu tauschen.

Das Wichtigste in Kürze

Aktuelle Ereignisse aufzugreifen, macht deine Inhalte relevanter, da sie so in die Kategorie »neu« fallen. Mit einer flexiblen Planung gelingt es dir, feste Formate mit aktuellen und spontan entstehenden Posts zu mischen. Besonders flexibel kannst du reagieren, wenn du nur die Form festlegst – nicht aber den Inhalt deines Contents –, so arbeiten auch tagesaktuelle Medien. Auch vorgeplante Inhalte lassen sich tagesaktuell anpassen, indem du das Weltgeschehen im Blick behältst und mögliche aktuelle Aufhänger in den ersten Sätzen deines geschriebenen Contents ergänzt.

3.3 Einen Stehsatz schaffen für die Saure-Gurken-Zeit

Als Praktikantin bei der Tageszeitung fand ich es oft furchtbar frustrierend, dass man mich immer die Artikel schreiben ließ, die nicht direkt für den nächsten Tag eingeplant waren. Die sogar überhaupt kein festes Erscheinungsdatum hatten. »Schreib doch mal was über unser Stadtarchiv«, hieß es da zum Beispiel. Und ich schrieb eine Reportage darüber, wer dort hingeht, wer dort arbeitet, in welchen Dokumenten besonders viel geblättert wird. Und dann lag da der fertige Artikel im Stehsatz. Bereit, die nächste nachrichtenarme Zeit zu füllen. Und die kam manchmal erst Wochen später.

Als Redakteurin habe ich den Stehsatz lieben gelernt. Wie großartig ist es, an den Tagen, an denen du wirklich nicht weißt, was du heute veröffentlichen sollst, auf ein weiches Kissen aus bereits fertigen Geschichten zu fallen? Und ich gestehe, dass auch ich gerne Praktikant*innen eingesetzt habe, um diese Geschichten zu schreiben. Es war zudem weniger riskant, wenn Praktikanten die Artikel schreiben, die ich nicht sofort und unbedingt brauchte. So hatten wir mehr Zeit, an ihren Texten zu arbeiten. Auch wenn es sich für Praktikanten manchmal wie eine Arbeitsbeschaffungsmaßnahme anfühlen mag: Ein Stehsatz ist für eine Redaktion Gold wert.

Die meisten Content Creator haben wohl eher zu viel als zu wenig zu tun und auch keine Däumchen drehenden Praktikanten neben sich sitzen, die beschäftigt werden müssten. Trotzdem glaube ich, dass du aus der Stehsatz-Idee einiges mitnehmen kannst. Sogar dann, wenn du in deinem Unternehmen allein für den Content zuständig bist. Oder wenn du selbst das Unternehmen bist und Content erstellen nur eine deiner vielen Aufgaben ist.

Denn wenn du einen Stehsatz aus zeitlosen Beiträgen anstrebst, fällt es dir auch leichter, ähnliche Aufgaben zu bündeln und dadurch letztendlich Zeit zu sparen. Du baust die Kamera auf und drehst zum Beispiel nicht nur ein aktuelles Reel für diese Woche, sondern gleich noch drei weitere für den Stehsatz.

Auch wenn du Aufgaben auslagerst, denkst du an den Stehsatz: Als ich zum ersten Mal Social-Media-Aufgaben an eine virtuelle Assistentin abgegeben habe, habe ich mich darauf konzentriert, sie Posts erstellen zu lassen, die nicht sofort und dringend gebraucht wurden. So hatte ich Zeit herauszufinden, wie ich die Mitarbeitende einweisen muss, damit sie versteht, was mir wichtig ist. Und auch sie konnte ohne Zeitdruck dazulernen.

Übrigens: Gerade bei Stehsatz-Posts, die du nicht selbst oder nicht alleine erstellt hast, ist die letzte Überprüfung vor der Veröffentlichung, über die ich im vorangegangenen Abschnitt gesprochen habe, unverzichtbar. So konnte ich selbst zum Beispiel noch vor der Veröffentlichung feststellen, dass in den Posts noch Programme erwähnt wurden, die ich gar nicht mehr im Angebot hatte.

Macht ein Stehsatz auch kreativ?

Musiker Farin Urlaub (Die Ärzte) erwähnte in einem Podcast-Interview[1] einen weiteren großen Vorteil des Stehsatzes. Er erzählte, dass er und Die Ärzte nicht alle guten Songs, die sie produziert haben, auf ein Album pressen. Sondern dass sie ganz bewusst ein paar richtig gelungene und fast fertige Songs fürs nächste Album stehen lassen. So falle es ihnen viel leichter, wieder in die Songproduktion einzusteigen, und sie hätten schnelle Erfolgserlebnisse. Der Stehsatz kann also auch dabei helfen, wieder kreativ zu werden. Weil er dir die Angst vor dem weißen Blatt nimmt. Wer nie ganz von vorne beginnen muss, kreiert entspannter.

Was eignet sich besonders gut, um es für den Stehsatz vorzuproduzieren?

- **Serien und feste Formate**. Sobald die Themen und die Gestaltung feststehen, kann ausgelagert oder vorproduziert werden.
- **Saisonale Geschichten**. Wer einmal den Kalender durchforstet nach Jahreszeiten, Feiertagen oder bedeutsamen Jahrestagen, kann hier vorarbeiten. Damit weder Weihnachten noch der Schulstart ganz plötzlich und überraschend kommen. Besonders für Unternehmen, die Pinterest im Marketing nutzen, ist es wichtig, dass die Pins schon lange vor dem saisonalen Ereignis gepostet werden, damit man eine Chance hat, vom Algorithmus als relevant erkannt zu werden.
- **Launch-Content**. Rund um den Launch eines Produktes oder Angebotes geht es hektisch zu. Es sind viele Anfragen zu beantworten, die Technik will nicht so, wie

1 Hotel Matze Podcast-Folge mit Farin Urlaub: »Wie bleibt man so kreativ?«, *https://open.spotify.com/episode/7LfKgabl5Axz5vVUBAixmt*

man sich das vorgestellt hat, und überall gibt es Last-Minute-Änderungen. Gut, wenn man hier vorgearbeitet hat. Denn auch wenn es Sinn macht, spontane Posts rund um die Anliegen und Einwände der möglichen Kund*innen zu erstellen, so lassen sich doch die allermeisten Inhalte für einen Launch vorab erstellen. Die stärksten Argumente für das Produkt stehen bereits vor dem Launch fest und können in Geschichten und Reels verpackt werden. Die FAQs eines Produktes sind ebenfalls eine Themenfundgrube für Content, der sich wunderbar vorproduzieren lässt.

- **Testimonials**. Stimmen von Kund*innen sind wundervolle Werbemittel im Launch – aber auch gute Lückenfüller für die Saure-Gurken-Zeit. Sie schaffen Vertrauen und können wunderbar gesammelt und in einem bestimmten Template oder Format für die Veröffentlichung vorbereitet werden.
- **Recycling-Beiträge**. Im kommenden Abschnitt werde ich darauf eingehen, dass auch das Recyceln von Content bei deiner Planung hilft und wie stark Beiträge beim Recyceln angepasst werden sollten. Natürlich sind auch recycelte Beiträge ein optimales Futter für den Stehsatz – mit der kleinen Einschränkung, dass sie mit einem »Veröffentlichen nicht vor Datum X«-Zusatz versehen werden sollten, damit die gleichen Beiträge nicht zu knapp aufeinander folgen.

Das Wichtigste in Kürze

Der Goldstandard für eine erleichterte und gut geplante Content-Arbeitsroutine ist dein Stehsatz – deine Notreserve, die immer dann zum Einsatz kommt, wenn dir gerade Zeit und Geschichten fehlen, um neuen Content zu kreieren. Den Stehsatz zu befüllen ist eine Aufgabe, die sich auch gut auslagern oder an Content-Creator-Nachwuchskräfte weitergeben lässt. Wenn das nicht möglich ist, empfehle ich einzelne Tage oder halbe Tage zu reservieren, in denen nur der Stehsatz befüllt wird.

3.4 Content-Recycling: Einmal ist keinmal

Die Vorstellung, Inhalte mehrfach zu veröffentlichen, hat sich für mich als ausgebildete Tageszeitungsjournalistin zunächst vollkommen falsch angefühlt. Man stelle sich vor, dass man in einer Lokalredaktion keinen neuen Artikel über das diesjährige Stadtfest veröffentlichen würde, sondern einfach den Artikel aus dem Vorjahr noch einmal drucken würde. Das geht doch nicht! Was, wenn es in diesem Jahr eine Schlägerei auf dem Abschlusskonzert gab, und du schreibst von Menschen, die sich harmonisch im Takt der Klänge der Stadtmusiker wiegen?

Liegt es am berichtenden Tagesjournalismus? Später arbeitete ich für ein Elternmagazin mit Ratgebercharakter, und obwohl sich dort die Themen häufig wiederholten (beispielsweise Tipps für einen guten Schulstart oder auch Ratschläge, wie man Kinder an digitale Medien heranführt), haben wir fast immer alle Artikel neu geschrieben. Wir haben neue Beispielfamilien interviewt und die Expert*innen, mit denen man im Vorjahr gesprochen hatte, noch einmal angerufen und ihnen dieselben Fragen gestellt. Diese Telefonate habe ich oft lange vor mir hergeschoben, weil ich überzeugt davon war, meine Interviewpartner*innen zu nerven, wenn ich mich mit meinen Fragen wiederholte. Außerdem hatte ich die Befürchtung, mich selbst mit den immer gleichen Antworten zu langweilen. Aber tatsächlich unterschieden sich die neuen Antworten oft stark von denen aus dem Vorjahr. Weil ja auch die Expert*innen in diesem Jahr neue Erkenntnisse gewonnen hatten.

Das einzige journalistische Produkt, für das ich jemals Artikel zweifach gedruckt gesehen habe, war eine Gratiszeitung, die jedes Jahr an neue Menschen ausgeteilt wurde.

Und ich glaube, genau da kommen wir der Frage, wann Content-Recycling gut funktioniert auf die Spur. Dein Content ist recyclingfähig, wenn es kostenloser Content ist, der zeitlos oder noch immer aktuell ist und immer wieder neue Menschen erreicht. Andernfalls ist das Recycling der Beiträge keine gute Idee oder höchstens in stark angepasster Form möglich. Dröseln wir das noch einmal auf, damit glasklar wird, was das für die Arbeit von Content Creator*innen bedeutet.

Du kannst deinen Content recyceln, ...

- **... wenn er kostenlos ist.** Wenn Menschen zweimal für Content bezahlen, möchten sie nicht zweimal exakt dasselbe serviert bekommen, sondern unterschiedliche Dinge. Ausnahme: Es geht um den Lerneffekt und die Wiederholung ist ausdrücklich erwünscht. Aber selbst dann schlägt sich das oft im Preis nieder: Ein Programm als »Wiederholer« zu buchen, ist für gewöhnlich günstiger.
- **... wenn er zeitlos oder noch immer aktuell ist.** Was nicht mehr aktuell ist, fühlt sich im besten Falle antiquiert an, im schlechtesten Falle ist es schlichtweg falsch. Weil es heute neue Informationen gibt und die alten überholt sind. Solcher Content darf nicht einfach recycelt werden, er muss angepasst oder neu verfasst werden. Zeitloser Content bezieht sich auf etwas, was lange Bestand hat – also beispielsweise die Werte eines Unternehmens. Zeitlos sind auch Geschichten, die ohnehin in der Vergangenheit liegen. Hier erzählt beispielsweise die Gründerin eines Unternehmens, in welchem Moment ihr klar wurde, warum es ihr Angebot braucht. Ein solches Content-Piece wird niemals alt und kann zumeist unverändert wiederholt werden.

- **… wenn er neue Menschen erreicht.** Hier wird deutlich, warum Online-Content sich überhaupt so gut recyceln lässt: weil wir online immer davon ausgehen, dass nur ein Bruchteil der Follower*innen unsere Inhalte gesehen hat. Das ist auch die Erklärung dafür, warum sich kurzlebiger Content auf Social-Media-Plattformen wiederholen lässt, wohingegen auf Plattformen, die suchmaschinenoptimiert arbeiten (der eigene Blog, Pinterest, YouTube u. a.), eine Wiederholung eines Posts zumeist keine gute Idee ist. Gerade bei Blogartikeln ist das Aktualisieren, Ergänzen und Optimieren die bessere Wahl. Hier sind die Inhalte langlebiger und Beiträge, die sich zu sehr ähneln, konkurrieren um eine gute Platzierung im Suchmaschinen-Ranking. Hingegen ist auf Instagram, TikTok, Facebook, LinkedIn und in anderen klassischen sozialen Netzwerken eine Wiederholung nicht nur möglich, sondern das Veröffentlichen ähnlicher Beiträge sogar ein Signal an den Algorithmus: »Das sind die Schwerpunktthemen auf diesem Account – zeigen wir den Menschen, die sich für das Thema interessieren doch Posts dieses Accounts.«

Die obigen Kriterien geben einen ersten Anhaltspunkt für die alltägliche Frage, welche Beiträge sich für das Recyceln eignen. Ich habe sie dir in der folgenden Abbildung 3.4 als eine Entscheidungsgrafik »Recyceln oder wegwerfen?« aufgearbeitet.

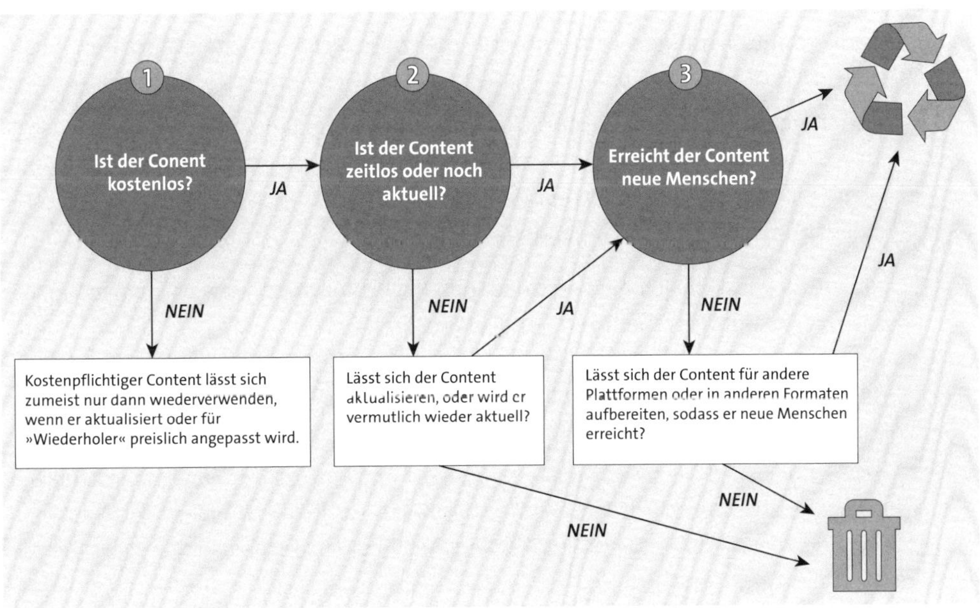

Abbildung 3.4 Recyceln oder wegwerfen? Diese Entscheidungsgrafik hilft dir bei der Frage.

Um recycelte Beiträge einzuplanen, gibt es prinzipiell zwei Vorgehensweisen:

1. **Die Rollende Content-Recycling-Planung:** In dieser Variante plant man das Wiederholen laufend ein und weist dem recycelten Content einen festen Platz im Redaktionsplan zu. Also zum Beispiel »Jeden Mittwoch müssen wir keinen frischen Content erstellen, sondern greifen auf unser Archiv an recycelbarem Content zurück.«

   Eine solch rollende Planung von recycelten Posts habe ich genutzt, als ich die Facebook-Seite eines Elternmagazins bedient habe. Erklärtes Ziel der Content-Strategie waren steigende Webseitenzugriffe: Also habe ich Artikel, die für viele Webseitenzugriffe sorgten, nicht nur einmal in einem Post auf der Facebook-Seite verlinkt, sondern habe die Hinweis-Posts in eine Software eingepflegt, die das automatische Wiederholen erlaubte (Recurpost). Diese recycelten Beiträge wurden zum Beispiel immer am Wochenende oder in den Weihnachtsferien gepostet, wenn ohnehin niemand in der Redaktion anwesend war. So waren diese Leerstellen im Redaktionsplan schon gefüllt. Zudem konnte ich einstellen, wie viel Zeit zwischen den sich wiederholenden Posts liegen sollte, damit die aufmerksamen und interaktionsstarken Seiten-Follower*innen nicht zu oft hintereinander dieselben Posts zu sehen bekamen. Da sehr viel Content vorhanden war und immer neuer hinzukam, konnte ich einen Zeitraum von mehr als sechs Monaten einhalten, bevor sich ein Post wiederholte.

2. **Die themengebundene Content-Recycling-Planung:** Eine weitere Strategie ist es, den Content themengebunden zu recyceln. Das macht zum Beispiel Sinn, wenn sich eine Kampagne wiederholt oder ein Unternehmen regelmässig auf dieselbe oder ähnliche Weise ein Angebot launcht.

Und natürlich lassen sich die verschiedenen Recycling-Methoden auch mischen, wie das Interview mit Unternehmerin Tanja Lenke zeigt.

Best-Practice-Beispiel: Content-Recycling bei she-preneur

Tanja Lenke ist Onlineunternehmerin und bringt selbständigen Frauen und Unternehmerinnen bei, wie sie ihr Business aufbauen und skalieren. Ihr Unternehmen she-preneur existiert seit acht Jahren und startete als Facebook-Gruppe für Selbstständige mit kostenlosem Content. Über die Jahre sind dabei viele Inhalte entstanden, die sich recyceln lassen.

Abbildung 3.5 Business Coach und Onlineunternehmerin Tanja Lenke, she-preneur.de. Foto: Emanuele

Tanja, wie viel von dem, was ihr heute postet, ist »frischer« Content und zu wie viel Prozent greift ihr auf Beiträge zurück, die bereits erschienen sind?

Jede Woche erscheint frischer Content auf unseren Kanälen. Zusätzlich greifen wir auf das zurück, was wir bereits in der Vergangenheit gepostet haben. Der Prozentsatz variiert, je nachdem, ob wir uns gerade in einer Launch-Phase befinden oder nicht. In Launch-Phasen haben wir beispielsweise Content, der sich immer wiederholt und lediglich aufgefrischt wird, indem wir zum Beispiel neue Testimonials hinzufügen. Ich würde schätzen, dass wir aktuell etwa 40 Prozent recycelten Content nutzen.

Unterscheidet ihr hier zwischen den Plattformen? Auf welchen Plattformen wiederholt ihr Beiträge und gibt es auch Marketingkanäle auf denen du nicht recyceln würdest?

Recycelten Content verwenden wir auf all unseren Kanälen. Wir stellen jedoch sicher, dass der Content immer noch top aktuell und relevant ist. Bei unserem Podcast bedeutet das zum Beispiel, dass wir zwar das Thema beibehalten, aber dazu eine neue Folge aufnehmen. Es kommen immer wieder neue Leute auf meine Kanäle, daher ist es okay, dass wir Beiträge wiederholen.

Wie organisiert ihr das Recyceln im Alltag? Woher wisst ihr, welche Beiträge recycelt werden sollen, wann diese wieder erscheinen dürfen und welche Beiträge schon mehrfach erschienen sind?

Unser gesamter Content ist in dem Projekttool »Notion« organisiert. Dort kennzeichnen wir Beiträge, die sich zum Recylen eignen, mit dem Tag »Recycle« und können auch ein Datum eingeben, ab wann der Content wieder erscheinen kann. Außerdem ergänzen wir den Hinweis, ob der Text angepasst werden muss. (Anmerkung: Einen Screenshot aus dem Content-Management von she-preneur siehst du in Abbildung 3.6.) Danach können wir die Beiträge filtern und so schnell alte Beiträge wieder aufgreifen, auffrischen und neu posten.

Abbildung 3.6 Der Screenshot aus dem Content-Organisationstool Notion zeigt: Der Content ist recycelbar bei Aktualisierung ab dem 4. April des Folgejahres.

Habt ihr eine fixe Regel, wie viel Zeit verstrichen sein muss, bis ein Beitrag wieder erscheinen darf?

Als Daumenregel wiederholen wir den Content nicht 1:1 innerhalb von zwölf Monaten. Verkaufsbeiträge wiederholen wir allerdings regelmäßig zu Launch-Phasen, also etwa alle sechs Monate.

Spürt ihr einen Unterschied in der Reichweite oder der Interaktionsrate, wenn ein Beitrag mehrfach erscheint?

Nein, gar nicht. Manchmal performt der Beitrag sogar besser. Die Performance eines Posts hängt ja nicht immer mit dem Content zusammen, es kann auch einfach sein, dass er am falschen Tag oder zur falschen Uhrzeit gepostet wurde oder es gerade eine Umstellung im Algorithmus gab. Wir löschen auch die alten Beiträge nicht, sondern lassen diese einfach stehen.

Wenn die Inhalte angepasst werden: Wie stark verändert ihr diese?

Das hängt vom Beitrag ab. Wir variieren vor allem bei der Aufbereitung des Beitrags im Creative – also auf dem Bild. Manchmal auch beim Text, je nachdem ob wir noch etwas ergänzen oder anders formulieren wollen. Auch das Format kann sich verändern: Zum Beispiel lassen sich aus bisherigen Karussell-Posts ohne großen Aufwand Reels erstellen. Der Content, der bisher als Beitrag im Feed erschienen ist, kann aber auch super in Storys verarbeitet werden.

Wo siehst du noch Optimierungspotenzial? Wo würdest du deinen Content-Recyclingprozess gerne verbessern?

Ich würde gerne den Anteil unseres recycelten Contents weiter erhöhen, anstatt ständig neuen Content zu erstellen. Außerdem würde ich gerne mehr Struktur in unseren Content bringen, um noch strategischer recyceln zu können. Wir arbeiten mit sehr viel Content. Ich bin aber überzeugt: Es geht nicht darum, möglichst viel Content zu erstellen. Sondern es geht eher darum, den Content, der wirklich gut ist, der die Menschen bewegt und der auf unsere Unternehmensziele einzahlt, weiter zu verbessern.

Das Wichtigste in Kürze

Dein Content ist vor allem dann recyclingfähig, wenn er kostenlos, zeitlos oder noch aktuell ist und wenn er neue Menschen erreicht. Zeitloser Content lässt sich gut in sich wiederholenden Zyklen recyceln. Auch das Recyceln von Launch- oder Kampagneninhalten bietet sich an, wenn sich diese immer wiederholen.

Kapitel 4
Recherchieren wie Karla Kolumna

4

Egal, wie gut du dein Thema kennst: Der erste Schritt für gute Inhalte lautet: Recherchieren. Wie du Fragen findest und Gespräche führst, die deinen Content für deine Zielgruppe interessant machen, erfährst du in diesem Kapitel.

Neulich habe ich meine Community aus Content Creatorinnen gefragt, ob sie für ihre Inhalte eigentlich recherchieren. Die Antworten haben mich erschreckt. »Ich suche in meinen Inneren«, schrieb eine Creatorin – mit ironischem Augenzwinkern. »Höchstens mal bei Google oder ChatGPT« eine andere. Mit diesem Kapitel möchte ich dich motivieren zu recherchieren und dir zeigen, was das für dich als Content Creator bedeutet. Denn Inhalte leiden darunter, wenn sie von Menschen verfasst werden, die denken, sie wüssten bereits alles über ein Thema. Und ich wage fast zu behaupten, dass leider ein Großteil der Content Creator*innen so denkt – auch ich selbst tappe immer wieder in diese Falle.

Wer tief in einem Thema steckt, stellt kaum noch Fragen. Stattdessen denkt er: »Das lässt sich schnell runterschreiben«. Das Ergebnis: Sowohl die Content Creator als auch die Community sind von den eintönigen Inhalten gelangweilt. Im schlimmsten Falle produziert man munter am Publikum vorbei, das sich weder gesehen fühlt noch so wirklich versteht, was ihnen diese Posts sagen sollen.

Wie gut, dass es ein einfaches Gegenmittel zu dieser Tendenz gibt. Und dieses heißt Recherche. Recherche ist ein erlernbares Handwerk. Während bei Journalistinnen Recherche oft bedeutet, ein für sie komplett neues Thema zu ergründen, gilt es für Content Creator vor allem, ihr Thema neu zu begreifen. Vielleicht sogar ihre eigenen blinden Flecken zu erkennen. Dabei hilft es ebenso sehr, sich auf die Suche nach neuem Material und neuen Gesprächspartnern zu machen als auch mit Altbekannten zu sprechen, um sich von deren neuen Antworten überraschen zu lassen. Denn Themen entwickeln sich weiter. Auch jene, von denen man denkt, sie bereits ausführlich ergründet zu haben.

Ein Beispiel: Ich war als Redakteurin bei einem Elternmagazin vor allem für die medienpädagogischen Themen zuständig. Also für all die »Jetzt leg doch mal dein Handy weg«-Geschichten. Als ich den Auftrag bekam, ein mehrseitiges Dossier darüber zu schreiben, wie Kinder zu einem guten Umgang mit dem Smartphone finden, habe ich ein innerliches Gähnen kaum unterdrücken können – denn genau dieses Dossier hatte ich doch zwei Jahre zuvor geschrieben. »Was soll da schon anders werden?«, dachte ich mir. Erst als ich bereit war, so zu tun, als wüsste ich nichts, konnte ich wieder in das Thema eintauchen. Und tatsächlich überraschten mich die zum Teil genau gleichen Gesprächspartner mit neuen Aussagen und Erkenntnissen. Am Schluss stand da ein ganz anderes Dossier – in dem zum Beispiel die Zeit, die Kinder und Jugendliche am Bildschirm verbringen kaum noch eine Rolle spielte, wohingegen es zwei Jahre zuvor noch klare zeitliche Richtlinien gab.

Der Trick ist, sich in die Rolle derjenigen hineinzuversetzen, für die du deine Inhalte recherchierst – in meinem Falle waren das die Eltern. Und zwar vermutlich Eltern, die mein Dossier vor zwei Jahren noch nicht gelesen haben, sondern neu mit diesem Thema konfrontiert sind, weil ihre Kinder erst jetzt nach einem Smartphone fragen.

Während Journalistinnen oft für eine breite Zielgruppe schreiben, ihre Texte also fast immer bei null anfangen und einfach verständlich sein müssen, darf die Recherche der Content Creator an einer anderen Stelle ansetzen. Nämlich bei den Fragen: Wer hört mir hier überhaupt zu? Für wen ist dieser Content? Die Antworten darauf geben den Ton und die Tiefe deines gesamten Contents vor.

Danach folgt die klassische Recherche. Im neuen Handbuch des Journalismus wird Recherche so beschrieben:

> *»Das Thema wird eingekreist durch Fragen, es folgt das Jagen und Sammeln von Fakten, das Aufspüren von Leuten, die Ahnung haben und wertvolle Tipps geben können, die Suche nach kontroversen Ansichten, die Gespräche, um alle Fakten zu bekommen und zu prüfen, und so viel eigene Beobachtung wie überhaupt möglich.«*[1]

Dafür zeige ich dir in diesem Kapitel, wie du dich von den (digitalen) Daten zu den Menschen und von außen nach innen bewegst, um ein Thema so zu erfassen wie eine Journalistin. Denn am Beginn einer guten Geschichte steht immer die Recherche.

Keine Sorge: Für dich als Content Creator bedeutet das nicht, dass du für jeden einzelnen Post ins Archiv steigen und Gespräche führen musst. Die Arbeit lohnt sich aber immer dann, wenn du einen größeren Themenkomplex erfassen möchtest – um dann daraus mehrere relevante Content-Stücke zu kreieren. Je tiefer du ein Thema verstanden hast und was daran für deine Community wichtig ist, umso leichter wird es dir fallen, die wichtigsten Botschaften und Informationen zu erkennen und beispielsweise in ein knackiges Zitat zu fassen oder ein lustiges Reel daraus zu erstellen.

1 Wolf Schneider, Paul-Josef Raue: Das neue Handbuch des Journalismus. Rowohlt, 2009, S. 49

4.1 Let's talk Zielgruppe: Für wen ist dein Content?

Ich persönlich bin kein Fan von Zielgruppendefinitionen. Weil die Zielgruppe – beispielsweise Männer zwischen 30 und 40, die fitter werden wollen – noch immer eine anonyme Masse ist. Wenn man als Content Creator*in hingegen eine Person aus dieser Masse herausgreift und so gut beschreibt, dass man sie vor sich sehen kann, wenn man seine Texte für Social Media schreibt oder seine Videos dreht, ist das enorm hilfreich. Es fällt dir dann sehr viel leichter, ganz natürlich so zu formulieren, dass sich dein Gegenüber gesehen fühlt und dich versteht. Denn du sprichst auch im wahren Leben mit einer Uniprofessorin anders als mit deiner 12-jährigen Nichte oder einer Zufallsbegegnung in einer Bar.

Kunden-Avatar oder Buyer Persona wird diese eine Person genannt, die stellvertretend für alle Menschen stehen darf, die du mit deinem Content ansprechen möchtest. Ich nenne sie die Wunschkundin. Und so wie ich die Wunschkundin verstehe, sind ihr Zivilstand und ihre Wohnungseinrichtung eher nebensächlich. Viel wichtiger ist für dich – und deine Recherche – zu verstehen, was diese Person eigentlich von DIR will. Welche Fragen könnte sie bezüglich deines Themas haben? Folgende Reflexionsfragen helfen dir dabei, die Person besser zu erfassen.

Was du über deine Wunschkundin wissen solltest:

- Warum kommt sie zu dir? Was ist das Problem, das sie lösen will, oder welche Fragen will sie beantwortet haben? Du kannst dich an dieser Stelle auch konkret fragen: Was würde dieser Mensch bei Google eingeben, um mich oder meinen Content zu finden?
- Wie steht es um ihr Problembewusstsein? Ist sie sich schon bewusst, was ihr Problem ist, oder musst du sie an einem früheren Punkt der Reise abholen? Ein Beispiel: Meine Kundin unterstützt Frauen dabei, ihre Karriere und ihr Leben so an ihren Werten und Fähigkeiten auszurichten, dass sie rundum zufrieden sind und Lebenslust empfinden. Sie möchte besonders die Frauen ansprechen, die auch bereit sind, ihr Schicksal in die Hand zu nehmen und etwas zu ändern. Ihrer Wunschkundin aber ist sich vermutlich noch nicht bewusst, dass sie, um ihre Unzufriedenheit im Beruf anzugehen, ihr ganzes Wertesystem kennenlernen muss. Und nach Lebenslust wird sie ganz bestimmt nicht googeln. Da sie aber bereit ist, etwas zu verändern, sucht sie nach Themen wie »Karrierewechsel mit Mitte 40« oder auch einfach nur »unzufrieden im Job«. Mit ihrem Content kann meine Kundin sie dann an diesem Punkt der Reise abholen und ihr Problembewusstsein dafür schärfen, dass das, was sie bisher getan hat, nicht ihren Werten entspricht.
- Wie konsumiert deine Wunschkundin gerne Informationen? In Videos? Längeren Texten? Häppchenweise in Tipps auf Bildern in Karussell-Posts verpackt? Unterhaltsam mit Augenzwinkern vermittelt in Reels? Oder liebt dein Wunschkunde die Abwechselung? Zu Beginn wirst du vermutlich erst einmal testen müssen, was an-

kommt – und davon dann mehr machen. Welche Art der Informationsvermittlung sich deine Community wünscht, ist letztendlich entscheidender – weil nachhaltiger – als die Frage, welche Form der Algorithmus gerade bevorzugt.

- Wie viel Vorkenntnisse bringt dein Wunschkunde mit? Welche Begriffe, Modelle und Denkweisen musst du erklären, damit er mitlesen kann. Und was erklärst du nicht mehr, weil es völlig klar ist? Auch diese letzte Frage ist für Content Creator wichtig – anders als für die meisten Journalistinnen. Denn wenn du dich in deinem Content auf Dinge berufst, die ihr beide schon wisst, schafft das ein Gefühl von Verbindung.
- Was muss deine Wunschkundin erst wissen oder verstehen, damit sie den Wert deines Angebotes erkennt? Was glaubt sie jetzt vielleicht noch, was falsch ist und weshalb sie nicht vorankommt? Was hat sie vielleicht schon selbst ausprobiert und wo liegt jetzt ihr Frust?
- Welche Ziele, Träume und Wünsche hat dein Wunschkunde in Bezug auf dein Thema?
- Bei Dienstleistungen und enger Zusammenarbeit: Was ist dir an der Zusammenarbeit mit deiner Wunschkundin wichtig? Wie möchte sie von dir angesprochen und unterstützt werden?

All diese Fragen solltest du dir natürlich zu Beginn stellen, wenn du deine Wunschkundin bestimmst.[2] Wer eine Community neu aufbaut, kann auf Erfahrungen mit bestehenden Kundinnen setzen und sich dort eine Person herausgreifen und diese genauer beschreiben. Aber auch Kommentare in Foren und Facebook-Gruppen sowie Rezensionen von Fachbüchern zu deinem Thema können dir zeigen, womit sich deine Wunschkundin beschäftigt und was ihr wichtig ist. Online ist dein Pool an möglichen Kundinnen und Kunden groß – je klarer du dir bist, wen du erreichen möchtest, umso einfacher wird es für dich, mit deinem Content die richtigen Menschen anzusprechen.

Doch wer die Wunschkundin nur einmal definiert und danach stur Content für diese eine Person erstellt, ohne zu überprüfen, wer auf Social Media und Co zuhört und reagiert, läuft Gefahr, in die falsche Richtung zu rennen. Und zu übersehen, was sich die Menschen wünschen, die dir wirklich zuhören. Die Entwicklung deiner Wunschkundin ist als Prozess zu verstehen, wie auch in Abbildung 4.1 zu sehen ist. Wenn du bereits Menschen hast, die dir folgen und die auf deinen Content reagieren, hast du den wichtigsten Recherchepool überhaupt direkt vor dir. Tritt mit diesen Menschen in Kontakt.

2 Mehr zur Wunschkund*innendefinition inklusive Arbeitsblättern findest du in meinem Buch: Bianca Fritz: Mindful Social Media Marketing. Achtsam und erfolgreich kommunizieren. Rheinwerk Verlag, 2020.

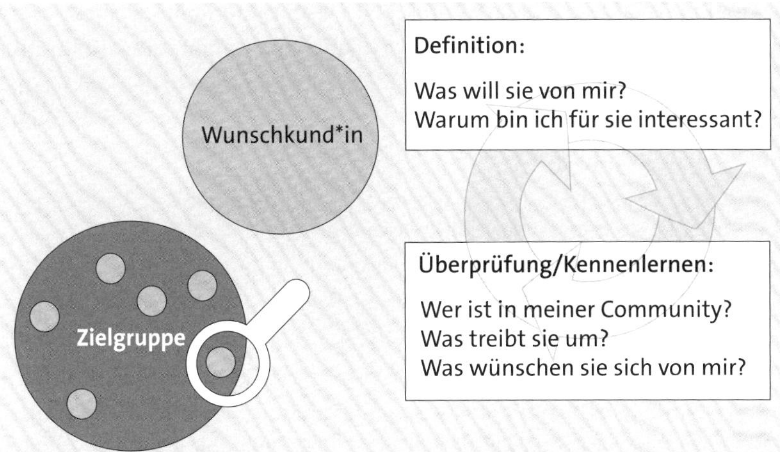

Abbildung 4.1 Die Wunschkundin ist eine Person aus der Zielgruppe. Was für ihre fortlaufende Definition wichtig ist, zeigt die rechte Spalte.

Wie bereits in Abschnitt 2.4, »Wie deine Community mit dir Themen setzt«, erwähnt, machen regelmäßige Umfragen Sinn. Frag deine Community, welche Art von Content sie sich wünschen und welche Fragen sie haben. Um deinen Wunschkunden-Avatar anzupassen und die Person, die du vor dir hast, besser zu verstehen, empfehle ich dir, einen Schritt weiter zu gehen und den echten Dialog zu suchen.

Wie klappt das? Veranstalte Community-Treffen, einen Kaffeeklatsch offline oder kostenlose Webseminare mit Fragestunden, bei denen du mit den Menschen in Kontakt treten kannst. Vielleicht gibst du ihnen sogar kleine Aufgaben, um zu verstehen: Wo stehen sie? Was beschäftigt sie? Das kann zum Beispiel in Form einer Challenge oder in Workshops geschehen: Ihr arbeitet gemeinsam an einem Thema, und du notierst alle Fragen und Schwierigkeiten, die dabei auftauchen, als wichtige Quelle für deinen Content.

Wenn du Fragebögen oder Umfragen erstellst, gib dich nicht damit zufrieden, dass die Menschen etwas angekreuzt oder Textfelder ausgefüllt haben: Versuche darüber hinaus, mit mehreren Teilnehmern der Umfrage zu telefonieren oder zu zoomen, um ihnen Rückfragen stellen zu können. So kannst du ihre Herausforderungen besser verstehen. Jedes persönliche Gespräch mit Menschen aus deiner Community wird dich voranbringen und dein Verständnis für die Wunschkundin vertiefen. Und dir somit ermöglichen, bessere Inhalte für sie zu erstellen. Das ist ein großer Gewinn für dich – und im Gegenzug fühlen sich deine Community-Mitglieder mit ihren Fragen und Anliegen gesehen. Ihre Gegenleistung: Du beantwortest ihnen ihre Fragen, sie nehmen kostenlos an Webinaren teil oder du gibst ihnen vor Ort einen Kaffee aus.

Das Kennenlernen und Nachfragen darfst du regelmäßig wiederholen, insbesondere bei einer wachsenden Community. So umgehst du auch die Gefahr, dass du munter Inhalte für die Menschen produzierst, die dir seit Jahren folgen und in deinem Thema bereits fit sind – anstatt dich auch an die »Anfänger« zu wenden, die deine Inhalte brauchen, aber erst einmal die Basics verstehen müssen.

KI-TIPP: Lass ChatGPT zu deiner Wunschkundin werden

ChatGPT kann nicht nur als KI auf deine Fragen antworten, sondern mit deinem Input in die Rolle deiner Wunschkundin schlüpfen. Das ersetzt echte Gespräche mit Menschen aus deiner Zielgruppe nicht –, aber kann dir wertvolle Impulse geben, wenn diese gerade nicht möglich sind, oder gibt eine erste mögliche Einschätzung, ob deine Idee für deine Zielgruppe interessant ist. Dabei gibst du an, in welche Rolle das Programm schlüpfen soll und fütterst die KI mit möglichst vielen Informationen über deine Wunschkundin. Dann stellst du deine Frage. Zum Beispiel so: »Stell dir vor, du bist ein Mensch, der einen Hund aus einer Hunderettungsstation adoptieren möchte.

Als potenzieller Hundebesitzer, der einen geretteten Hund adoptieren möchte, machen mir bei der Auswahl eines Hundetrainers einige Ängste und Sorgen zu schaffen:

Erfahrung und Fachwissen: Ich mache mir Sorgen, ob der Hundetrainer ausreichend Erfahrung und Fachwissen hat, um mit geretteten Hunden umzugehen. Es ist wichtig, dass der Trainer Erfahrung mit Hunden hat, die möglicherweise traumatische Erfahrungen gemacht haben und spezielle Bedürfnisse haben könnten.
Positive Verstärkung: Mir liegt viel daran, dass der Hundetrainer auf positive Verstärkung setzt und gewaltfreie Trainingsmethoden verwendet. Ich möchte nicht, dass mein Hund mit Zwang oder Strafen trainiert wird, da dies ängstliches oder aggressives Verhalten verstärken könnte.
Individuelle Bedürfnisse: Jeder gerettete Hund ist einzigartig und kann unterschiedliche Bedürfnisse und Verhaltensweisen haben. Ich sorge mich darum, ob der Hundetrainer in der Lage ist, auf die spezifischen Bedürfnisse meines Hundes einzugehen und maßgeschneiderte Trainingsansätze zu entwickeln.
Einfühlungsvermögen: Es ist mir wichtig, dass der Hundetrainer einfühlsam und geduldig ist, sowohl mir als auch meinem Hund gegenüber. Die Anpassung an ein neues Zuhause kann für gerettete Hunde stressig sein, und ich möchte sicherstellen, dass der Trainer diese Empfindsamkeit berücksichtigt.
Kosten: Die Kosten für Hundetraining können variieren, und ich mache mir Sorgen, ob ich es mir leisten kann, die Dienste eines qualifizierten Trainers in Anspruch zu nehmen. Ich möchte jedoch auch nicht an der Qualität des Trainings sparen, um die Bedürfnisse meines Hundes angemessen zu erfüllen.
Langfristige Unterstützung: Ich frage mich, ob der Hundetrainer langfristige Unterstützung bietet, da ich möglicherweise auch nach Abschluss des Trainings weitere Fragen oder Anliegen haben könnte.
Empfehlungen und Referenzen: Ich habe Bedenken darüber, wie ich einen vertrauenswürdigen Hundetrainer finde. Wenn möglich, möchte ich gerne Empfehlungen oder Referenzen von anderen Hundebesitzern einholen, die mit dem Trainer zusammengearbeitet haben.

Insgesamt möchte ich sicherstellen, dass ich einen Hundetrainer finde, dem ich voll und ganz vertrauen kann, und der sowohl mir als auch meinem geretteten Hund auf einfühlsame Weise Unterstützung bietet. Der Prozess der Auswahl eines Trainers kann daher manchmal herausfordernd sein, da ich mir bewusst bin, wie wichtig diese Entscheidung für das Wohlbefinden und die Entwicklung meines neuen Familienmitglieds ist.

Abbildung 4.2 Was beschäftigt meine Wunschkundin? Welche Fragen oder Ängste hat sie? ChatGPT kann einen ersten Anhaltspunkt geben.

Du sorgst dich davor, welche Probleme der Hund mitbringt. Du bist auf der Suche nach Hundetrainern, die dich unterstützen. Was sind Fragen, die du dir stellst? Was ist dir wichtig?« Wie immer bei ChatGPT kannst du die Antworten verfeinern, indem du weiter nachhakst. »Welche Ängste oder Sorgen erschweren dir die Auswahl eines Hundetrainers?« Aus den Ergebnissen kannst du Themen auswählen, die sich mit deiner Erfahrung decken, und die Recherche hier vertiefen. In Abbildung 4.2 siehst du, welche Ergebnisse ChatGPT für mein Beispiel der Hundebesitzer-Persona ausgegeben hat.

Das Wichtigste in Kürze

Die erste Recherche für Content Creator betrifft nicht die Inhalte, über die du schreiben möchtest. Es geht zunächst darum, die eigene Wunschkundin in der Tiefe zu verstehen, um ihr den richtigen Inhalt anbieten zu können. Diese Arbeit findet zunächst eher theoretisch anhand bestimmter Leitfragen statt. Für Content Creator*innen gehört das Kennenlernen und Verstehen der Community aber unbedingt zu den regelmäßigen Rechercheaufgaben.

4.2 Von Fragen leiten lassen – wie du gezielt recherchierst, ohne dich in deinem Thema zu verlieren

Versetze dich einmal in die Lage eines eiligen Onlinelesers. Du hast folgende Content-Stücke zur Auswahl:

- »Alles, was Sie über Ernährung wissen müssen«
- »Mit diesen Lebensmitteln bleiben Sie jung«
- »Fünf Gemüsesorten, die dein Gehirn ankurbeln«
- »Diese Frühstücksrezepte machen schlank«

Welches würdest du lesen?

Logisch: Deine Antwort hängt davon ab, welche Frage du an das Thema Ernährung hast. Einzig der erste Titel verspricht keine Antwort auf eine Frage, sondern eher einen Themenüberblick. Und gerade deshalb möchte ich wetten, dass du diesen eher nicht gewählt hast.

Recherche bedeutet nicht, dass du ein Thema in seiner gesamten Breite erfassen musst. Dafür hast weder du noch deine Community die Zeit.

Wenn du dich einem Thema nicht mit dem Anspruch näherst, alles verstehen oder erzählen zu müssen, sondern mit einer oder mehreren konkreten Fragen, kannst du sehr viel gezielter recherchieren und alles beiseitelassen, was nicht der Beantwortung der Fragen dient.

Stell dir mal vor, wie viel größer der Rechercheaufwand zu »Alles über gesunde Ernährung« im Vergleich zu »Fünf Gemüsesorten, die dein Gehirn ankurbeln« ist. Wenn du das Thema ernst nimmst und jede Facette der gesunden Ernährung beleuchten möchtest, ist das eine Lebensaufgabe.

Die Frage nach den fünf Gemüsesorten hingegen kannst du in einem ersten Schritt bei Google oder ChatGPT eingeben. Die gewonnenen Antworten überprüfst du: Kann ich das auf seriöse Quellen zurückführen? Dann hältst du Rücksprache mit der Ernährungsexpertin, um besser zu verstehen, was es ist, was dieses Gemüse so wertvoll für unser Hirn macht. Und du befragst einen Gedächtnisweltmeister nach seinem Lieblingsgemüse, um das Thema zu personalisieren. Schon hast du Material für ein oder mehrere Content-Stücke. Du beleuchtest also einen Aspekt in die Tiefe, anstatt nur einen groben, oberflächlichen Überblick zu geben. Denn viel mehr könntest du in deinem »Alles über gesunde Ernährung«-Content ohnehin nicht tun.

Tiefe vor Breite lautet also das erste Rechercheprinzip, mit dem du dir selbst die Arbeit erleichterst und zugleich deine Inhaltsstücke besser werden.

Jetzt gilt es, nur die richtigen Recherchefragen für dein Thema zu finden.

Dafür hast du drei Möglichkeiten:

1. Du schlüpfst selbst in die Anfängerrolle, wie ich es in Abschnitt 1.2, »Deine Grundeinstellung: Verlerne alles, was du weißt«, beschreibe. Was sind deine ersten Fragen an das Thema? Warum interessiert dich das? Diese neugierige Beginnerperspektive einzunehmen, wird umso schwieriger, je länger du dich schon mit einem Thema befasst, eignet sich aber hervorragend, wenn du tatsächlich neu in ein Gebiet eintauchst.
2. Du befragst andere, die dein Thema noch nicht so gut kennen. »Was würde dich daran interessieren? Welche Fragen hast du zu XYZ?« In Abschnitt 1.2, »Deine Grundeinstellung: Verlerne alles, was du weißt«, habe ich ebenfalls beschrieben, dass du dafür nicht unbedingt ein Team oder Kolleginnen brauchst, sondern dir jeder helfen kann, der einen frischen Blick auf dein Thema hat. Auch ChatGPT.
3. Die kundenzentrierte Methode: Du fragst deine Community oder bestehende Kundinnen, was sie wissen möchten. Die Antworten hier sind umso ergiebiger, je besser du die Menschen in deinen Netzwerken kennst – denn dann kannst du deine Fragen auf sie zugeschnitten formulieren. Je mehr sie es gewohnt sind, dass du mit ihnen im Austausch bist und deine Kanäle keine Einwegkommunikation sind, umso selbstverständlicher werden sie auch antworten.

Sobald du die eine oder mehrere Fragen hast, die deine Recherche leiten, kannst du dich an der Art und Weise orientieren, wie Journalistinnen seit Jahrzehnten recherchieren. Dafür sortierst du die Fragen nach Relevanz: »Was muss ich unbedingt wissen?«. Und du notierst, wo du dir welche Antwort erhoffst. Mit wem musst du sprechen? Welche Daten, Bücher oder Artikel musst du einsehen, um diese Informationen zu finden? Wo musst du hingehen, um dir einen eigenen Eindruck zu machen, um lebhafte Bilder zu finden? Oder in den Worten des verstorbenen Journalistikdozenten Walter von La Roche:

> *»Der Journalist recherchiert nicht, bis er alles weiß (dann dauert´s), sondern so lange, bis alle naheliegenden Fragen plausibel beantwortet sind.«*[3]

Um die richtige Reihenfolge zu finden – also eine Art Rechercheplan aufzustellen –, gibt es zwei weitere wichtige journalistische Grundsätze, die dich unterstützen. Der erste lautet: *erst ob, dann wie*. Du überprüfst also zunächst einmal, ob etwas faktisch überhaupt sein kann, bevor du dich in die Details vertiefst. Das gilt insbesondere dann, wenn wir Google und diverse KI in unsere erste Recherchephase mit einbeziehen – alles, was im Internet gefunden oder aus uns unbekannten Quellen zusammengestellt wurde, muss dringend überprüft werden.

Wie finde ich Expert*innen für mein Thema?

Für Journalist*innen gehört das Gespräch mit Fachpersonen zur seriösen Recherche. Doch woher weiß ich eigentlich, wer etwas zu meinem Thema zu sagen hat? Für die Expertensuche sind textbasierte KI-Programme wie ChatGPT eher weniger geeignet, da sie manchmal Namen erfinden oder die Datenbank nicht auf dem aktuellsten Stand ist. Wenn ein Thema neu für dich ist, kannst du dir aber zumindest die Art der Expertise ausgeben lassen, die eine Person haben sollte, um dir gut Rede und Antwort stehen zu können. Dafür schreibst du den Prompt etwa so: »Recherchiere zu Thema XY und den Fragen A, B und C passende Interviewpartner, nicht die Namen, nur die Art der Expertise.«[4]

Wenn du dich in dein Thema einliest, fällt dir vermutlich schon selbst auf, dass du an manchen Expert*innen nicht vorbeikommst, die für ein Thema immer wieder genannt oder zitiert werden. Darüber hinaus bietet es sich an, nach Fachbüchern und Konferenzen zu deinem Thema zu suchen. Wer sind hier die Autor*innen und wer steht auf der Bühne? Wenn du eine lokale Note mit in deinen Content bringen möchtest, empfehle ich außerdem, bei nahegelegenen Universitäten ins Vorlesungsverzeichnis zu blicken oder direkt bei der Pressestelle anzufragen – auch dort wird zunehmend erkannt, wie wichtig Content Creator sind, die nicht für offizielle Medien arbeiten. Auch auf LinkedIn oder Xing kann sich eine Suche nach bestimmten Berufsgruppen und Bezeichnungen lohnen. Wenn man eine vielversprechende Person ge-

3 Walther von La Roche: Einführung in den praktischen Journalismus. List, 1999

4 ChatGPT-Prompt angelehnt an ein Beispiel aus dem Buch von Andreas Berens und Carsten Bolk: Content Creation mit KI. Rheinwerk Verlag 2023, S. 258

funden hat, sollte man vor dem Gespräch noch Qualifikationen und Erfahrung recherchieren, um sicher zu gehen, dass man keinen wohlklingenden Bezeichnungen aufsitzt.

Die wichtigste Informationsquelle sind aber die Expert*innen selbst. Sie kennen sich untereinander. Wenn dir also jemand sagt, dass sie oder er sich nicht zuständig fühlt, kann man dir fast immer Kolleg*innen empfehlen.

Der zweite Grundsatz lautet: *von außen nach innen*. Das bedeutet, dass du, wenn du wissen möchtest, welche Nahrungsmittel die Politiker essen, um zähe Koalitionsverhandlungen durchzustehen, nicht als Erstes im Bundeskanzleramt anfragst, ob du mit dem Kanzler darüber sprechen kannst. Vielmehr näherst du dich dem Kanzler als Schlüsselfigur in immer enger werdenden Kreisen. Du googelst zunächst einmal, ob darüber schon etwas geschrieben wurde. Dann überprüfst du die Quellen und sprichst zum Beispiel mit dem Cateringservice für den Bundestag. Erst dann rufst du Olaf Scholz an, um zu fragen, wie viele Walnüsse auf seinem Pult liegen.

Dieses Vorgehen mag bei einem eher weichen Thema wie diesem nicht spielentscheidend sein. Aber es wird schlagartig wichtig, wenn du einer Expertin oder einer wichtigen Person in der Wirtschaft eine sehr kritische Frage stellen musst. Dann wird es dir zugutekommen, wenn du selbst bereits Informationen gesammelt hast, mit denen du diese Person konfrontieren kannst. Und dir wird auffallen, wenn die Person etwas verschweigt oder sich eloquent herauswindet. Und bevor dir eine hochkarätige Expertin ihre Zeit schenkt, die sie andernfalls in ihre Forschung gegen Demenz stecken würde, solltest du so viel über den aktuellen Forschungsstand rund um Demenz gelesen haben, dass du wertvolle Fragen stellst und nicht beim Biologie-Grundschulwissen ansetzt.

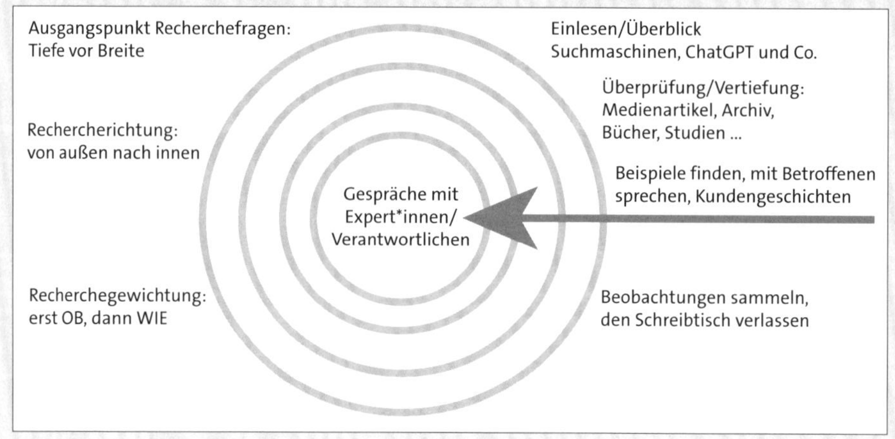

Abbildung 4.3 Tiefe statt Breite, von außen nach innen und erst ob, dann wie. Ein Überblick zur Organisation der eigenen Recherche.

Wie kann eine solche Von-außen-nach-innen-Recherche konkret aussehen? In Abbildung 4.3 findest du dazu einen Überblick, und im Folgenden gehe ich genauer auf die einzelnen Punkte deines Rechercheplans ein.

- Ausgangspunkt für deine Recherche sind die Recherchefragen, die nach den oben beschriebenen Methoden ausgewählt wurden. Für einen ersten Überblick kannst du die Fragen bei einer KI wie ChatGPT oder in eine Onlinesuchmaschine wie Google eingeben. Die Suchmaschine hat den Vorteil, dass du hier direkt die Webseiten besuchen und die Quellen überprüfen kannst, wohingegen du die bei ChatGPT gewonnenen Informationen noch einmal durch eine weitere Recherche validieren musst, weil du hier nicht direkt zu Quellen findest, sondern aus einem Sammelsurium an verfügbaren Informationen Texte erstellt wurden. Dass man die Herkunft der Quellen nicht mehr nachprüfen kann, gehört zur Logik der KI. ChatGPT schreibt selbst, dass sie nicht garantieren können, dass die Informationen immer korrekt und aktuell sind. Die KI wurde derzeit auch nur mit Daten bis 2020 trainiert – aktuelle Entwicklungen deines Themas werden also vermutlich in den Antworten der KI nicht berücksichtigt. Der KI-Chat von Bing[5] liefert dir einige Quellen als Links mit, bei denen du nachrecherchieren und die Vertrauenswürdigkeit der Informationen überprüfen kannst. Ziel dieses ersten Rechercheschrittes ist es zu verstehen, wie die Frage im Allgemeinen derzeit beantwortet wird. Dein Suchergebnis wird genauer, wenn du mehrere Formulierungen der Frage eingibst oder mit unterschiedlichen Keywords suchst.
- Anschließend überblickst du die Quellen, die dir angegeben wurden, und suchst vor allem in seriösen Quellen wie Medien und wissenschaftlichen Studien sowie den Daten statistischer Institute die ersten Antworten heraus. Notiere dir dabei auch weiterführende Fragen, die sich aus den Antworten ergeben. Wenn sich die Antworten widersprechen, die du gefunden hast, nimm das gerne als Frage mit, um eventuell in Gesprächen mit Expert*innen herauszufinden, warum es hier so unterschiedliche Sichtweisen gibt. Auch Antworten, die aus Quellen stammen, deren Seriosität du nicht überprüfen kannst, können gute Anhaltspunkte für weitere Fragen sein oder dir den Anlass geben, über Mythen aufzuklären. Wenn du dich mit bisher veröffentlichten Inhalten zu deinen Fragen befasst, wird dir auch auffallen, welche Personen interviewt wurden. Wer sind anerkannte Expertinnen oder Gesprächspartner auf dem Gebiet? Gibt es weiterführende Materialen wie Fachbücher oder Studien, die nicht frei zugänglich sind, die in deinen Quellen empfohlen oder verlinkt sind? Diese zu konsultieren, kann deinem Content eine wünschenswerte Tiefe und Seriosität geben. Allerdings birgt dieser Schritt auch die Gefahr, dass du deine Recherchefrage aus den Augen verlierst. Abstracts, also Zusammen-

5 Den KI-gesteuerten Bing-Chat erreicht man, indem man in Microsoft Edge oben rechts auf das blaue »b« klickt.

fassungen von Studien, und das Inhaltsverzeichnis von Büchern helfen dir dabei, hier fokussiert zu bleiben und nur die für dich wichtigen Stellen nachzulesen.

- Dem Einlesen ins Thema folgt der Teil, den Journalist*innen »Fleisch an den Knochen bringen« nennen. Du fragst dich jetzt, was das, was du gelernt hast, ganz konkret für deine Community oder noch besser deine Wunschkundin bedeutet. Was hat das mit ihrem Alltag zu tun? In welchen konkreten Beispielen und Situationen wird das sichtbar? In Medien heißt das oft: Jetzt werden Gespräche mit »Betroffenen« geführt. So können abstrakte Antworten personalisiert werden: Tante Erna erklärt, was sich durch die Rentenerhöhung für sie verändert. Eine Familie erzählt, wie sie nach der Flutkatastrophe zurück ins Leben findet. Oder ein Redakteur zeigt, wie er seine Smartphonebilder mit einer neuen App bearbeitet. Du suchst also konkrete Beispiele, die deine Antworten illustrieren. Bei kritischen Antworten kann das auch bedeuten, dass du nicht sofort mit den Betroffenen sprichst, sondern dich ihnen von außen nach innen annäherst. Also zunächst mit Umstehenden/Nachbarn/Familie Vorgespräche führst, um das Terrain auszuloten und gute Fragen zu finden. Als Content Creator im Marketing hast du es vermutlich seltener mit »Betroffenen« zu tun. Deine Beispiele und Geschichten findest du, wenn du dich fragst: Was hat das mit mir zu tun, oder wo hat sich das bei mir gezeigt? Oder auch: Was hat das mit meiner Wunschkundin zu tun? Was bedeutet das für sie und in welchen Situationen zeigt sich das ganz konkret? Hier können Kundenstimmen und Geschichten super eingesetzt werden. Oder du nutzt typische Kundensituationen, um eine fiktionale Geschichte zu erzählen im Stil von: »Wie Claudia geht es vielen Frauen, die zu mir kommen ...«.
- Es kann sein, dass du schon bei der Frage wie du »Fleisch an den Knochen« bringst, feststellst: Jetzt ist es an der Zeit, den Schreibtisch zu verlassen! Wo findet das Geschehen statt, das deine Geschichte zeigt oder unterstreicht? Wie kannst du die Antworten, die du gefunden hast, veranschaulichen? In Video- oder Tonaufnahmen, in einer Live-Übertragung oder auch, indem du etwas erlebst und es beschreibst? Zu deiner Sammlung von Fakten gesellt sich die Sammlung von Eindrücken bei einer Vor-Ort-Recherche. Sie machen deinen Content farbig und interessant. Zudem können dir, wenn du dich neugierig ins Geschehen begibst, neue Ideen und Fragen begegnen, die du aus der Distanz nicht erkennen konntest. Das macht den Artikel, in dem ein Redakteur ein neues Handy testet, spannender als den, in dem er nur Daten und Meinungen zusammenträgt (mehr dazu, warum es so wichtig ist den Schreibtisch zu verlassen, in Abschnitt 1.3, »Geh weg vom Schreibtisch und nimm mich mit!«).
- Deine Interviews mit Expert*innen oder Schlüsselpersonen sollten am Ende deiner Recherche stehen. Dann, wenn du dir einen Überblick über das Themengebiet verschafft und verschiedene Meinungen gesammelt hast, sodass du kritische und gute Fragen stellen kannst. Das gilt sogar dann, wenn du als Content Creator in ei-

nem Unternehmen tätig bist. Denn erst wenn du die Jahresbilanz gelesen und verstanden hast, fallen dir die Punkte auf, die eure Community kritisch sehen könnte. Dann kannst du gezielte Fragen stellen. Recherchegespräche sind im Normalfall Hintergrundgespräche, aus denen du Informationen beziehst oder aus denen du Zitate verwendest. Sie unterscheiden sich grundsätzlich von Gesprächen, die für die Kamera oder das Podcast-Mikrofon geführt werden. Dein Gegenüber hilft dir vor allem bei der Recherche, und im Anschluss besprecht ihr, ob und wie die Person zitiert wird. Häufig erfährst du in diesen Gesprächen Dinge, die du vor laufender Kamera sicher nicht gehört hättest. Wie du solche Recherchegespräche führst, vertiefe ich in Abschnitt 4.3, »Wie du Recherchegespräche führst«; wie du Gespräche für die Kamera führst, ist Thema in Kapitel 6, »Gespräche führen, die faszinieren«.

Wen interviewe ich zuerst?

Wenn du Befürworter und Gegner eines Themas zu Wort kommen lässt, sprich zuerst mit den Gegnern. Sie liefern dir automatisch die »Schwachpunkte« und helfen dir, kritisch nachzuhaken, wenn du die Befürworter befragst.

- Eine der wichtigsten Fragen zum Abschluss deiner Recherche sollte sein: Gibt es noch Gegenstimmen, die du hören solltest? Besonders wenn deine Recherche dazu führt, dass du an jemandem Kritik üben wirst, solltest du dieser Organisation oder Person auch die Chance geben, sich zur Kritik zu äußern. Wenn du deinen Content für ein Unternehmen schreibst, überlege an dieser Stelle: Könnten die Kundinnen das vielleicht ganz anders sehen? Haben sie eine Gegenstimme? Du musst sie in diesem Fall nicht unbedingt zu Wort kommen lassen, aber ihre Argumente solltest du zumindest mit aufgreifen. Mehr dazu hast du bereits in Abschnitt 1.4.5, »Verschiedene Seiten zu Wort kommen lassen und ausgewogen berichten«, gelesen.

Rechercheplan an einem konkreten Creator-Beispiel

Ich möchte mit dir einen möglichen Recherchevorgang an einem konkreten Beispiel durchspielen. Dafür greife ich die Idee aus Abschnitt 1.3, »Geh weg vom Schreibtisch und nimm mich mit!«, auf: Du sollst Content darüber erstellen, dass es in deinem Unternehmen eine neue Druckgussmaschine gibt. Dir liegt die Pressemitteilung der Geschäftsführung mit einigen Eckpunkten zur Maschine vor, wie ihrer Leistungsfähigkeit und den Kosten. Deine wichtigste erste Frage ist die nach der Zielgruppe deines Contents: Für wen soll unser Content interessant sein? Was interessiert deine Community an der Druckgussmaschine? Warum ist das für sie relevant?

Für eure Content-Strategie habt ihr festgelegt, dass es euch auf TikTok und Instagram vor allem darum geht, junge Menschen für die Ausbildung in eurem Betrieb zu begeistern (siehe Abbildung 4.4), sowie im Blog und auf LinkedIn darum, möglichen Partnern oder Abnehmerfirmen einen Einblick hinter die Kulissen zu geben.

Für junge Menschen auf der Suche nach einer Ausbildung könnte relevant sein: Was bedeutet die neue Maschine für die tägliche Arbeit? Wie sieht das aus und wie fühlt es sich an, an so einer Maschine zu arbeiten? Aber auch: Wie sicher ist dieser Arbeitsplatz? Soll ich diese Ausbildung machen, oder werde ich in dieser Branche in Bälde durch Maschinen ersetzt?

Abbildung 4.4 Um junge Menschen für eine Ausbildung zu begeistern, helfen emotionale Bilder aus dem Arbeitsalltag. Foto: Canva

Für mögliche Partner ist interessant, wie sich das Unternehmen im Vergleich zur Konkurrenz durch die neue Maschine positioniert. Wie verändern sich die Preise der Teilchen? Wie sieht es mit dem Thema Nachhaltigkeit aus?

Diesen Themen gehst du als Creatorin nach, indem du dir zunächst online und eventuell auch in intern verwendeten Fachpublikationen einen Überblick über den Status quo der Druckmaschinen verschaffst. Das ermöglicht dir, in einem weiteren Rechercheschritt den Mitarbeitern an der Maschine selbst bessere Fragen zu stellen. Außerdem weißt du, auf welche Besonderheit du die Kamera richten solltest. Du verschaffst dir auch einen Überblick darüber, was jungen Leuten heute bei der Berufsauswahl wichtig ist und wie andere Firmen auf TikTok und Co um Auszubildende werben. Dieses Wissen benötigst du, um an der Maschine emotionales Videomaterial zu sammeln – und auch dem Ausbildungsleiter und den jetzigen Azubis die richtigen Fragen zu stellen. Nach dem Besuch an der Maschine und den Interviews, die du dort geführt hast, bleiben nur noch wenige Fragen übrig, mit denen du gezielt dem CEO die Möglichkeit gibst, in kurzen Sätzen zu sagen, wie sich das Unternehmen durch die neue Maschine auf dem Markt positioniert.

Du kehrst von der Recherche zurück mit Zitaten und Informationen, aus denen sich eine Geschichte für LinkedIn und den Blog erzählen lässt. Die Botschaft: Mit der neuen Maschine wird dein Unternehmen noch interessanter für Partner und Kundinnen, weil sie Geld sparen und an die Umwelt denken.

Außerdem hast du emotionale Bilder und Zitate für kurze TikTok-Videos gesammelt, um jungen Leuten Lust auf diese Arbeit zu machen. Zum Beispiel der Azubi, der zeigt, welchen Hebel er eigentlich am liebsten bedient, oder erzählt, wie cool es ist, dass er überhaupt nichts spürt, wenn doch mal eines der Metallteilchen auf seine Sicherheitsschuhe fällt – vielleicht macht er sogar ein Spiel daraus: Wie groß oder spitz können die Teile werden, bis ich etwas spüre? Diese humorvollen oder emotionalen Clips werden ergänzt mit den Aussagen des Ausbildungsleiters in der Caption, dass die Arbeit nicht nur Freude macht, sondern man in der Ausbildung auch zukunftsweisende Fähigkeiten erwirbt.

Das Wichtigste in Kürze

Deine Recherche geschieht fokussiert, wenn du dich von Fragen leiten lässt – im Idealfall von den Fragen, die deine Community oder deine Wunschkundin stellen würde. Bei der Recherche gelten drei Grundsätze: Tiefe vor Breite, erst ob, dann wie und von außen nach innen. Du bewegst dich vom Einlesen und der Datenansicht hin zu den Szenen und Menschen, die für dein Thema stehen. Das Gespräch mit den Schlüsselpersonen bewahrst du dir bis zum Schluss auf.

4.3 Wie du Recherchegespräche führst

Recherchegespräche sind all jene Gespräche, in denen du Informationen und Zitate oder Statements für deinen Content sammelst. Das können längere Interviews mit Experten sein, aber auch das kurze Telefonat mit der Chefin einer Abteilung, die du in deinem Content-Stück erwähnen möchtest. Diese Recherchegespräche unterscheiden sich grundlegend von Interviews, die aufgezeichnet oder live als Content-Stück online gehen. Du nimmst hier deiner Community Arbeit ab, indem du die wichtigen Informationen aus dem Gespräch für sie herausfilterst und in deinem Content weiterverarbeitest.

Dein Gegenüber muss auf jeden Fall vorab wissen, um welche Art von Gespräch es sich handelt. Denn manche Expert*innen wollen nur zu Wort kommen, wenn ein ganzes Interview in Frage-Antwort-Form veröffentlicht wird. Andere wiederum sind dankbar, wenn das Gesagte redaktionell weiterverarbeitet wird, weil sie nicht gelernt haben, druckreif oder gar für die Kamera zu sprechen.

Damit dein Recherchegespräch wertvolle neue Informationen und vielleicht ein paar ungewöhnliche Zitate einbringt, hilft es, einige journalistische Kniffe für das erfolgreiche Recherchegespräch zu kennen.

1. Starte nie ohne Vorbereitung in ein Informationsgespräch. Selbst wenn es nur ein kurzes Telefonat mit einer Person ist, die du bereits kennst, solltest du dir vorab zwei Minuten Zeit nehmen, um deine wichtigsten Fragen zu notieren. Was willst du auf jeden Fall von dieser Person wissen? Diese Vorarbeit erspart dir, dass du im Nachhinein merkst, was noch fehlt und noch einmal anrufen musst.
2. Schaffe eine vertrauensvolle Atmosphäre, in der du die Bedeutung der Aussagen dieser Person betonst. Stelle klar, dass es darum geht, Informationen zu sammeln, und das Gespräch nicht aufgezeichnet wird oder die Aufnahme nur für dich als Gedankenstütze dient. Ein guter Eisbrecher-Satz ist: »Könnten Sie mir helfen, diese Wissenslücke zu schließen?« So sieht das Gegenüber, dass sich der oder die Interviewende bereits eingelesen hat, mit gezielten Fragen ins Gespräch startet und die Zeit und Expertise des Gesprächspartners wertschätzt.
3. Aber Vorsicht: Auch, wenn du dich gut informiert hast, solltest du der Versuchung widerstehen, mit deinem Wissen zu prahlen. Du hast dieses Gespräch angefragt, weil dein Gegenüber mehr weiß als du oder eine andere Perspektive beitragen soll. Gib ihm oder ihr jetzt auch die Möglichkeit das zu tun.
4. Aufzeichnung ja oder nein? Ob du für dein Gedächtnis aufzeichnest, ist Geschmackssache. Wichtig ist, dass du nie heimlich aufnimmst – denn das verstößt gegen das Persönlichkeitsrecht deines Gegenübers. Meiner Erfahrung nach sind die Gespräche ungezwungener ohne Aufzeichnung. Und ich bin im Anschluss sehr viel schneller, wenn ich nur meine handschriftlichen Notizen durchgehen und das Gespräch nicht erneut anhören muss. Allerdings fällt es nicht jedem leicht, gleichzeitig zuzuhören und mitzuschreiben. Probiere beides aus. Wenn du Zitate in Video- oder Audioform sammeln möchtest, nimm diese am besten direkt im Anschluss an das ungezwungene Gespräch auf. So kannst du deinem Gegenüber bereits genau sagen, welche Aussagen du brauchst, und ihnen die Wiederholung oder auch Zuspitzung ihrer eigenen Worte leicht machen.
5. Je näher ein Informationsgespräch an einem natürlichen Gespräch ist, umso wertvoller ist es. Bei einem gemeinsamen Kaffee wird dir mehr erzählt als in der Zoom-Konferenz oder am Telefon – und via E-Mail erfährst du am wenigsten. Für wichtige Gesprächspartner solltest du dir also Zeit nehmen. Die interessanteren Gespräche entstehen außerdem, wenn du keine oder nur wenige Fragen vorab zusendest. Wenn überhaupt ist das Zusenden von Fragen eher bei aufgezeichneten Interviews üblich, wie ich sie in Kapitel 6, »Gespräche führen, die faszinieren«, bespreche.
6. Stelle zuerst die unverfänglichen Fragen, um eine gute Gesprächsatmosphäre zu schaffen, und bewahre dir heiklere Fragen oder kritische Nachfragen für den

Schluss auf. Sollte dann die Stimmung kippen, hast du zumindest schon einige Informationen gesammelt.

7. Gerade wenn du mit Expertinnen sprichst und noch tiefer in ein Thema eintauchen möchtest: Frage sie nach weiteren Experten. Was dir dabei bewusst sein sollte: Sie werden dir vermutlich zunächst Menschen nennen, die ähnlich denken wie sie selbst. Daher lohnt sich manchmal die Nachfrage: »Wer sieht das ganz anders als Sie?« oder »Wer würde Ihnen da widersprechen?« Die meisten Experten kennen ihre Gegenstimmen nämlich ganz genau.

Abbildung 4.5 Achtung, Schmeichel-Falle: »Gute Frage.« »Danke – aber haben Sie auch eine gute Antwort?« Foto: Canva

8. »Das ist eine gute Frage« – Vorsicht, diese Aussage ist oft eine Falle, die besonders in Public Relations geschulte Menschen anwenden. Weil der Nachfragende vor lauter geschmeichelt sein gerne vergisst, auf die Antwort zu beharren. Bleib dran und frag nach einer ebenso guten Antwort.
9. Versuche, auch die Schweigepausen auszuhalten. Oft schieben wir viel zu schnell eine weitere Frage hinterher, obwohl unser Gegenüber mit etwas Bedenkzeit seine Antwort noch ergänzt hätte. Und diese Antwort nach der Antwort ist nicht selten spannender als die Erste.
10. Ich beschließe jedes Informationsgespräch mit der Frage: »Habe ich etwas vergessen? Gibt es etwas, was ich noch über unser Thema wissen sollte?« Hier bekräftigt das Gegenüber häufig, was ihm wirklich wichtig ist. Manchmal aber verstecken

sich in dieser Antwort auch Goldnuggets und spannende Geschichten, nach denen noch nie gefragt wurde.

Du hast im Anschluss an das Gespräch drei Möglichkeiten, die gesammelten Informationen zu teilen:

1. Du zitierst die informierende Person direkt und in wörtlicher Rede. Wenn du das vorhast, lohnt es sich, direkt im Gespräch nachzufragen »Darf ich sie so zitieren?«, damit es nicht zu Missverständnissen kommt. Manche Gesprächspartner möchten ihre Zitate gegenlesen. In der Schweiz zum Beispiel ist das üblich – in Deutschland eher weniger. Dort gilt nur bei Wortlautinterviews die Praxis der Autorisierung – worauf ich in Kapitel 6, »Gespräche führen, die faszinieren«, noch eingehen werde. Wenn du die Zitate in Audio- oder Videoform brauchst, musst du ohnehin darum bitten, dass die Aussagen für die Aufzeichnung wiederholt werden.
2. Du nimmst die Informationen aus dem Gespräch mit in den Content auf und nennst die Person oder die Institution als Quelle.
3. Wenn du dein Gegenüber nicht als Quelle nennen, die Information aber weiterverbreiten darfst, greift der Informantenschutz. Das ist oft bei heikleren Themen der Fall, wo die Person einen direkten Nachteil davon haben könnte, Informationen weiter gegeben zu haben. So entstehen dann Formulierung wie »aus dem Familienkreis der Person wurde mir mitgeteilt« oder »wie uns ein verlässlicher Informant wissen ließ«. Hier gilt es, die eigenen Aufzeichnungen aufzubewahren – auch wenn es nur handschriftliche Notizen waren –, damit du bei Rechtsstreitigkeiten belegen kannst, auch ohne die Quelle offen zu legen, dass du dir die Aussagen nicht aus den Fingern gesaugt hast. Dieser Fall wird für dich als Content Creatorin vermutlich nur vorkommen, wenn du sehr redaktionell arbeitest – und in diesem Fall kannst du dich auch auf das Presserecht berufen, wie du in Kapitel 1, »Deine Grundhaltung: Wie journalistisch soll dein Content sein?«, erfahren hast.

Manchmal passiert es, dass eine Person sehr freizügig erzählt und hinterher aber nichts davon lesen oder sehen möchte. »Das kommt aber nicht in die Zeitung, oder?«, rief mir zum Beispiel ein Mann bei einer Straßenumfrage hinterher, nachdem wir uns 20 Minuten unterhalten hatten, er mir seinen Namen buchstabiert hatte und ich mehrere Fotos von ihm gemacht hatte. Bei eher banalen Aussagen wie einer Straßenumfrage ist das natürlich ärgerlich. Seine Aussage war ohne seinen Namen und das Foto wertlos. Aber oft sind Gespräche, aus denen nicht zitiert werden darf, trotzdem wertvoll. Wenn dir jemand im Anschluss sagt, dass etwas »nur als Hintergrundgespräch gedacht war«, kannst du es auch genauso behandeln. Du hast neue Informationen für deine weitere Recherche gesammelt und musst nun jemand anderen finden, der sie dir öffentlich bestätigt oder dementiert.

Das Wichtigste in Kürze

Recherchegespräche werden geführt, um Informationen oder Zitate zu sammeln – sie werden nicht in ihrer Gänze im Content verwendet. Es sind zumeist Gespräche, in denen du der Wahrheit besonders nahekommst, weil sie von Mensch zu Mensch und im Normalfall ohne laufende Kamera stattfinden. Starte vorbereitet in diese Gespräche und versuche, möglichst viel zu deinen Fragen herauszufinden – selbst dann, wenn du nicht alles verwenden kannst oder darfst. Wenn du direkt zitieren möchtest, nimm die Aussagen entweder im Anschluss ans Recherchegespräch auf oder kläre ab, ob du die Person mit diesem Wortlaut zitieren darfst, damit keine Missverständnisse entstehen.

4.4 Erleben statt erzählen: Wie kannst du deine Community mitnehmen?

Deine Beobachtungen machen deine Recherche rund und deinen Content interessant. Wie bereits in Abschnitt 1.3, »Geh weg vom Schreibtisch und nimm mich mit!«, erwähnt, gewinnen deine Inhalte, wenn du dich fragst: **Wenn ich das jetzt nicht einfach nur sagen, sondern zeigen will – wo müsste ich hingehen?**

Wenn du als Content Creator*in schon länger in einem Thema unterwegs bist, weißt du, wo du dazu filmen oder beobachten möchtest. Die Quellen, die du durchforstet hast, und die Gesprächspartner*innen, die dir Fragen beantwortet haben, können ebenfalls wertvolle Hinweise geben.

Und wie viel spannender wird zum Beispiel ein Zitat einer Person, das an ihrem Arbeitsort aufgenommen wird, wo sie dir gleich zeigen kann, wovon sie spricht. Ich erinnere an das fiktive Interview zur neuen Druckgussmaschine. Sie kann im Hintergrund rattern, während die Person spricht. Wenn du nicht beides gleichzeitig aufs Bild bekommst, sammelst du vor oder nach dem Gespräch Bilder von Teilchen, die über das Fließband gleiten, und blendest diese im Video dann ein, während die Person spricht.

Mitnehmen leicht gemacht – Footage und Zitate

Ein Trend bei Instagram-Reels zeigt die absolute Minimalversion vom »Mitnehmen ins Geschehen«. Dabei nimmt man Alltagsszenen auf – man sieht zum Beispiel einen Menschen einfach am Computer sitzen und mit der Maus herumklicken. Und dann legt man mit Text eine Weisheit, einen Tipp oder ein Zitat darüber, ein Beispiel siehst du in Abbildung 4.6. Im Idealfall ist es ein Zitat der Person, die im Hintergrund zu sehen ist, oder etwas, was mit der Handlung im Hintergrund zu tun hat. Alles andere wäre verwirrend oder führt gar zur Text-Bild-Schere (siehe Kapitel 7, »Bilder, die begeistern – Tricks aus der TV- und Bildredaktion für deinen Content«). Selbst wenn nur wenige Bewegungen am Schreibtisch zu sehen sind, wirkt dies bewegte Bild doch stärker als ein Foto oder ein isoliertes Zitat auf farbigem Hintergrund. Weil es mehr zu entdecken gibt und ich das Gefühl habe, ich werde mitgenommen an den Ort, wo dieser Gedanke oder dieses Zitat entstanden ist. Wie ordentlich ist es dort? Was kann ich alles entdecken? Es lohnt sich also für Creator, Szenen, die etwas illustrieren könnten, was du tust, auch einfach mal auf Verdacht aufzunehmen und in der Camera-Roll zu speichern. Das ist deine Footage für einfache Reels.

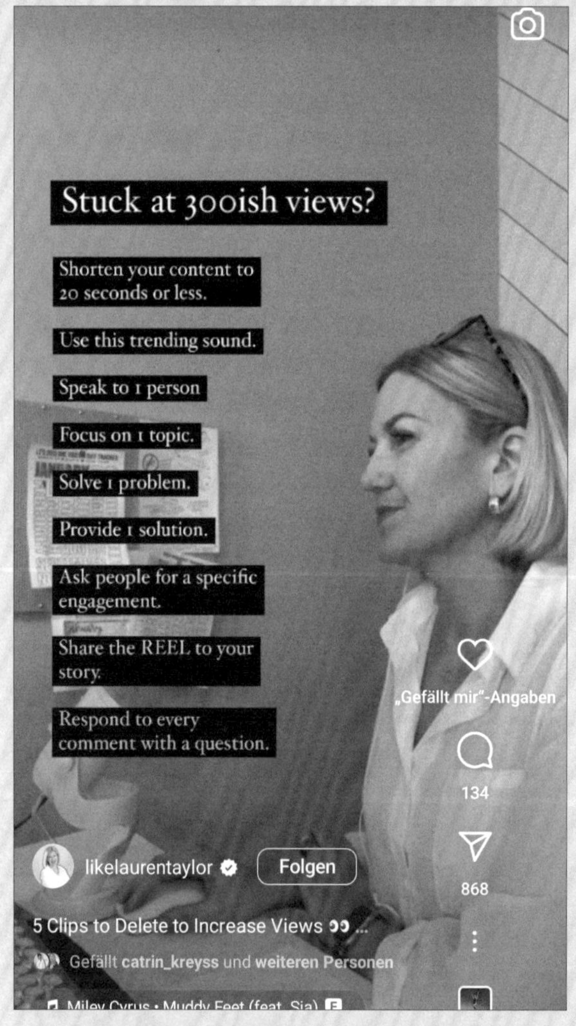

Abbildung 4.6 Für ein bisschen Mitnehmen reicht manchmal schon die Alltagsaufnahme am Schreibtisch.[6]

6 *www.instagram.com/likelaurentaylor/*

Wenn du Beobachtungen vor Ort sammelst, ist es hilfreich, dass du nicht als Beobachter wahrgenommen wirst. Nur so sind die Beobachtungen, die du sammelst, auch authentisch. Wenn du außerhalb deines Unternehmens drehst oder Fotos machst, brauchst du theoretisch eine Genehmigung jeder einzelnen Person, die zu sehen ist – eine Ausnahme sind öffentliche Veranstaltungen, wo die Personen als Gesamtheit zu sehen sind. Und auch mit Drehgenehmigung gilt: Je länger du vor Ort bist und je unauffälliger du dich verhältst, umso authentischer sind die Bilder, die du sammeln wirst.

Egal, ob du Alltagsbeobachtungen sammelst oder bei einer Veranstaltung vor Ort bist: Halte die Augen offen nach Details, die entweder stellvertretend für eine Geschichte stehen könnten oder die zumindest spannende Bilder hergeben könnten (mehr dazu in Abschnitt 7.2, »Geschichten in bewegten Bildern erzählen«). Beachte dabei unbedingt das Recht am eigenen Bild. Und natürlich auch die Privatsphäre. Du kannst nicht einfach Personen beobachten und ihr Verhalten oder ihre Gespräche veröffentlichen ohne ihr Einverständnis. Außer du betreibst zufällig einen politischen Blog, sitzt neben Donald Trump und hörst ihn mit veruntreuten Spendengeldern prahlen – dann kannst du dich auf das öffentliche Interesse berufen (mehr zur Privatsphäre und dem Pressekodex in Kapitel 1, »Deine Grundhaltung: Wie journalistisch soll dein Content sein?«).

Besonders spannend sind Geschichten, die ich als Zuseherin mit dem Content Creator erleben kann – wenn er zum Beispiel auf einen Marathon trainiert und mich dann via GoPro-Kamera mit über die Ziellinie nimmt und seine Gefühle und Beobachtungen direkt mit mir teilt. Diese Selbstversuch-Geschichten kommen online gut an. Besonders mutige Creator*innen erzählen die Geschichte nicht erst im Nachhinein, was dem klassischen Storytelling entspricht, sondern dokumentieren ihren Prozess von Anfang an – ohne zu wissen, was am Ende dabei herauskommen wird.

Und zu guter Letzt kannst du Beobachtungen, die du zwar in der Vergangenheit gemacht hast, oder Gespräche, die du mit deinen Kundinnen geführt hast, aber nicht direkt teilen darfst, natürlich auch inszenieren. Indem du zum Beispiel ein Gespräch mit dir selbst führst und sich deine Zuseher in einer der Rollen wiedererkennen können. So kannst du das, was du über deine Wunschkundin recherchiert hast, ebenfalls in Content umwandeln. Auf diese fiktiven Dialoge bin ich bereits in Abschnitt 2.1, »Relevanz ermitteln: Inwiefern ist das neu, wichtig, interessant?«, eingegangen.

Das Wichtigste in Kürze

Deine Beobachtungen sind ein wichtiger Teil deiner Recherche. Egal, ob du etwas an deiner Wunschkundin beobachtest und neu inszenierst oder ob du vor Ort etwas erleben und die Menschen mitnehmen kannst. Bewegung und Bilder sind mächtig. Sie wecken unsere Aufmerksamkeit und erzeugen Emotionen. Sie zu sammeln, ist daher wichtiger Teil deiner Recherche für überzeugenden Content.

Kapitel 5
Journalistische Textkniffe, die deinen Content verbessern

Trend zum Video hin oder her: Ob dein Inhalt von deiner Community verschlungen oder ignoriert wird, hängt davon ab, mit welchen Worten du ihn präsentierst. Den geschriebenen und den gesprochenen.

Am Anfang war das Wort. Egal, ob du ein Video drehst, einen Karussell-Post gestaltest oder einen Podcast einsprechen wirst – die Grundlage ist immer der Text. Wenn du nicht gerade Comedian bist und aus dem Stand heraus unterhaltsam sein kannst oder gar erleuchtet bist und schon deine pure Präsenz ausreicht, um die Menschen an ihren Bildschirm zu fesseln, wirst du zunächst notieren wollen, welche Inhalte du vorträgst, und dir Gedanken darüber machen, mit welchen Worten und in welcher Reihenfolge du sie präsentierst. Du nutzt also Text.

Das bedeutet, egal, welche Art von Content du produzierst: Du profitierst davon, wenn du verstehst, wie du Texte so gestaltest, dass sie fesseln. Deshalb beginne ich die Kapitel zur konkreten Gestaltung von Content auch mit diesem Thema und räume dem Text viel Platz ein.

Wir starten mit den Headlines. Der Königsdisziplin. Denn die ersten Worte entscheiden darüber, ob Menschen bereit sind, sich mit deinen Inhalten auseinanderzusetzen. Nicht umsonst gibt es bei vielen Medien ganze Konferenzen, die sich nur mit den Überschriften befassen. In den Titelkonferenzen kommen alle Redakteur*innen noch einmal zusammen, wenn die Inhalte bereits feststehen. Sie brainstormen und spielen mit Worten, bis jede Headline sitzt und den Inhalt gut verkauft. Das macht Spaß – und lohnt sich für dich als Content Creatorin ganz besonders, da deine Headline meist prominent auf dem Bild oder Video steht und sich im Idealfall mit den weiteren Kurztexten auf den Bildern oder im Posting-Text zu einem Gesamtkunstwerk ergänzt.

Dann gehen wir über zu Einstiegen und Kurztexten wie Teasern. Wie schaffst du es, Wesentliches gleich an den Beginn zu stellen und trotzdem noch einen Leseanreiz zu schaffen?

Du lernst, wie emotionales Storytelling durch den Content führt. Und das, obwohl Geschichten auf Social Media auf das Wesentliche reduziert sind. Du lernst auch, welche Gliederungselemente deine Inhalte übersichtlich machen und dafür sorgen, dass die Menschen bis zum Schluss dranbleiben.

Diese klare Gliederung und der Blick für Headlines helfen dir schließlich auch dabei, aus einem Long-Content-Stück wie einem Podcast, Video oder Blogartikel viele kleinere Content-Happen für Social Media zu erstellen.

Am Anfang war das Wort. Und das Wort war beim Creator. Also mach dich bereit, mit deinen Texten zu begeistern.

5.1 In Schlagzeilen denken und Headlines texten

Deine Headline oder dein Titel ist der erste Textberührungspunkt – die Pforte, die darüber entscheidet, ob Menschen sich weiterhin mit deinem Content beschäftigen. Es sind die ersten Worte, welche die Menschen sehen, und dank ihnen sollten sie SOFORT erkennen, ob es sich für sie lohnt zu bleiben oder ob sie lieber weiterscrollen.

Und viel zu oft sind diese wichtigen Worte nicht bewusst getextet. Gestern habe ich eine Stunde lang durch meinen Instagram-Feed gescrollt und ich war erstaunt, wie wenige Creator*innen in Headlines denken. Auf vielen Bildern und Videos war entweder gar kein Text zu sehen oder einfach der Untertitel des Videos, der mit den Worten »Hallo, ich bin …« anfing. Manchmal stand da nur das Thema in Substantiven ohne jeglichen Leseanreiz, wie zum Beispiel »Vorbereitung und Bestandsaufnahme«. Von was? Und warum sollten mich diese trockenen Themen interessieren? Seinen Headlines keine Liebe zu widmen, ist verschenktes Potenzial und du kannst dich von deinen Mitbewerberinnen abheben, indem du gute Titel schreibst.

An dieser Stelle möchte ich zunächst einmal klären, welcher Text bei verschiedenen Content-Stücken als Titel gilt. Dein Titel ist immer der Text, der am größten geschrieben ist und daher das Auge als Erstes anzieht. Bei Videos und Bildern auf Instagram, Facebook, TikTok und anderen sozialen Netzwerken steht der Titel also für gewöhnlich auf dem Creative – also dem ersten Bild oder Video, das ich sehe, wenn ich vorbeiscrolle. Damit ergibt sich automatisch auch eine Zeichenbegrenzung – ein Titel umfasst meist nur wenige kurze Worte, damit ich ihn schnell erfassen kann.

Braucht jedes Content-Stück einen Titel auf dem Creative?

Wenn wir uns an die Anfänge von Instagram oder Pinterest erinnern, ist die Frage gerechtfertigt: Muss heute wirklich auf jedem Content-Stück ein Titel stehen? Viele Netzwerke wurden doch zunächst erstellt, um Bilder bzw. Fotos zu teilen – und sagt ein Bild nicht mehr als tausend Worte? Der visuelle Eindruck ist der Grund, warum dein Daumen beim Scrollen stoppt. Aber die Headline auf dem Bild gibt dir den Grund in den Text oder das Video einzusteigen. Deshalb funktionieren Bilder ohne Titel nur selten. Wer ohne Titel berühren will, muss ein Foto, eine Grafik oder die erste Einstellung im Video so auswählen, dass diese stark emotional berührt oder irritiert. Funktionieren kann das bei sehr visuellen Inhalten wie Tierbabys, Modestrecken oder auch künstlerischen Bildern. Hier übernimmt die erste Zeile der Caption, also der Post-Beschreibung, die Funktion der Headline. Und doch ist das kein adäquater Ersatz für den Titel auf dem Creative: Bilder ohne Titel werden oft nur geliked– nicht etwa kommentiert. Hier wird also eher eine schnelle Bestätigung für die Ästhetik abgefragt oder der »Jöh«-Moment. Eine inhaltliche Auseinandersetzung mit dem Content findet hingegen selten statt.

Zugleich ist der Titel bei Videos, Podcasts und Blogartikeln sowie Pinterest-Pins natürlich auch das, was du in das Feld »Headline« oder »Titel« eintippst. Diese Systemtitel sind allerdings in der Übersicht der Pins und Videos wenn überhaupt nur sehr klein zu sehen und spielen daher eine untergeordnete Rolle in der Wahrnehmung – dafür aber eine wichtige Rolle bei der Suchmaschinenoptimierung mit Keywords. Ein Beispiel für die Darstellung bei Pinterest siehst du in Abbildung 5.1. Viele Creator*innen wiederholen die Headline auf dem Bild noch einmal im Systemtitel. Das ist sinnvoll, wenn dieser Titel auch Keywords enthält – weniger, wenn eine emotionale Headline ohne wichtige Schlagworte gewählt wurde.

Abbildung 5.1 Was du ins Pinterest-Titelfeld eingibst, wird in der Pin-Übersicht klein unter dem Bild angezeigt. Der Titel auf dem Bild ist wichtig.

Ein guter Titel braucht seine Zeit. Es lohnt sich, diesen erst am Schluss deiner Content-Produktion zu formulieren, wenn du dein Content-Stück gut kennst und du das Wichtigste mit Leichtigkeit herausgreifen kannst. Nimm dir hier wirklich Zeit und gib dich nicht mit dem ersten Einfall und der ersten Formulierung zufrieden. Tatsächlich gibt es meiner Meinung nach keine Stelle im Content-Prozess, an der du sorgfältiger und bewusster vorgehen solltest als bei der Formulierung deines Titels.

Warum ein guter Titel Zeit braucht, wird deutlich, wenn man sich überlegt, was er in wenigen Worten alles leisten muss.

Ein Titel sollte:

1. das Thema benennen.
2. die Neugier wecken, weiter zu lesen/schauen.
3. zeigen, welche Art von Inhalt mich hier erwartet.

Wenn alle drei Punkte erfüllt sind, hast du deine gute Headline gefunden (siehe Abbildung 5.2).

Abbildung 5.2 Was eine wirksame Headline leisten muss.

Für Punkt 1 kannst du viel von Journalist*innen lernen. Punkt 2 haben Copywriter perfektioniert. Wobei die Grenzen mehr und mehr verschwimmen. Der Medienprofessor Jürg Häusermann schrieb noch 2005:

> *Wenn es einfache Werbetexte wären, würden sie [die Überschriften] sagen: Das ist ein wichtiger Text; lesen Sie ihn. Journalistische Überschriften dagegen nennen das Ereignis oder den Sachverhalt, um den es im Text geht. Das erschwert die Werbefunktion. Man kann den Text in der Überschrift nicht über seine Qualitäten verkaufen, sondern nur über seinen Inhalt.*[1]

Zugleich betont Häusermann aber auch, dass die Besonderheit des Inhalts ebenfalls in der Überschrift erkennbar sein muss. Ist das nicht auch bereits ein Hinweis darauf, warum es sich lohnt, den Artikel zu lesen? Eine Art, den Text anzupreisen? Gerade online ist es wichtig, dass die Community beides auf einen Blick erkennt:

- Worum geht es hier?
- Und warum lohnt es sich für mich, das zu lesen?

1 Jürg Häusermann: Journalistisches Texten. UVK, 2005, Seite 172

Welche Arten von Headlines dir dabei helfen, beides abzudecken, schauen wir gleich vertieft an.

Um Punkt 3 zu erfüllen, also auch zu zeigen, welche Art von Inhalt deine Community erwartet, solltest du vor allem darauf achten, dass die Überschrift stilistisch zum Content-Stück passt. Du steuerst die Erwartung der Leserinnen und Leser an deinen Inhalt durch die Überschrift. Unter dem Titel »7 kinderleichte SEO-Tipps, damit dein Blogartikel bei Google besser gefunden wird« erwarte ich zum Beispiel einen Text, der in sieben Abschnitte gegliedert und daher auch leicht für mich zu scannen ist, damit ich nicht den ganzen Text lesen muss, sondern mir Tipps herausgreifen kann, die ich noch nicht kenne. Dass das Adjektiv »kinderleicht« verwendet wurde, lässt mich vermuten, dass hier alles in verständlicher und vielleicht sogar etwas verspielter Form erklärt wird, sodass ich es ohne Vorwissen verstehen werde. Ich erwarte zudem ein Content-Piece in dem die Meinung des Autors eher nebensächlich ist.

Ganz anders wäre es, wenn dort stehen würde »Heute entkräfte ich 7 SEO-Mythen, die dein Google-Ranking zerstören«. Hier erwarte ich zwar noch immer eine Gliederung in sieben Punkte, aber sonst eher einen meinungsstarken und mit Erfahrungen belegten Text. Der Autor wird wohl ein gewisses Vorwissen voraussetzen. Denn wenn ich mich noch nie mit Suchmaschinenoptimierung beschäftigt habe, weiß ich weder, was ein Ranking ist, noch interessiere ich mich dafür, was ich bisher wohl falsch gemacht habe.

Neben dem Tonfall und der Wortwahl gibt es natürlich noch eine offensichtlichere Art, der Community zu sagen, welche Art von Inhalt sie erwartet: Man nennt das Format oder die Kategorie, in die dieser Inhalt fällt. Wenn über den sieben soeben erwähnten SEO-Tipps der Zusatz »Live Video« steht, weiß ich als Zuschauerin: Ich muss mehr Zeit einplanen und kann nicht einfach zu dem Tipp springen, der für mich gerade wichtig ist.

Die gute Nachricht lautet: Du hast nicht nur die Headline, um alle drei Funktionen zu erfüllen. Tatsächlich wäre das häufig gar nicht möglich, weil du hier in der Anzahl der Worte und Zeichen stark beschränkt bist – die Worte sollen ja mit einem Blick erfasst werden können. Auf deinem Bild oder Video hast du fast immer die Möglichkeit, zu zwei Hilfskonstruktionen zu greifen: einen zweiten Titel als Untertitel und/oder zu einer Dachzeile.

Für den Untertitel wählst du für gewöhnlich eine kleinere Schriftart und hast somit auch etwas mehr Platz, um ergänzende Details hinzuzufügen. Die Kombination aus Headline und Untertitel erlaubt dir zum Beispiel, dass du in der Headline eine bemerkenswerte Aussage oder ein konkretes Bild herausgreifst und die Neugier weckst. Die Unterzeile ordnet dann ein und erklärt, um welchen größeren Themenkomplex es hier eigentlich geht.

Auch die so genannte Dachzeile ist beliebt – das ist eine Zeile über der Headline, die zum Beispiel das Format des Contents nennt, den Ort (bei lokalen Inhalten nützlich) oder auch die Themenkategorie, zu der dieser Inhalt gehört. Die Dachzeile erfüllt also oft die Funktion »Zeige mir, welche Art von Inhalt mich erwartet«. Dafür braucht es manchmal gar keinen Text. Ein Play-Button zeigt mir zum Beispiel, dass hier ein Video auf mich wartet, eine Audiowelle auf dem Bild könnte ein Hinweis auf einen Podcast sein. In Abbildung 5.3 siehst du eine mögliche Kombination von Headline, Unterzeile und Dachzeile.

Abbildung 5.3 Deine Headline wird gestützt von Dachzeile und Unterzeile, sodass alle relevanten Informationen unterkommen. Grafik: Canva

In diesem Beispiel nennt die Dachzeile das Format des Contents – hier ein Live-Interview. Erfahrene Social-Media-Nutzer*innen wissen dann zum Beispiel schon, ob sie mehr Zeit einplanen oder es auch nebenher hören können.

Die wichtigste Aufgabe deiner Content-Headline ist es, neugierig zu machen. Je nachdem, was du in die Headline packst, wird dein Untertitel eine andere Aufgabe erfüllen und die Headline ergänzen. Im Folgenden möchte ich dir die häufigsten Headline-Arten nennen und Hinweise geben, was du bei der Kombination mit Unter- oder Dachzeilen beachten solltest.

- In der Headline steht die **Hauptaussage/Botschaft** des Content-Stücks. Je klarer du dein Content-Stück auf einen Gedanken/eine Aussage reduzierst, umso leichter wird es dir fallen, diese auch in die Headline zu packen. Überschriften, die die Hauptaussagen erfassen, klingen zum Beispiel so: »Hashtags zu recherchieren, lohnt sich nicht mehr« oder auch »Unfälle im Haushalt lassen sich leicht verhindern«. Wie du die Hauptbotschaft findest, siehst du weiter unten im Kasten »Das

Küchenzurufprinzip«. Wenn du die Hauptbotschaft als Headline wählst, gibt es eine Gefahr: Wer solche Überschriften liest, könnte denken, dass er jetzt schon alles weiß. Headlines mit der Hauptaussage funktionieren also dann besonders gut, wenn diese streitbar oder überraschend ist. Wenn man als Leserin sofort mehr wissen möchte. Hier zum Beispiel: »Was? Warum sollen Hashtags plötzlich nicht mehr wichtig sein?« bzw. »Wie lassen sich die Haushaltsunfälle denn verhindern?« Wenn die Aussage hingegen selbsterklärend und wenig überraschend ist, ist das ein ziemlich schlechtes Zeichen, was die Relevanz deines Contents angeht. Erfüllt er die Kriterien »neu, wichtig oder interessant« aus Abschnitt 2.1, »Relevanz ermitteln: Inwiefern ist das neu, wichtig, interessant?«? Wenn ja, sollte eigentlich auch deine Hauptaussage spannend sein. Du kannst bei selbsterklärenden Headlines die Unterzeile nutzen, um mich auf einen anderen Aspekt oder den Nutzen des Themas neugierig zu machen. Ein Beispiel: »Headline: 55 Prozent der Schulkinder haben einen zu schweren Schulranzen. Unterzeile: Wie du herausfindest, ob dein Kind auch dazu gehört.«

- In der Headline kommunizierst du, was der **Nutzen** dieses Content-Stücks für deine Community ist. Was lernen sie? Was werden sie hinterher anders machen oder nicht mehr tun? Warum lohnt es sich für sie einzusteigen? Headlines, die den Nutzen in den Fokus stellen, klingen so: »Mit diesen 10 Tipps gelingt es dir, endlich Geld zu sparen«. Oder auch so: »Wie du Streit in der Familie verhinderst« Nutzen-Headlines brauchen oft keine Unterzeile mehr. Eine Dachzeile, die der Community Aufschluss darüber gibt, aus welchem Bereich die Lösung kommt, kann aber hilfreich sein. Zum Beispiel bei Thema 1 »Haushaltskasse« oder bei Thema 2 »Gewaltfreie Kommunikation«.
- Die Headline als **Frage**. Mit der Frage solltest du in Headlines sparsam umgehen. Greifen wir noch einmal die Beispielüberschriften von eben auf. Hätten wir hier Fragen-Headlines verwendet, würde das so klingen: »Wie gelingt es dir, Geld zu sparen?« oder »Wie verhinderst du Streit in der Familie?« Beide Überschriften verraten mir nicht, ob ich im Content-Stück auch die Antwort auf meine Frage erwarten darf. Ich empfehle dir deshalb, Fragen nur dann als Headline zu verwenden, wenn das Thema tatsächlich streitbar ist. Nicht aber, wenn du die Frage beantwortest – dann greife lieber zu einer Nutzen-Headline. Gerechtfertigt sind Fragen-Headlines bei Themen, die noch nicht endgültig geklärt sind. Zum Beispiel: »Was wissen wir über das neue Virus?« für eine Zusammenfassung über bekannte Fakten und offene Fragen. Die Fragen-Headline ist darüber hinaus bei Interviews sinnvoll – weil ich hier davon ausgehen kann, dass mir die interviewte Person die Frage beantworten wird. Damit das klar wird, solltest du auch den Namen der Person hinzufügen und bestenfalls ein Foto. Die Dachzeile »Interview« räumt dann jeden Zweifel aus. Ein Beispiel wäre folgende Interviewüberschrift: »Herr Spitzer, sind Computerspiele schlecht für junge Gehirne?«

- Die **Besonderheiten**-Headline: Gerade bei längeren Content-Stücken wird es dir vielleicht schwerfallen, dich auf eine klare Botschaft oder einen Nutzen zu beschränken. Dann greife einfach eine Sache heraus, die besonders, überraschend und vor allem konkret ist. Sodass direkt ein Bild im Kopf deines Gegenübers entsteht. Zum Beispiel so: »Headline: Warum Geldscheine in der Matratze doch keine schlechte Idee sind. Unterzeile: 10 Tipps, wie du endlich zu sparen beginnst«. Oder auch: »Headline: Die Walnuss sieht nicht zufällig wie ein Gehirn aus. Unterzeile: Diese Lebensmittel machen schlau.« Wie du siehst, habe ich auch Unterzeilen mit vorgeschlagen. Denn eine Headline, die das Besondere herausgreift, macht zwar neugierig und weckt Emotionen – aber es fehlt die zentrale Information, nämlich worum es allgemein in diesem Content-Stück gehen wird. Hier muss die Unterzeile oder auch eine Dachzeile unbedingt einordnen.
- Das **Zitat** als Headline ist eine Spielform der Hauptaussage-Headline bzw. der Besonderheiten-Headline. Wenn kein Urheber für das Zitat genannt wird, wird deine Community davon ausgehen, dass hier der Content Creator bzw. das Unternehmen, für das er spricht, zitiert wird. Wenn andere zitiert werden, also bei Interviews, einer Expert*innen-Meinung, Stimmen von Kunden oder Betroffenen, ist es essenziell, den Urheber des Zitates zu nennen. Ein Beispiel dafür ist mein fiktives Beispiel aus Abbildung 5.3, wo Lara Mustermann zitiert wird mit den Worten »Viele springen zu früh in die Selbständigkeit«. Wie du siehst, wird hier die Urheberin des Zitates in der Unterzeile genannt. Du kannst die Person auch in der Headline nennen und mit Doppelpunkten arbeiten. Dabei solltest du dich allerdings fragen, ob der Name der Person wichtiger ist oder ihre Funktion. In meinem Beispiel wäre »Lara Mustermann: ›Viele springen zu früh in die Selbständigkeit‹« vermutlich nicht sehr aussagekräftig. Wer ist schon diese Frau Mustermann, dass sie so etwas behaupten kann? Die Headline »Berufsberaterin: ›Viele springen zu früh in die Selbständigkeit‹« funktioniert besser. Und vergiss nicht: Dein Zitat ist nicht beliebig gewählt. Du solltest immer entweder die Hauptaussage des Textes oder eine Besonderheit herausgreifen.

Küchenzuruf: Finde die Essenz!

Wenn du die Hauptaussage oder das Besondere eines Textes herausfiltern möchtest, hilft dir ein Trick, den Journalist*innen regelmäßig anwenden, bevor sie die Headline, Teaser oder andere Kurztexte verfassen: der Küchenzuruf von Stern-Gründer Henri Nannen. Für den Küchenzuruf stellst du dir vor, dass dein Partner oder deine Partnerin in der Küche mit Geschirr klappert, du hast gerade das Content-Stück gelesen oder angeschaut und rufst rüber: »Schatz, hast du schon gehört, dass ...«. Dann fasst du zusammen, was du erfahren hast.

Denk daran: Es ist laut in der Küche und der Partner will seine Tätigkeit nur für das wirklich Wichtige oder Interessante unterbrechen. Wenn du das im Kopf hast, fasst du dich automatisch kurz. Erstaunlicherweise funktioniert der Küchenzuruf tatsächlich besonders gut, wenn du den »Schatz«- oder »Liebling«-Einstieg nicht weglässt. Probiere es aus!

Nachdem ich zu Beginn dieses Kapitels kaum ein gutes Haar an Content-Headlines gelassen habe, möchte ich nun ein paar gute Titel zeigen. Du siehst sie in Abbildung 5.4 und ich beschreibe sie von links nach rechts. Das Bild von Businesscoach Lena Busch kommuniziert klar den Nutzen des Content-Stücks (vor allem durch den Zusatz »So geht's«) und mit den Pfeilen nach rechts und der Anmerkung 1/8 wird auch klar, wie dieser Nutzen kommuniziert wird: auf einem Bilderkarussell mit acht Bildern. Unternehmerin Mareike Awe packt die Botschaft ihres Posts als Headline auf das Titelbild. In Kombination mit dem Foto von ihr ist auch klar, dass diese Aussage ihre eigene ist. Und zuletzt ein Pin von fotografieschmiede.de. Hier wird der Nutzen in die Headline gepackt und um eine Dachzeile ergänzt, die mir zeigt, dass ich hier einen in sieben Teile gegliederten Inhalt erwarten kann – der Pin führt zu einem entsprechenden Blogartikel. Meiner Erfahrung nach sind die Headlines auf Pinterest übrigens meist besser getextet als in anderen Netzwerken – was vielleicht damit zusammenhängt, dass sich die Menschen auf Pinterest mehr Mühe geben, ihre Inhalte über Headlines zu verkaufen. Immerhin fordern sie den Pinterest-Nutzer ja auf, die Plattform zu wechseln, um den Inhalt hinter dem Pin zu sehen.

Abbildung 5.4 Drei Beispiele für gute Headlines: Nutzen, Hauptbotschaft und noch einmal Nutzen.[2]

Nachdem du gesehen hast, wie du die Headline findest und formulierst, möchte ich auf einige häufige Fehler hinweisen, die deiner Headline die Kraft rauben können.

2 Lena Busch: *www.linkedin.com/feed/update/urn:li:activity:7056225485227225088/*, Dr. med Mareike Awe, *www.linkedin.com/feed/update/urn:li:activity:7053616178144956416/*, Fotografenschmiede.de: *www.pinterest.ch/pin/1088323066180805924/*

Überprüfe deine Headline am besten vor der Veröffentlichung noch einmal auf folgende Punkte:

- Hat deine Headline ein Verb? »Tag des Buches« ist keine gute Headline, weil sie mir nur das Thema nennt, aber nicht sagt, was denn am Tag des Buches passiert. »Meine Tipps zum Tag des Buches« ist ebenfalls recht schwammig. Geht's hier um Bücher oder Lesesessel? »Was du am Tag des Buches lesen solltest« ist hingegen klar. Hier ist passiert, was fast immer passiert: Ein Verb schafft Klarheit.
- Steht dein Verb im Infinitiv? Dann vermeidest du höchstwahrscheinlich zu sagen, wer hier etwas tut oder tun sollte. »Sorgenfrei programmieren« ist sehr viel weniger direkt als »Wie du sorgenfrei programmierst«.
- Könnte deine Überschrift über vielen deiner Content-Stücke stehen? Dann ist sie zu wenig spezifisch. Wer anfängt, mit Headlines zu spielen, tappt oft in die Sprichwörter- und Redensarten-Falle. »Ich hatte Glück im Unglück« sagt als Überschrift nicht das Geringste darüber aus, warum ich mir diesen Content zu Gemüte führen sollte. »Wie mir meine Krebserkrankung das Leben rettete« klingt hingegen nach einer spannenden Geschichte. Ich weiß, worum es geht, und werde zugleich neugierig gemacht.

Und zum Schluss noch eine Warnung: Wenn du mehr Sorgfalt in deine Headline steckst, kann es sein, dass du Sprachspiele mit einbringen oder besonders kreativ sein möchtest. Achte bitte darauf, dass deine Spielereien nie auf Kosten der Verständlichkeit gehen. Ein kurzer Gegencheck bei einer Person, die das Content-Stück nicht kennt, »Was erwartest du, wenn du das liest?«, ist Gold wert. Dass deine Headline leicht verständlich ist, ist wichtiger, als dass sie kurz, witzig oder gar poetisch ist.

KI-TIPP: Inspiration für deine Headlines von ChatGPT

Wenn dein Text nicht allzu lang ist, kannst du ihn direkt in das Eingabefeld von ChatGPT kopieren und die KI bitten, 10 oder gar 20 Überschriftenempfehlungen zu geben. Die Zeichenbeschränkung liegt für die kostenlose Variante der KI derzeit bei 4096 Zeichen pro Eingabe, in der bezahlten Plus-Variante bei 10.000 Zeichen. Die Überschriften werden noch besser zu deinem Text passen, wenn du ChatGPT mitteilst, welcher Tonfall dir wichtig ist, welche Personen den Text lesen sollen oder welcher Aspekt des Textes in der Headline besonders berücksichtigt werden soll. Ich würde dir für deinen Workflow empfehlen: Such erst einmal ein paar eigene Ideen und notiere diese. Dieser erste Schritt ist wichtig, weil er zeigt, ob dein Content schon so klar ist, dass du selbst bewerten kannst, wo die Hauptaussagen liegen. Das wird dir auch dabei helfen, die Vorschläge der KI einzuordnen und nach ihrer Tauglichkeit zu bewerten. Dann spiele mit ChatGPT, um vielleicht noch einmal auf neue Formulierungen und Ideen zu kommen. Du kannst ChatGPT auch deine zuvor selbst gesuchten Headlines geben und die KI einfach nur bitten: »Finde neue Formulierungen für diese Überschriften.« Das ist besonders dann hilfreich, wenn dein Text zu lang für das Eingabefeld ist. Wähle anschließend deine liebsten Vorschläge aus deinen beiden Varianten und überprüfe sie anhand der Regeln, die du in diesem Abschnitt über gute Headlines gelernt hast. Fassen sie die wichtigste Botschaft oder die spannendste Besonderheit deines Textes gut zusammen? In Abbildung 5.5 siehst du einen Ausschnitt der Vorschläge von ChatGPT für die Zusammenfassung der folgenden »Das Wichtigste in Kürze«-Box.

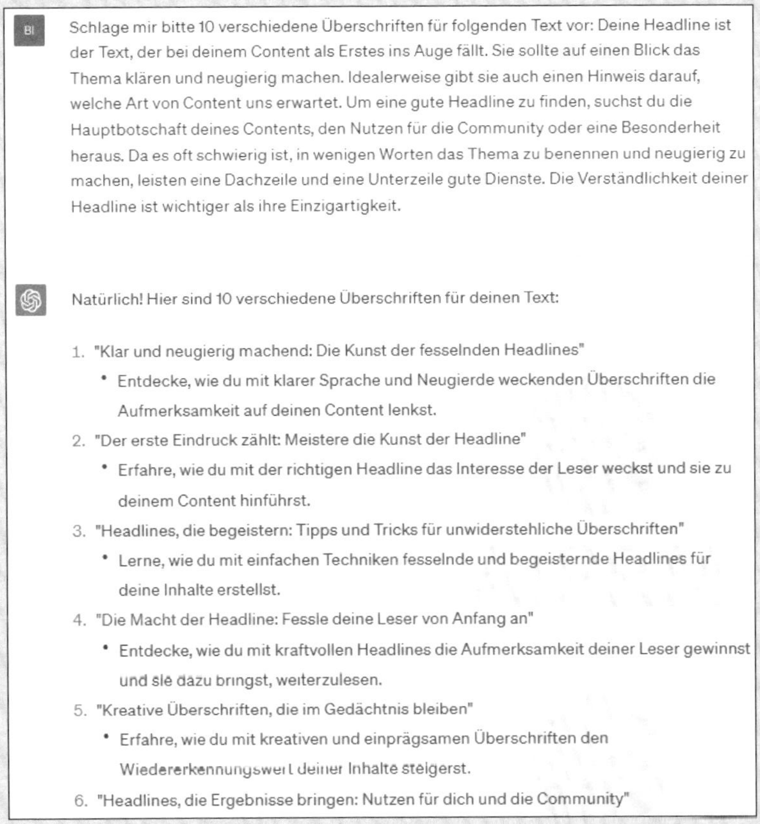

5

Schlage mir bitte 10 verschiedene Überschriften für folgenden Text vor: Deine Headline ist der Text, der bei deinem Content als Erstes ins Auge fällt. Sie sollte auf einen Blick das Thema klären und neugierig machen. Idealerweise gibt sie auch einen Hinweis darauf, welche Art von Content uns erwartet. Um eine gute Headline zu finden, suchst du die Hauptbotschaft deines Contents, den Nutzen für die Community oder eine Besonderheit heraus. Da es oft schwierig ist, in wenigen Worten das Thema zu benennen und neugierig zu machen, leisten eine Dachzeile und eine Unterzeile gute Dienste. Die Verständlichkeit deiner Headline ist wichtiger als ihre Einzigartigkeit.

Natürlich! Hier sind 10 verschiedene Überschriften für deinen Text:

1. "Klar und neugierig machend: Die Kunst der fesselnden Headlines"
   - Entdecke, wie du mit klarer Sprache und Neugierde weckenden Überschriften die Aufmerksamkeit auf deinen Content lenkst.
2. "Der erste Eindruck zählt: Meistere die Kunst der Headline"
   - Erfahre, wie du mit der richtigen Headline das Interesse der Leser weckst und sie zu deinem Content hinführst.
3. "Headlines, die begeistern: Tipps und Tricks für unwiderstehliche Überschriften"
   - Lerne, wie du mit einfachen Techniken fesselnde und begeisternde Headlines für deine Inhalte erstellst.
4. "Die Macht der Headline: Fessle deine Leser von Anfang an"
   - Entdecke, wie du mit kraftvollen Headlines die Aufmerksamkeit deiner Leser gewinnst und sie dazu bringst, weiterzulesen.
5. "Kreative Überschriften, die im Gedächtnis bleiben"
   - Erfahre, wie du mit kreativen und einprägsamen Überschriften den Wiedererkennungswert deiner Inhalte steigerst.
6. "Headlines, die Ergebnisse bringen: Nutzen für dich und die Community"

Abbildung 5.5 Leere im Kopf beim Titeln? ChatGPT und Co können Inspirationen geben.

Das Wichtigste in Kürze

Deine Headline ist der Text, der bei deinem Content als Erstes ins Auge fällt. Sie sollte auf einen Blick das Thema klären und neugierig machen. Idealerweise gibt sie auch einen Hinweis darauf, welche Art von Content uns erwartet. Um eine gute Headline zu finden, suchst du die Hauptbotschaft deines Contents, den Nutzen für die Community oder eine Besonderheit heraus. Da es oft schwierig ist, in wenigen Worten das Thema zu benennen und neugierig zu machen, leisten eine Dachzeile und eine Unterzeile gute Dienste. Die Verständlichkeit deiner Headline ist wichtiger als ihre Einzigartigkeit.

5.2 Von Einstiegen und Teasern – catch me if you can

> *»Über einen mühsamen Einstieg quälen sich Leserinnen und Leser nur, wenn sie wegen des Themas oder der Überschrift die Hoffnung bewahrt haben, dass der Text doch noch interessante Informationen bringt.«*
> *Medienprofessor Jürg Häusermann*[3]

Hast du die Aufmerksamkeit der Community mit deinem Bild und deinen Headlines eingefangen, gilt es, ihr einen weiteren Grund zu geben, um in deinen wertvollen Inhalt einzutauchen. Diesen liefert dein geschriebener oder gesprochener Texteinstieg. Er macht Lust zum Dranblieben und Weiterlesen.

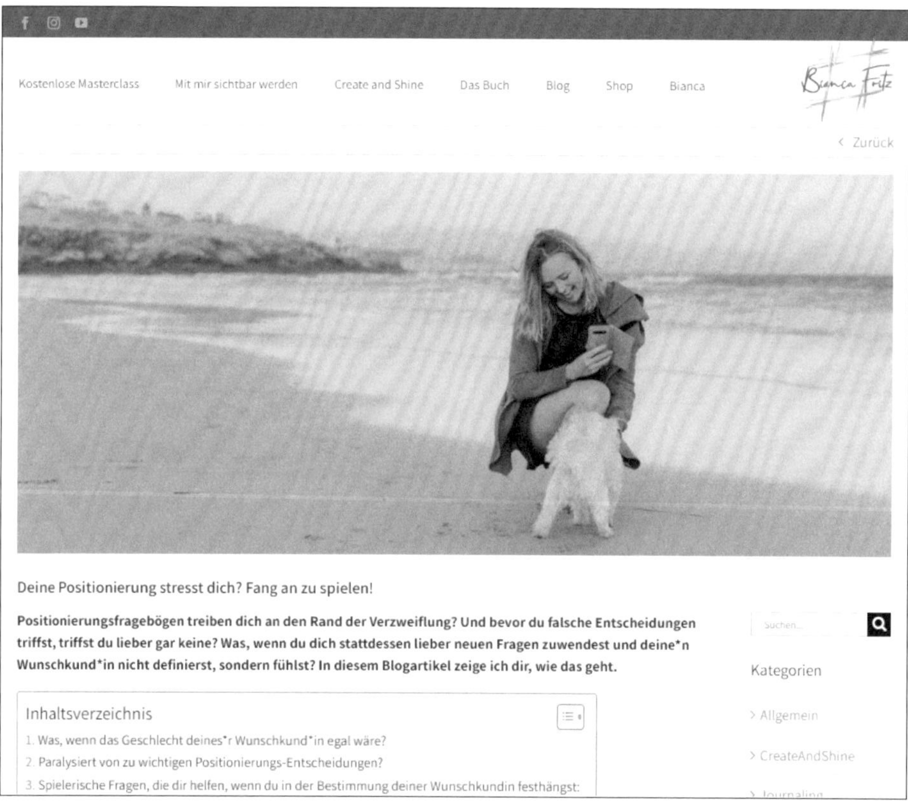

Abbildung 5.6 Der Blogvorspann folgt strengen Vorgaben. Maximal zwei Sätze zum Inhalt. Maximal zwei für den Hook.[4]

Bei den meisten Content-Formen gibt es keinen visuellen oder formalen Unterschied zwischen dem Texteinstieg und dem restlichen Inhaltstext. Dein Text geht einfach

3 Jürg Häusermann: Journalistisches Texten. Sprachliche Grundlagen für professionelles Informieren. UVK, 2005

4 *https://biancafritz.com/deine-positionierung-stresst-dich-fang-an-zu-spielen/*

los. Eine Ausnahme sind Blogartikel, bei denen der erste Absatz fett oder kursiv gestaltet ist. Dann wird der Texteinstieg zum Lead, der auch Vorspann oder Teaser genannt wird. Und dieser folgt relativ strengen formalen Vorgaben. Der **Vorspanneinstieg** ist kurz, er besteht in der Regel aus maximal vier Sätzen. Satz eins bis zwei umreißen das Thema und zeigen dessen Relevanz. Das geschieht zum Beispiel, indem sie die Leserin in ihrer jetzigen Situation abholen, damit sie sofort weiß: Hier geht es um mich. In Beispiel dafür siehst du in meinem Blogartikel in Abbildung 5.6 – dort spreche ich die Leserin direkt an: »Positionierungsfragebögen treiben dich an den Rand der Verzweiflung?«. Ein solcher Vorspann bietet sich an, wenn du einen Blogartikel schreibst, der service- und nutzenorientiert ist.

Eine eher nachrichtenzentrierte Version des Vorspanns beantwortet gleich zu Beginn die wichtigsten W-Fragen. Wir sehen ein Bild und erfahren im Vorspann, wer das ist und was ihr Thema ist: »Stephanie Knaab empört es, dass häusliche Gewalt noch immer ein Tabuthema ist.« (siehe Abbildung 5.7).

Aktuell › Gesellschaft › Stefanie Knaab: Mit ihrer App will sie Frauen in Gewaltbeziehungen unterstützen

STEFANIE KNAAB

Mit ihrer App will sie Frauen in Gewaltbeziehungen unterstützen

Stefanie Knaab hatte die Idee für die App, die vom Bundesinnenministerium gefördert werden soll
© Lisa Schulz/@itsleecee

von Eva Lehnen
26.04.2023, 12:58 · 3 Min.
MERKEN

Stefanie Knaab empört es, dass häusliche Gewalt immer noch ein Tabuthema ist. Sie möchte betroffene Frauen stärken. Mithilfe einer geschützten App soll das klappen.

"Ischen wie du gehören vergewaltigt und verprügelt. Und stattdessen steckt dir der Staat für diese dumme App Geld in den Arsch." Gelassen zi-

MEHR ZUM THEMA

Häusliche Gewalt **Hier bekommst du Hilfe - rund um die Uhr!**

Abbildung 5.7 Zwei Sätze Inhalt für die wichtigsten W-Fragen, ein kurzer Hook. So funktioniert der Vorspann dieses Artikels.[5]

5 *www.brigitte.de/aktuell/gesellschaft/stefanie-knaab--mit-ihrer-app-will-sie-frauen-in-gewaltbeziehungen-unterstuetzen-13512438.html*

Satz drei bis vier im Fettvorspann übernehmen die Funktion eines Hooks, also eines Köders: Sie müssen eine Frage aufwerfen oder den erwarteten Nutzen für den Leser in Aussicht stellen, damit dieser in den weiteren Fließtext einsteigt. Beim gezeigten brigitte.de-Beispiel ist das der Satz: »Mithilfe einer geschützten App soll das klappen.« Hier kommt sofort die Frage auf »Wie denn?« bzw. »Und klappt es auch?« Beide bieten einen starken Leseanreiz. Im Beispiel meines Blogartikels in Abbildung 5.6 schlage ich eine alternative Vorgehensweise für einen Arbeitsprozess vor, den meine Wunschkundinnen überhaupt nicht mögen, und ergänze den Satz: »In diesem Blogartikel zeige ich dir, wie das geht.« Diesen braucht es für mein Sprachverständnis zwar nicht, allerdings gehe ich von skeptischen Leserinnen aus, die schon im Vorspann sicher gehen möchten, dass sie im Artikel auch wirklich die Lösung finden – und dass sie nicht nur auf einen kostenpflichtigen Kurs verwiesen werden.

Ein Vorspanneinstieg bei Blogartikeln fasst also vorneweg wichtige Aspekte des Inhalts zusammen und gibt mit dem Hook einen Grund weiterzulesen. Der so entstandene Teaser kann dann zum Beispiel in Social-Media-Posts weiterverwendet werden, um auf den Blogartikel aufmerksam zu machen. Auch auf der Übersichtsseite aller Blogartikel ergänzt er die Headline und bietet so den Leserinnen Orientierung, wo sich ihr Klick lohnt.

Im Anschluss an den formal klar vorgegebenen Vorspann steht die Autorin von Blogartikeln allerdings vor derselben Frage wie ihre Content-Creator-Kolleginnen auf Instagram und Co, denen kein Vorspann zur Verfügung steht: Sie muss noch immer einen ersten Satz oder ersten Absatz für den eigentlichen Inhalt finden. Und hier hat sie die Wahl zwischen vielen verschiedenen Stilmitteln. Genau das macht die Frage »Wie fang ich bloß an?« so verzwickt.

Bevor ich dir die Stilmittel vorstelle, die Journalisten und Leser lieben, möchte ich dir einen einfachen Praxistipp mitgeben. Für die allermeisten Schreibenden gilt: Dein Einstieg wird dann spannend, wenn du deine ersten geschriebenen Sätze wieder streichst. Denn fast alle brauchen Zeit, sich warm zu schreiben. Und so entstehen langweilige Rausschmeißer-Floskeln wie: »Einmal im Jahr ist es soweit.«, »Gestern habe ich beim Spazieren gehen über etwas nachgedacht.« oder auch »Ich muss euch mal etwas erzählen.« Weg damit! Genauso mit den Sprichwörtern und Redewendungen, die sich gerne an den Textanfang mogeln: »Was lange währt, wird endlich gut« oder »Aller guten Dinge sind drei«. Oft fühlt man sich dabei beim Schreiben sogar noch besonders gewitzt, weil man eine Redensart gefunden hat, die den eigenen Text so gut zusammenfasst. Aber diese Allgemeinplätze sind fad, weil sie unverändert auch über Hunderten anderer Texte stehen könnten. Sie werden nicht umsonst auch Binsenweisheiten genannt.

Wenn du deinen geschriebenen Text untersuchst, ist es recht häufig der zweite oder dritte Satz, der verrät, worum es eigentlich geht, und viele W-Fragen beantwortet. Vielleicht ist das ja bereits dein Texteinstieg, vielleicht musst du weitersuchen oder umformulieren, um einen besonderen Satz zu finden, der die Menschen zum Weiterlesen motiviert.

Du hast bereits im vorangegangenen Abschnitt den Küchenzuruf kennengelernt, der dir dabei hilft, die Essenz eines Textes, also die Hauptaussage, zu finden. Diese hast du im Idealfall bereits in deiner Headline oder deiner Subheadline verarbeitet. Falls du auf einen geschriebenen Titel auf dem Bild/Video verzichtest, ist der erste Satz deines Textes (ob gesprochen oder geschrieben in der Caption) der richtige Ort, um diese Hauptaussage zu verwenden. Dann ist dein Einstieg zugleich auch die Hauptaussagen-Headline und darf auch klingen wie eine Headline. Also merke dir: An einem der drei möglichen Orte – Headline, Unterzeile oder Texteinstieg – muss die Hauptaussage auftauchen, ansonsten gibst du den Leser*innen schlichtweg keinen Grund dranzubleiben.

In Abschnitt 2.2, »Nachricht? Interview oder Reportage? Reel oder Blogartikel? Ein Thema – viele mögliche Formate«, haben wir uns angesehen, warum es wichtig ist, bei Content gleich zur Sache zu kommen. Wir lernen hier vom Nachrichtenjournalismus und stellen das Wichtigste an den Anfang und nicht an den Schluss des Textes. Denn wir gehen davon aus, dass Onlineleser*innen noch weniger Zeit und Geduld mitbringen als jemand, der sich über die wichtigsten Nachrichten informiert.

Was aber machst du mit dem ersten Satz, wenn du die Hauptaussage, die Nachricht oder Botschaft bereits in den Überschriften »verbraten« hast? Dann hast du mehrere Möglichkeiten. Entweder du wiederholst die Hauptaussage noch einmal – und formulierst sie um. Das ist besonders dann empfehlenswert, wenn du in der Headline zugespitzt oder blumig formuliert hast. Jetzt kannst du die Botschaft noch einmal geradeaus nennen, damit auch wirklich jeder versteht, um was es geht. Wiederholung schadet selten.

Wo ist denn jetzt mein Einstieg?

Der Einstieg ist der Teil deines Contents, in dem der inhaltliche Text beginnt. In Printmedien spricht man vom »Fließtext« und erkennt ihn daran, dass hier der Text in der gewöhnlichen Textgröße und Schriftart beginnt. Bei Content ist die Definition etwas komplexer. Wo dein inhaltlicher Hauptteil mit dem Einstieg beginnt, variiert von Content-Stück zu Content-Stück und hängt mit dessen Gestaltung zusammen:

- Bei Blogartikeln sind es die ersten Sätze nach dem Vorspann.
- Bei reinen Text-Posts ist es der erste Satz bzw. Absatz.

- Bei einem Bild-Text-Post ist es der erste Satz der Caption, also des Posting-Textes.
- Wenn allerdings der gesamte Text auf die Grafik/das Bild gepackt ist, gelten die ersten Zeilen dieses Textes nach Headline und Untertitel als Einstieg. Instagram zeigt übrigens bei Karussell-Posts im Feed nicht das erste Bild mit deiner Headline, sondern das zweite mit deinem Texteinstieg. Dieser muss also auch für Menschen verständlich sein, welche die Headline nicht gelesen haben. Abbildung 5.8 zeigt hierfür ein gutes Beispiel von Bayern2 und deintherapeut.

Abbildung 5.8 Gute Karussellgestaltung: Der Einstieg auf Bild 2 ist auch ohne den Titel auf Bild 1 verständlich.[6]

- Was die wenigsten beachten: Bei einem Video mit gesprochenem Text ist der erste gesprochene Satz der Einstieg. Denn diesen hören (oder lesen – bei Untertiteln) die Menschen, die dein Video beim Scrollen durch den Feed entdecken, als Erstes. Sie sehen bei Reels zum Beispiel nicht dein gestaltetes Titelbild mit der Headline, sondern das Video beginnt sofort. Ähnlich wie bei Karussell-Posts gilt also auch hier: Der Einstieg übernimmt dieselbe Funktion wie eine Headline: Ich muss SOFORT erkennen können, um was es geht und warum es sich für mich lohnt dranzubleiben. In Abbildung 5.9 siehst du ein gutes Beispiel des TikTok-Kanals von Dino & Ruby. Im Hintergrund hört man übrigens ein Lachen und ahnt: Die Antworten auf die Frage, warum der Dalmatiner so klein ist, werden amüsant.

6 *www.instagram.com/p/CsWOoGXIUbR/?utm_source=ig_web_copy_link&igshid=MzRlODBiNWFlZA==*

Abbildung 5.9 Da wir bei Videos kein Titelbild mit Headline sehen, ist der Einstiegstext zu Beginn des Videos entscheidend.[7]

Ein Beispiel: Du bist Steuerberater und zeigst mit deinem Content-Piece, wie kleine und mittelständische Unternehmen den »Lohn« ihrer Mitarbeiter*innen durch steuerfreie Essensgutscheine oder einen Verpflegungszuschuss erhöhen können. Als Überschrift hast du die Botschaft zugespitzt: »Mach deine Mitarbeitenden satt – nicht das Finanzamt«, die Subheadline erklärt die bildhafte Überschrift und nennt das konkrete Thema, so wie du es in Abschnitt 5.1, »In Schlagzeilen denken und Headlines texten«, gelernt hast. Zum Beispiel: »So stellst du steuerfreie Essensgutscheine aus.« Die Hauptbotschaft deines Textes ist, dass die Essensgutscheine eine Möglichkeit sind, dass Mitarbeitende mehr vom Lohn haben – ohne dass die Nebenkosten steigen. Das ist eine starke Botschaft, die auch als Einstieg in den Text funktioniert: »Tue deinen Mitarbeitenden mit Essensgutscheinen etwas Gutes, ohne die Nebenkosten zu erhöhen!«

7 *https://vm.tiktok.com/ZGJ98js5X/?t=1*

Die Wiederholung der Hauptbotschaft ist also das textliche Stilmittel für deinen Einstieg, das hier die größte Klarheit bringt. Wenn dein Titel und deine Subheadline an sich schon klar genug sind, nutzt du deinen Texteinstieg hingegen, um die Leser neugierig zu machen. Im Folgenden stelle ich dir eine ganze Reihe von Stilmitteln vor, die dir dabei helfen. Manche sind Sprachspiele, andere greifen bereits auf Besonderheiten im Text oder in deinem Thema vor.

Fällt es dir noch schwer, die Besonderheiten zu entdecken, die zur Gestaltung deines Einstiegs hilfreich sein können? Dann möchte ich dir meine beiden Geheimwaffen vorstellen. Die Labermethode und die Rote-Ampel-Methode sind eine Erweiterung der Küchenzuruf-Methode, die du bereits kennengelernt hast.

Erzähl mal! Zur Not an der roten Ampel

Um den Einstieg in ein Content-Stück zu gestalten, ist es wichtig, dass du nicht nur die Hauptaussage deines Textes kennst, sondern auch die Besonderheiten, die ihn interessant machen. Dabei leisten die Laber- und die Rote-Ampel-Methode gute Dienste:

- **Phase 1: »Erzähl mal, wie war es?«** Wenn ich von einer größeren journalistischen Recherche oder einer Veranstaltung mit richtig viel Inhalt zurück nach Hause oder ins Büro gefahren bin, habe ich mir im Auto und auf dem Fahrrad vorgestellt, dass ich auf die Frage »Erzähl mal: Wie war es?« antworten würde. Und dann habe ich laut vor mich hingesprochen. Einfach all das, was hängen geblieben ist. Anders als beim Küchenzuruf formte sich so nicht nur die Hauptbotschaft, zum Beispiel nach der Gemeindeversammlung »Der Haushalt wurde nicht genehmigt.«, sondern es zeigten sich auch starke Aussagen, Fakten, die mich überrascht haben, und Ungewöhnliches, das am Rande passiert ist. Zum Beispiel, dass der Bürgermeister vor Schreck sein Wasserglas umgeschmissen hat. Manchmal nutzte ich, zum besseren Verständnis für mein fiktives Gegenüber, sogar Metaphern und Bilder: »Du musst dir vorstellen: Als man dann vom Haushalt zurück zur Verkehrsplanung kam, war das ein bisschen, als ob jemand plötzlich den Stecker gezogen hätte – die ganze Spannung war weg!« Diese Methode funktioniert so gut, weil du einerseits in Bewegung bist und andererseits nicht in deine Notizen schauen kannst. All das hilft dir dabei, das Wichtige und Interessante herauszufiltern. Und zu Hause oder im Büro angekommen, greifst du dann sofort zum Notizblock, nimmst dir eine Sprachmemo auf oder gehst an die Tasten, um deine Gedanken festzuhalten. Sie dienen dir für Headlines, Texteinstiege, Zwischenüberschriften und vieles mehr.
- **Phase 2 »Jetzt das Ganze nochmal unter Zeitdruck«** Manchmal aber merkte ich, dass ich beim Erzählen ins Labern und nicht auf den Punkt kam. Dann habe ich bis zur nächsten roten Ampel gewartet und es noch einmal probiert. Was ich auf die Frage »Wie wars?« zu berichten hatte, musste also nun in eine rote Ampelphase passen. Dieser künstliche Zeitdruck führte dazu, dass ich zuerst das Wichtigste, die Hauptbotschaft, nannte und dann die Besonderheiten hinzufügte. Und zwar

sortiert vom Spannendsten zum nicht ganz so Wichtigen. Immerhin konnte ich ja nie wissen, wann die Ampel auf Grün umschalten würde.

Abbildung 5.10 Du weißt nicht, wie viel Zeit du haben wirst, mir etwas zu erzählen – und das ist gut so. Grafik: Canva

Meiner Erfahrung nach funktioniert der Ampeltrick aber tatsächlich nur, wenn ich mir vorher schon das »Labern« erlaubt und damit innerlich vorsortiert hatte.

Probier es aus! Und wenn du keinen Heimweg hast, geh spazieren oder erzähl dir das Wichtigste auf dem Weg zur Kaffeemaschine. Entscheidend ist, dass du laut sprichst und dass du nicht vor deinen Notizen oder dem blinkenden Cursor sitzt.

Du hast einige Besonderheiten gefunden? Super, dann gilt es jetzt nur noch, das passende Stilmittel und Werkzeug zu nutzen, um aus deinen Besonderheiten einen spannenden Einstieg zu stricken. Diese hier stehen dir zur Verfügung:

- **Der Detaileinstieg**: Du greifst ein Detail heraus und du zoomst heran. Dieses Detail ist natürlich nicht willkürlich gewählt, sondern zeigt einen zentralen Aspekt der Geschichte. Im Beispiel des Steuerberaters könnte ein Detaileinstieg etwa ein Blick in die Zahlen sein: »70 Euro mehr im Monat – nicht auf dem Konto, aber im Magen. Ist das für deine Mitarbeitenden interessant?«
- **Der erzählende Einstieg**: Du nimmst die Community mit ins Geschehen, am besten in das, was du selbst erlebt hast. Um bei unserem Beispiel zu bleiben, könnte ein Einstieg so aussehen: »Ich saß nachts um 2 Uhr mit Kopfschmerzen vor meiner Exceltabelle. Es half nichts. Egal, wie oft ich mein Budget noch hin- und herwälzte: Die Gehaltserhöhung, die ich Lea so gerne für ihre großartige Leistung geben wollte, war einfach nicht drin!«
- Verwandt mit dem erzählenden Einstieg ist **das Fallbeispiel**. Hier lässt sich auch etwas erzählen, was man nicht unbedingt selbst »erlebt« hat, also ein Kundenbeispiel oder auch ein fiktives Beispiel. Ein Fallbeispieleinstieg für den Steuerberater könnte so aussehen: »Lea geht künftig einmal die Woche bei ihrem Lieblingsitali-

ener Venezia essen – auf Kosten ihres Arbeitgebers. Sie freut sich. »Bei den steigenden Preisen für Lebensmittel ist mir das sogar noch lieber als eine Lohnerhöhung. Denn da würden ja noch Versicherung und Steuer abgehen«, sagt sie.« Wie du siehst, gilt auch beim Fallbeispiel: Je konkreter, umso lebendiger.

- **Der Eigentlich-Einstieg**: Eigentlich ist es so einfach, gleich zu Beginn deines Textes einen Spannungsbogen aufzubauen. Es braucht dafür tatsächlich nur das Wörtchen »eigentlich«. Denn dieses kündet den Konflikt an. Es ruft bei deinem Gegenüber sofort die Frage nach dem »Aber« auf den Plan. Mit Eigentlich-Einstiegen lassen sich Geschichten beginnen. Im Beispiel des Steuerberaters: »Eigentlich hätte mein Klient seiner Mitarbeiterin so gerne eine Gehaltserhöhung gegeben – nur gab dies sein Budget nicht her.« So haben wir in einem Satz ein Dilemma beschrieben, das zum Weiterlesen einlädt. Außerdem kann man mit diesem Stilmittel Learnings gut verpacken: »Eigentlich dachte ich, dass ich meine Mitarbeiter nicht besser entlohnen könnte – bis ich eine wunderbare Möglichkeit fand.« Da der Eigentlich-Einstieg ein so leicht umzusetzender Tipp ist, habe ich ihn kürzlich auch in einem Reel vorgestellt. Ich wählte hierzu die Worte: »Eigentlich würdest du ja gerne Content erstellen, der heraussticht und richtig neugierig macht. Nur leider weißt du nicht, wie es geht.« (siehe Abbildung 5.11).

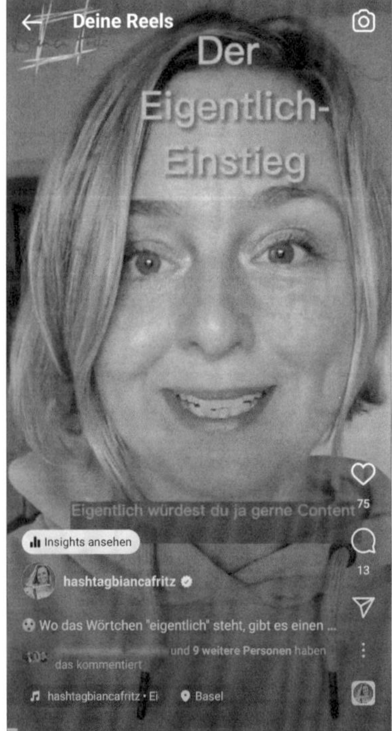

Abbildung 5.11 Beispiel für den Eigentlich-Einstieg aus meinem Account.[8]

8 *www.instagram.com/reel/CsWnMNNgBHN*

- **Die direkte Ansprache**: Diese Art des Einstiegs ist im Social-Media-Marketing beliebt und verbreitet, weil sie eine Verbindung zur Wunschkundin schafft. Ich spreche mein Gegenüber persönlich an und komme direkt auf sein Bedürfnis zu sprechen. Im Fall des Steuerberaters: »Du möchtest deine Mitarbeitenden besser entlohnen, ohne dass alles beim Fiskus landet?« Ein Beispiel für die direkte Ansprache – in diesem Fall sogar mit der Hauptbotschaft des Textes – findest du auch in im Post von Carsten Maschmeyer in Abbildung 5.12. Er steigt in viele seiner Posts mit einer solchen Forderung ein, was allerdings in der Häufung etwas feldwebelmäßig wirken kann.

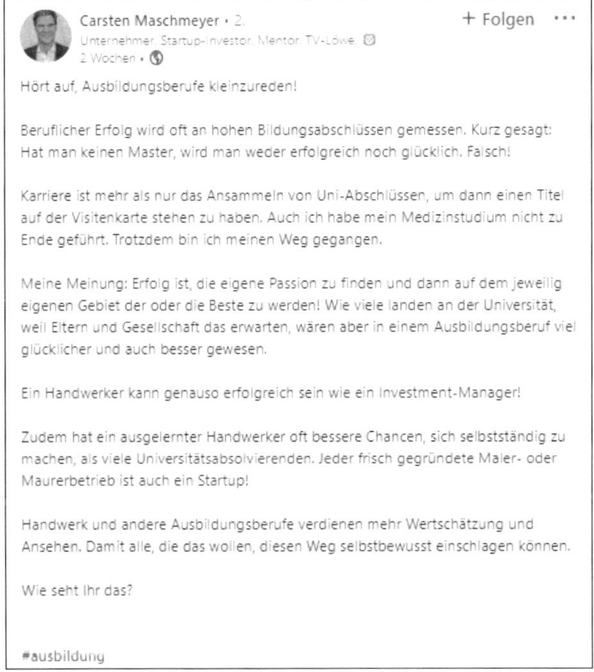

Carsten Maschmeyer • 2.
Unternehmer, Startup-Investor, Mentor, TV-Löwe
2 Wochen •
+ Folgen

Hört auf, Ausbildungsberufe kleinzureden!

Beruflicher Erfolg wird oft an hohen Bildungsabschlüssen gemessen. Kurz gesagt: Hat man keinen Master, wird man weder erfolgreich noch glücklich. Falsch!

Karriere ist mehr als nur das Ansammeln von Uni-Abschlüssen, um dann einen Titel auf der Visitenkarte stehen zu haben. Auch ich habe mein Medizinstudium nicht zu Ende geführt. Trotzdem bin ich meinen Weg gegangen.

Meine Meinung: Erfolg ist, die eigene Passion zu finden und dann auf dem jeweilig eigenen Gebiet der oder die Beste zu werden! Wie viele landen an der Universität, weil Eltern und Gesellschaft das erwarten, wären aber in einem Ausbildungsberuf viel glücklicher und auch besser gewesen.

Ein Handwerker kann genauso erfolgreich sein wie ein Investment-Manager!

Zudem hat ein ausgelernter Handwerker oft bessere Chancen, sich selbstständig zu machen, als viele Universitätsabsolvierenden. Jeder frisch gegründete Maler- oder Maurerbetrieb ist auch ein Startup!

Handwerk und andere Ausbildungsberufe verdienen mehr Wertschätzung und Ansehen. Damit alle, die das wollen, diesen Weg selbstbewusst einschlagen können.

Wie seht Ihr das?

#ausbildung

Abbildung 5.12 Eine fordernde direkte Ansprache im Einstieg kann gut funktionieren – wenn man sie nicht zu oft verwendet.[9]

- **Die Wir-Ansprache**: Auch diese Art des Einstiegs funktioniert bei Content sehr gut. Manche empfinden dieses Stilmittel allerdings als anbiedernd. Das Gefühl, das erzeugt wird, ist: Wir sitzen gemeinsam in einem Boot. Der Steuerberater könnte schreiben: »Wir wollen unsere Mitarbeiter gut entlohnen – aber nicht unbedingt mehr Abgaben bezahlen.«
- **Der Zitateinstieg**: Mit einem Zitat in den Text einzusteigen, funktioniert dann besonders gut, wenn es ein farbiges und interessantes Zitat ist. Also wenn es beson-

9 *www.linkedin.com/posts/carsten-maschmeyer_ausbildung-activity-7059793646077796352-Hrwp?utm_source=share&utm_medium=member_desktop*

ders umgangssprachlich ist, starke Worte verwendet werden oder der Charakter einer Person sichtbar wird. Wovon du hingegen Abstand nehmen solltest, ist einfach nur die Hauptbotschaft deines Content-Stücks in Anführungszeichen zu packen und sie einer anderen Person in den Mund zu legen. Das schwächt die Botschaft ab. Der Steuerberater könnte mit einem starken Zitat von Lea einsteigen: »Das ist die leckerste Gehaltserhöhung, die ich je bekommen habe.« Kurze Zitate sind wirkungsvoller – schau, dass du unter 20 Wörtern bleibst.

- **Der Besonderheiteneinstieg**: Du suchst den interessantesten Satz deines Textes. Das, was irritieren oder überraschen könnte oder vielleicht Schmunzelpotenzial hat, und stellst diesen Satz an den Anfang. Womöglich hat der Steuerberater festgestellt, dass bei seinen Klienten auch der Teamzusammenhalt steigt, seit das Unternehmen Essensgutscheine verteilt, weil so die Mitarbeiter häufig gemeinsam in die Mittagspause gehen – auch diejenigen, die sich sonst das Auswärtsessen eher nicht leisten würden. Warum nicht damit einsteigen?
- **Der knallige Einstieg**: Der knallige Einstieg besteht aus einer starken Aussage oder wuchtigen Botschaft, die auch eine Headline in der Bild-Zeitung sein könnte. Diese Art von Einstieg ist insbesondere dann empfehlenswert, wenn du keine Headline verwendet hast, oder bei Reels und Co, wo die Headline nur auf dem Titelbild zu sehen ist, nicht aber, wenn man durch den Reels-Feed scrollt. Im Falle des Steuerberaters könnte man zum Beispiel schreiben: »Endlich macht der Lohn satt!« Oder: »Mehr Lecker statt mehr Steuer«

Ferner sind auch Dialoge ein spannender Einstieg in deinen Content – allerdings ist es nicht ganz so einfach vom Dialog zum erzählten Inhalt zurückzufinden, wenn man insgesamt nur wenig Zeit oder Platz hat.

Achte bei deinem Einstieg ganz besonders darauf, dass die Sprache leicht verständlich ist und die Worte und Sätze eher kurzgehalten sind. Du willst neugierig machen, aber auf keinen Fall verwirren in diesen ersten Sätzen. Auch optisch hilft es, wenn der erste Abschnitt nicht zu lang ist – so ist die Hürde, einzusteigen und zu lesen, niedriger.

Wenn du besonders viele Informationen zu vermitteln hast, macht dies ein Doppelpunkt möglich und bringt zudem Tempo in den Einstieg. Zum Beispiel so: »Leckerer Lohn für deine Mitarbeitenden: Mit Essensgutscheinen kannst du deinem Team etwas Gutes tun. Und das sogar, ohne dass die Steuerlast steigt.«

Zu guter Letzt möchte ich dir zeigen, dass es natürlich keine Regel ohne Ausnahme gibt. Habe ich dir gleich zu Beginn dieses Kapitels davon abgeraten mit Sprichwörtern einzusteigen, so zeigt dieser LinkedIn-Post der Unternehmerin Anne Prib in Abbildung 5.13, dass diese auch gekonnt eingesetzt werden können, um ihre Absurdität aufzuzeigen. – und auf diese Art genutzt machen Sprichwörter tatsächlich neugierig.

Anne Prib (She/Her) • 1.
Unlock your brand's full potential - Brand Sparring for impact-driven leaders
1 Woche • Bearbeitet •

Kein Kleid steht einer Frau besser denn Schweigen.
Nichtssagende Frauen reden am meisten.
Reden ist Silber, Schweigen ist Gold.

3 Sätze die zeigen, warum das Thema Frauen und Bühne oft so sperrig ist und wie es in vielen Köpfen vielleicht unbewusst verankert ist.

Boris Walter-von Klitzing und Johanna Tomppert haben dazu einen Podcast gemacht, der zeigt wie wir mehr Diversität auf die großen und kleinen Bühnen bekommen.

Wer wissen will, was Männels sind und was sich hinter dem Begriff Tokenismus/Tokenisierung verbirgt sollte sich die Zeit nehmen und den ganzen Podcast hören.

Ich hatte das Vergnügen Boris nach einer kleinen Ewigkeit wieder sehen zu dürfen und mich zu diesem Thema mit ihm auszutauschen. Neben der absoluten Notwendigkeit für neue Formate die auch leisen Stimmen Gehör verschaffen kann ich nur eins ergänzen:

Die einfachste Art noch mehr Frauen auf die Bühne zu holen, ist sie zu fragen oder zu empfehlen.

Wann habt ihr das letzte Mal mit Frauen aus Eurem Netzwerk oder sogar Freundeskreis darüber gesprochen, ob sie mehr in die Öffentlichkeit oder das Rampenlicht treten wollen? Und wenn ja, zu welchem Thema?

Ich selbst habe jedenfalls große Lust wieder mehr zu reden - egal ob Bühne, Interview oder Podcast. Meldet Euch gerne und für viele Themen habe ich großartige Frauen in meinem Netzwerk, die ich von Herzen empfehlen kann.

Abbildung 5.13 Keine Regel ohne Ausnahme. Hier wurden Sprichwörter als neugierig machender Einstieg genutzt.[10]

Das Wichtigste in Kürze

Die ersten Worte deines Fließtextes sind fast genauso wichtig wie die Headlines. Daher gilt, dass du entweder die Hauptbotschaft noch einmal neu und knackig formulierst oder eine weitere Besonderheit des Textes nach vorne stellst. Diese gestaltest du mithilfe der vorgestellten Stilmittel so, dass deine Community sich sicher sein kann: Dranbleiben lohnt sich. Je nach Format des Content-Stücks können auch die ersten gesprochenen Worte eines Videos ein Einstieg sein. Diese müssen dann ohne Headlines verständlich sein.

10 *www.linkedin.com/posts/anneprib_eine-gute-b%C3%BChne-f%C3%BCr-frauen-und-m%C3%A4nner-by-activity-7061721891983515648-c__-?utm_source=share&utm_medium=member_desktop*

5.3 Hilfe, wo bin ich? Orientierung und Textaufbau

Herzlichen Glückwunsch – du hast es geschafft, aus der Masse herauszustechen, und die Community ist nun bereit, sich mit deinen Inhalten zu beschäftigen. Die wichtigste Hürde ist genommen. Jetzt gilt: Nur keine Erwartungen enttäuschen. Vom Aufbau und der Gestaltung deines Inhalts hängt jetzt nämlich ab, ob deine Leserinnen wirklich den Weg bis zum Ende des Textes oder des Videos mit dir gehen und so deine Botschaft – und natürlich auch deinen Call-to-Action am Schluss gut aufnehmen können.

Aus dem Onlinemarketing sind dir vermutlich »Funnels« bekannt: Sie zeigen, wie der potenzielle Kunde durch deine Welt reist – vom ersten Kontakt über spannende Inhalte (auf Social Media und in Mailserien), mit denen du Vertrauen aufbaust, bis hin zu den Verkäufen. Der Trichter wird immer enger – nur ein Bruchteil der Menschen, die oben hineinpurzeln, kommen auch unten an. In Kapitel 8, »Spannend – und jetzt? Wie dein Content verkauft«, erfährst du mehr darüber, welche Posts in welcher Funnel-Phase für dich sinnvoll sind.

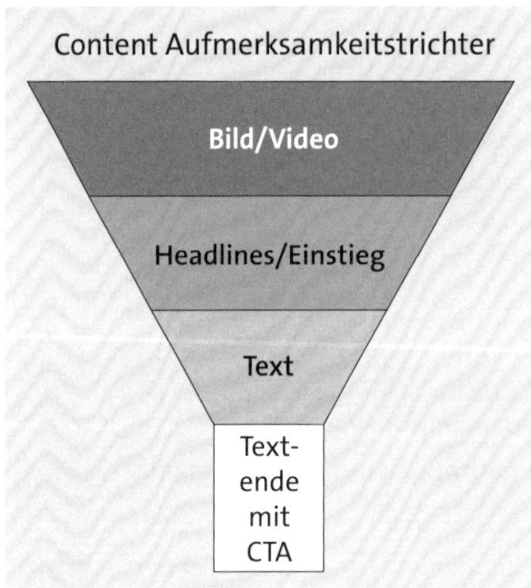

Abbildung 5.14 Ähnlich wie beim Verkaufs-Funnel gilt auch für den Aufmerksamkeits-Funnel: Es ist deine Aufgabe hindurchzuführen.

Dieses Trichterprinzip gilt aber nicht nur im Großen für deinen Verkaufsprozess, sondern auch im Kleinen für jedes einzelne Content-Stück. Der Aufmerksamkeitstrichter zeigt: Oben purzeln die Menschen hinein, die du mit deinem ersten optischen Reiz und der Headline auf dich aufmerksam machen konntest. Aber nur ein Bruchteil der Menschen kommt auch unten beim Call-to-Action an (siehe Abbildung 5.14). Um diesen Anteil zu vergrößern, ist entscheidend, dass du deinen Inhalt logisch aufbaust und Orientierungselemente nutzt, um deine Community durch den Inhalt zu führen. Das ist umso wichtiger, je länger dein Content-Stück wird.

5.3.1 Gliederung in kleine Happen

»Texte ohne erkennbares Aufbauprinzip sind dann noch tolerierbar, wenn sie kurz sind und nur überflogen werden sollten. Wer aber erzählen, erklären oder kommentieren will, muss den Leser durch den Text führen.«

Jürg Häusermann[11]

Bei einem längeren Blogartikel, Podcast oder Video ist also die Führung durch den Inhalt wichtiger als bei einem schnellen Post, in dem nur eine Idee oder ein Gedanke geteilt wird. Allerdings zeigen viele Posting-Trends: Auch auf Social Media beschränken sich viele Beiträge nicht auf einen Aspekt, sondern sie erzählen, kommentieren oder erklären. Bei diesen Beiträgen sollten wir also an die Leserführung denken. Zudem können wir bei Onlineleser*innen grundsätzlich davon ausgehen, dass sie Texte eher überfliegen. Ein Trick ist daher, auch längere Texte wie viele kurze Texthappen aussehen zu lassen. So kann die Leserin an vielen Punkten ein- und wieder aussteigen. Tatsächlich mag dies auf den ersten Blick kontraproduktiv wirken, wenn doch der Wunsch ist, dass sich das Gegenüber Zeit nimmt, den ganzen Text von Anfang bis Ende zu lesen. Aber der Aufbau in Happen mit vielen Einstiegsmöglichkeiten steigert in der Tat die Wahrscheinlichkeit, dass das passiert. Weil die eilige Leserin irgendwo einsteigt, das Gelesene spannend findet und erst dann entscheidet: »Hier lohnt es sich zurückzuscrollen und von Anfang an zu lesen.«

Deshalb möchte ich zunächst über die optischen Gliederungselemente sprechen, die es wahrscheinlicher machen, dass unser Text auch gelesen wird. Denn jedes auflockernde Gliederungselement bietet wieder Einstiegsmöglichkeiten in den Text. Anschließend werde ich darauf eingehen, wie man den textlichen Inhalt so aufbaut, dass er sich dem Leser gut erschließt, damit er sich von Absatz zu Absatz getragen fühlen.

Nicht jedes Content-Format bietet dir dieselbe Fülle an optischen Gestaltungsmöglichkeiten für deine Gliederung. Einzig in deinem Blogartikel wirst du alle genannten Gliederungselemente anwenden können. Instagram beschränkt dich zum Beispiel, dadurch dass du nur eine Schriftart und Größe verwenden kannst, sehr stark in deinen Gestaltungsmöglichkeiten. Wie man hier trotzdem mit Zwischenüberschriften, Emojis und kurzen Absätzen eine gute Struktur schaffen kann, zeigt Abbildung 5.15 – ein Textauszug aus einer Instagram-Caption von *socialhub.io*.

11 Jürg Häusermann: Journalistisches Texten. Sprachliche Grundlagen für professionelles Informieren. UVK, 2005

socialhub.io Ist es das Aus für die For-You-Page?

TikTok hat eine heftig süchtig-machende For-You-Page, die genau weiß, was Nutzer*innen wollen. Und es ihnen geben. Als Antwort auf den Digital Services Act hat TikTok deshalb entschieden, den Algorithmus EU-seitig zu depersonalisieren.

Aber halt, was ist der Digital Services Act?

Der Digital Services Act (DSA) ist ein europäisches Gesetz, das dafür sorgen soll, Nutzer*innen auf Social Media und Videoplattformen besser vor Scam, Hass, Terror, Diskriminierung und Kind3smissbrauch zu schützen.

Was heißt depersonalisieren?

Um die Richtlinien einzuhalten, will TikTok einen zweiten, depersonalisierten Algorithmus ins Spiel bringen. Dieser soll den Nutzer*innen nur noch allgemeine Inhalte ausspielen, die NICHT individuell auf sie abgestimmt sind. Darunter fallen Videos, die in der Umgebung beliebt sind oder Contents von Creator*innen, denen sie folgen.

War's das mit der For-You-Page?

Laut eigenen Aussagen von TikTok: Nein! Nutzer*innen sollen lediglich die Möglichkeit bekommen, die Personalisierung selbst auszuschalten. Du hast also die Option, das zu wählen, was dir am besten passt

Wann kommt der depersonalisierte Algorithmus?

Bis zur DSA Deadline: 28. August. Also seeehr seeehr bald
Was haltet ihr vom depersonalisierten TikTok-Wahl-Algorithmus?

Quelle: TikTok Newsroom, "An update on fulfilling our commitments under the Digital Services Act", vom 04.08.2023

Abbildung 5.15 Auch mit wenigen gestalterischen Möglichkeiten lässt sich ein Content-Text gut gliedern.[12]

Vom langen Text in leicht verdauliche Happen – wie dein Content attraktiver wird:

- **Kurze Absätze**: Unsere Texte sind für gewöhnlich durch Sinnzusammenhänge in Absätze gegliedert. Neuer Gedanke – neuer Absatz. In Onlinetexten gilt zudem: Die Absätze sollten so kurz wie möglich sein, damit sie nach wenig Arbeit für die Lesenden aussehen. Wenn man sich an die Daumenregel »Nicht mehr als vier Sätze pro Absatz.« hält, fährt man meiner Erfahrung nach sehr gut.
- **Zwischenüberschriften**: Sie geben uns einen guten Grund, in den nächsten Absatz einzusteigen, weil sie uns entweder neugierig machen oder uns verraten, welche Frage im nächsten Teil des Textes beantwortet wird. Sie sind also Mini-Headlines für den nächsten Abschnitt. Gerade die als Frage formulierten Zwischenüberschriften liebt übrigens nicht nur die Leserin: Auch der Suchmaschine wird signalisiert, dass das ein Content-Stück ist, das viele Antworten liefert. Google liebt das. Zu guter Letzt haben Zwischenüberschriften den Vorteil, dass sie sich in einem Blogartikel in ein (automatisiertes) Inhaltsverzeichnis verwandeln lassen. Ein solches Inhaltsverzeichnis siehst du in Abbildung 5.16. Der sehr ausführliche Blogbeitrag von

12 *www.instagramm.com/p/CwPVSrrsJfd/*

Viola Heller zum Thema Bindungsängste wird so überschaubar und Leser*innen können direkt zu der Stelle springen, die sie interessiert. Dies bietet nicht nur den Leserinnen eine tolle Orientierung, sondern ist auch ein Signal an Suchmaschinen für einen gut strukturierten Text.

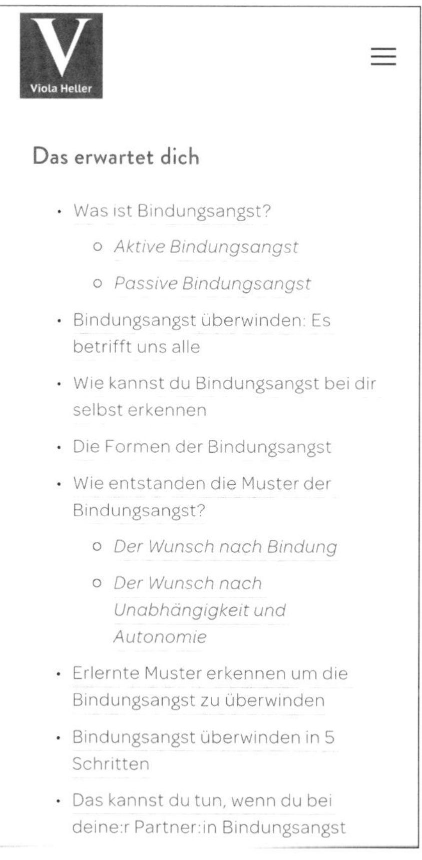

Abbildung 5.16 Großes Thema, langer Blogartikel. Aber du kannst direkt zu der Stelle springen, die dich interessiert.[13]

- **Fettungen, Unterstreichungen oder farbliche Unterlegung**: Die Frage »Worum geht es in diesem Absatz?« lässt sich für Textüberflieger leichter beantworten, wenn wichtige Schlagworte hervorgehoben sind. Bei suchmaschinenrelevantem Content ist die Fettung von Worten zudem ein Signal an den Algorithmus, dass der Text für diesen Begriff gefunden werden sollte.
- **Bilder mit Bildunterschriften**: Wenn du neben dem Titelbild weitere Fotos oder Bilder in dein Content-Stück einstreust, ist das jedes Mal ein sehr starker Anker für das Auge der Leserin. Für dich als Content Creator bedeutet das: In der Bildunter-

13 *www.violaheller.com/blog-1/bindungsangst-ueberwinden*

schrift oder dem Text auf dem Bild kannst du ein weiteres gutes Argument platzieren, warum man das Content-Stück unbedingt lesen sollte. Vielleicht etwas, was du in den Headlines und dem Einstieg noch nicht unterbringen konntest – und was natürlich einen Bezug hat zu dem, was auf dem Bild zu sehen ist. Die Bedeutung von Bildunterschriften wird oft unterschätzt, und sie beschreiben zu oft lediglich das, was auf dem Bild zu sehen ist (nutze dafür lieber die Metadaten, so werden deine Inhalte auch barrierefrei). Tatsächlich zeigen zahlreiche Studien, dass der Blickverlauf von Leser*innen eines Magazins oder einer Webseite zuallererst auf die Bildlegenden springt – sogar noch bevor die Person die Headline liest. Also denke auch bei Bildunterschriften in Schlagzeilen.

- **Infografiken**: Während Fotos in Content-Stücken oft nur Symbolcharakter haben oder – wie eben beschrieben – ein guter Anker für die wichtige Bildunterschrift sind, bringen Infografiken komplexe Inhalte noch einmal visuell auf den Punkt. Deine Chancen stehen gut, dass du mit einem Kreisdiagramm, einer Verlaufskurve oder Stichworten und Icons einen Eyecatcher schaffst und das Interesse deiner Leser*innen auf den erklärenden Fließtext lenkst.
- **Zitate**: Hervorgehobene Zitate eignen sich ebenfalls, um den Fließtext zu unterbrechen oder aufzulockern. Sie sind eine Art Zwischenüberschrift, werden aber häufig anders gestaltet, zum Beispiel in kursiver Schrift, farblich unterlegt oder mit Gänsefüßchen. Dabei kannst du sowohl eine wörtliche Aussage aus einem Interview herausgreifen als auch einen aussagekräftigen Satz aus dem Fließtext verwenden. Wichtig: Setze nicht voraus, dass deine Leserinnen das Zitat als Teil des Fließtextes lesen, sondern wiederhole das Zitat in deinem Fließtext – am besten im Absatz direkt nach der Hervorhebung, denn das entspricht der Leseerwartung. Ein Beispiel siehst du im Screenshot der Webseite des Schweizer Elternmagazins »Fritz und Fränzi« (Abbildung 5.17). Hier steht das hervorgehobene Zitat kurz vor der entsprechenden Interviewfrage, sodass die Leser*innen auch den Zusammenhang sehen können, in dem die Aussage getroffen wurde.
- **Bulletpoints oder Aufzählungen**: Tipp 1, Tipp 2, Tipp 3 – Aufzählungen bringen automatisch Ordnung in deinen Text, was sowohl von den Leser*innen als auch von Suchmaschinen geschätzt wird. Aber auch nichtnummerierte Bulletpoints werten deinen Text auf. Sie zeigen, dass du dir die Mühe gemacht hast, deine Inhalte in leicht verdauliche Sinneinheiten aufzuteilen. Auch optisch lockern sie auf. Das Mehr an Weißraum verspricht weniger Leseaufwand und macht es wahrscheinlicher, dass deine Follower loslegen.
- **Call-to-Action als Bild**: Lange Content-Stücke bauen Vertrauen auf. Nutze diese Gelegenheit, die Menschen einzuladen, einen nächsten Schritt mit dir zu gehen und sich zum Beispiel in deinen Newsletter einzutragen. Und zwar nicht erst am Schluss deines Content-Stücks mit einer leisen »Lade dir jetzt mein Freebie herunter«-Textzeile, sondern gerne schon früher und mit einem Bild.

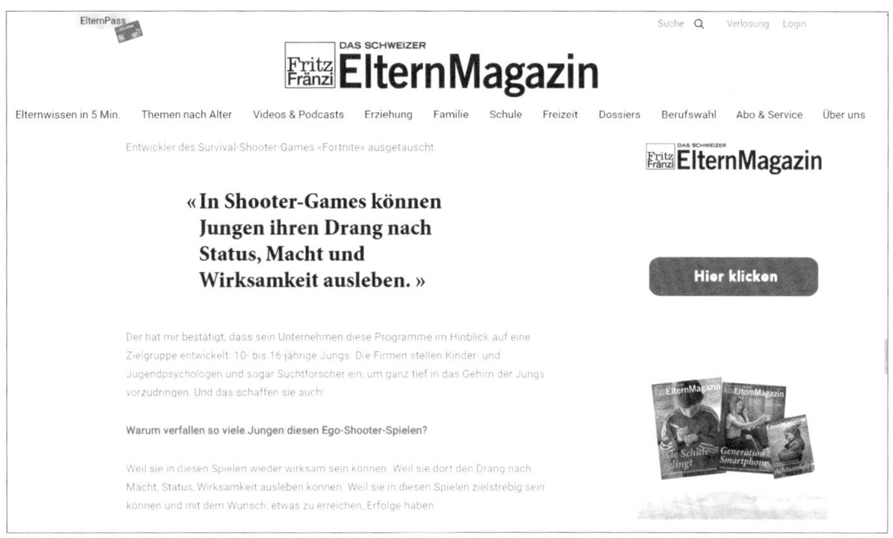

Abbildung 5.17 So lockert ein Zitat nicht nur den Fließtext auf, es ist auch an einer inhaltlich sinnvollen Stelle eingebunden.[14]

Du schaltest quasi einen »Werbebanner in eigener Sache« mitten in deinem Content-Stück. Am besten funktioniert das, wenn du etwas anbietest, was auch mit dem Content-Stück zu tun hat. So habe ich bei einem sehr ausführlichen, dichten Content-Stück beispielsweise denselben Text als gestaltetes PDF zum Download angeboten – als Dankeschön für die E-Mail-Adresse. Oder du fragst dich: Welches meiner Freebies ist der logische nächste Schritt, für denjenigen, der dieses Content-Stück gesehen hat?

- **Fazit**: Auch das Fazit deines Textes ist ein wichtiger Leseanreiz. Hier erwarten Leser*innen eine kompakte Zusammenfassung von allem, was sie wissen müssen. Wie schaffst du es, dass sie trotzdem noch Lust haben, den Text zu lesen? Zum Beispiel, indem du deine Meinung deutlich kundtust, damit die Leserin wissen will: Wie bist du zu diesem Schluss gekommen? Oder indem du Verweise auf den Text einbaust. Der Verweis »wie der Test der Kamerafunktion gezeigt hat« beispielsweise bringt die Menschen, die mehr über die Kamera eines Smartphones wissen wollen, dazu, zurückzuscrollen und den Abschnitt zum Kameratest zu suchen. Merke: Auch Suchmaschinen lieben Fazit-Abschnitte, in denen Informationen oder Schlussfolgerungen und Meinungen auf den Punkt gebracht wurden. Eine Sonderform des Fazits sind die FAQs. Sie fassen erneut die wichtigsten Fragen und Antworten zu deinem Thema in kurzer Form zusammen.

14 *www.fritzundfraenzi.ch/gesellschaft/buben-mussen-einen-gesunden-umgang-mit-ihrer-aggression-erlernen/*

Wie nutze ich Gliederungselemente in Podcasts oder Videos?

Wenn deine Community deine Inhalte nicht liest, sondern hört oder als Video sieht, fallen viele visuelle Gliederungsmöglichkeiten weg. Zugleich ist die klare Gliederung bei Audioinhalten und audiovisuellen Inhalten sogar noch wichtiger, da ich bei einem lesenden Gegenüber davon ausgehen kann, dass es sich voll auf den Text konzentriert, sich vielleicht sogar Notizen macht, wohingegen Podcasts und Videos oft nebenbei konsumiert werden. Anker, die deinem Publikum zeigen »Wo bin ich denn gerade?«, sind also hier besonders wichtig. So kannst du deine Follower durch den Inhalt führen:

1. Du kündigst die Gliederung deines Textes an. Zum Beispiel so: »Zunächst möchte ich auf die drei wichtigsten Punkte eingehen, wie sich das neue Smartphone von seinem Vorgänger unterscheidet, dann erzähle ich etwas zu den Nachteilen und ganz am Schluss erfahrt ihr meine persönliche Meinung«.
2. Setze, wenn technisch möglich, Video- oder Audiomarken, damit die eiligen Zuhörerinnen und Zuschauer direkt zu dem jeweiligen »Kapitel« springen können. In Abbildung 5.18 siehst du ein Beispiel, wie die Kapitelmarken direkt auf YouTube gesetzt wurden und wie in der Videobeschreibung die Zwischenüberschriften mit Zeitmarken eine Orientierung schaffen.

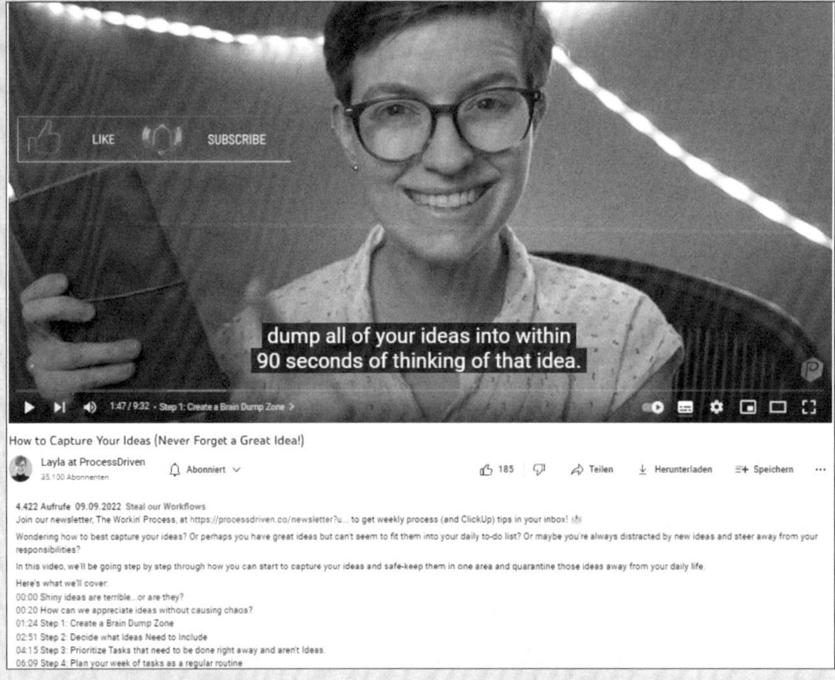

Abbildung 5.18 Zeitmarken und Überschriften schaffen Orientierung in Videos und Podcasts – hier in einem YouTube-Video von Layla at ProcessDriven.[15]

15 *https://youtu.be/8fZ-qOKXOdM*

3. Wenn du von einem zum nächsten Element führst, erinnerst du an die Gliederung, um den Zuschauern oder Zuhörern Orientierung zu geben. Beispielsweise so: »Nachdem wir uns jetzt die drei wichtigsten Änderungen angesehen haben, möchte ich nun auf die Nachteile zu sprechen kommen, bevor ich dann zu einem Fazit finde.« Oder: »Soweit also die wichtigsten Neuerungen. Lasst uns jetzt schauen, wo die Nachteile des neuen Modells liegen.« Solche Übergangssätze sind gerade bei längeren Content-Stücken ungemein hilfreich. Du nimmst dein Publikum damit an die Hand und begleitest es von Schritt zu Schritt.
4. Fasse deine »5 Tipps«, »3 Schritte« oder »4 Mythen« am Schluss noch einmal in aller Kürze zusammen, damit sie sich im Kopf des hörenden Gegenübers genauso gut verankern können, als würde die lesende Person einen Blick zurück auf die Zwischenüberschriften werfen.
5. Nutze bei Videos auf jeden Fall visuelle Gliederungselemente und blende Schrift ein. Du kannst die »Zwischenüberschriften« deines Drehbuchtextes als Trenner einblenden oder als Titel über das Bild legen. Die angekündigte Gliederung des Textes kannst du als kleines Inhaltsverzeichnis einblenden.
6. Infografiken, die das verdeutlichen, was du sagst, können Schritt für Schritt mitgezeichnet und so noch besser verstanden werden. Die Erklärvideos von easyvote, die die Schweizer Volksabstimmungen begleiten, zeigen eine Hand, die die jeweiligen Argumente von Befürwortern und Gegnern als Sketchnotes zeichnet. Das visuell mitzuverfolgen, hilft ungemein dabei, den komplexen Inhalten gut folgen zu können (siehe Abbildung 5.19). Aber es muss auch gar nicht so professionell sein: Selbst die Zuhilfenahme von hochgehobenen Fingern beim Abzählen von Tipps, Vorteilen, Mythen oder Nachteilen bietet eine einfache visuelle Orientierung für deine Videozuschauer.

Abbildung 5.19 easyvote zeigt, wie viel einfacher es ist, komplexen Inhalten zu folgen, wenn Argumente auch visualisiert werden.[16]

16 *https://youtu.be/OWdwmmXa7P8*

Wie du siehst, bedingen sich eine optische und eine inhaltliche Gliederung von Content gegenseitig. Du wirst herausgefordert, deine Gedanken immer wieder neu zu ordnen und deine Botschaft zuzuspitzen und sie umzuformulieren, um daraus beispielsweise gute Fragen für Zwischenüberschriften, Schritt-für-Schritt-Anleitungen für Bulletpoints oder gar eine Infografik zu schaffen.

5.3.2 Textstruktur: Den Leser an die Hand nehmen und durch den Text führen

Optik ist nicht alles – sie ergänzt und unterstreicht viel mehr deinen inhaltlichen Textaufbau. Wie kannst du deine Inhalte nun argumentativ logisch strukturieren, damit dir dein Gegenüber gut folgen kann.

Unsere natürliche Erzählreihenfolge wäre: Wir beginnen am Anfang, erzählen alles linear in der Reihenfolge, in der es passiert ist oder in der wir es herausgefunden haben.

Diese lineare Abfolge hast du allerdings bereits unterbrochen für deinen knackigen Einstieg: Denn du hast mir deine Ergebnisse nicht der Reihe nach präsentiert, sondern das Wichtigste oder Besondere herausgegriffen und an den Anfang gestellt.

Und wie geht es danach weiter? Wie findest du in den Fluss deines Textes? Sollten auch deine weiteren Argumente nach Wichtigkeit sortiert sein? Hier kannst du wieder viel davon lernen, wie Journalist*innen ihre Texte aufbauen.

Denn selbst im Nachrichtenjournalismus ist es üblich, dass man nach der Beantwortung der wichtigsten W-Fragen ins lineare Erzählen zurückfindet. Die Struktur des Textes ist dann etwa so gestaltet:

- Satz 1: »Was ist wem passiert?« bzw. »Wer wird was machen?«
- Satz 2–3: weitere Infos zum »wann«, »wo«, »warum« und »wozu«.
- Anschließend: »Wie kam es dazu?« – Rückkehr zum Anfang der Geschichte und ins chronologische Erzählen

Wenn du also etwas Geschehenes berichten magst oder auf etwas hinweist, was geschehen wird, kannst du dich sehr gut an diesem nachrichtlichen Aufbau orientieren. Wann immer du mit dem linearen Aufbau brichst, wirst du im Text kleine Brücken für den Leser bauen müssen. Dabei helfen dir Konjunktionen und Brückensätze wie: »zuvor war«, »bevor dies geschehen konnte …« oder »daher«.

Prinzipiell gilt für den Aufbau eines Textes: Man kann dir gut folgen, wenn die Funktion jedes Textteils klar ersichtlich ist, sich die Leserin also an keiner Stelle fragen muss: »Warum lese ich das jetzt?«

Dieser Grundsatz hilft dir auch dabei, wenn du Texte gestaltest, die sich nicht linear aufbauen lassen, sondern Argumenten folgen und Zusammenhänge erklären. In den folgenden Abschnitten möchte ich dir einige Beispiele zeigen, wie du diesen Text gliedern kannst.

Botschaft – Beweisführung – Kommentar

Gleich zu Beginn des Textes sagst du, worauf du hinauswillst. Du stellst eine Behauptung auf. Im besten Falle eine überraschende. Nehmen wir an, du bist Yogalehrerin und schreibst: »Tägliches Yoga schadet dir mehr, als dass es dir nutzt.« Dann nennst du die Argumente, die diese These stützen. Also zum Beispiel, dass man verlernt, auf den eigenen Körper zu hören, wenn man sich zu sehr in Routinen hineinzwängt. Und dass der Körper Regenerationszeiten braucht, um voll von der Praxis zu profitieren. Du schließt mit einer Bewertung, einem Kommentar ab, zum Beispiel: »Also lass die Matte heute ruhig mal zusammengerollt in der Ecke – auch diese bewusste Entscheidung ist Yoga.«

These – Szene/Geschichte – Analyse – Schlusspunkt

Das ist die etwas ausführlichere Form von Botschaft – Beweis – Kommentar. Jürg Häusermann empfiehlt diesen Aufbau Journalisten für ein Trend-Piece – also alles, was latent aktuell und nicht an einen festen Publikationstag gebunden ist. Die These in einem typischen journalistischen Trend-Piece klingt etwa so: »immer mehr Menschen gehen Eisbaden« oder »Immer weniger Menschen legen ihr Geld in einem Bausparvertrag an.« Statt der These kannst du auch eine Botschaft verwenden. Es folgt eine Geschichte oder Szene, welche die These/Botschaft belegt, also ein Beispielfall. Das Content-Piece der Yogalehrerin könnte also nach ihrer These (»Tägliches Yoga schadet dir mehr, als es dir nutzt.«) schildern, wie sie sich selbst überfordert hat, weil sie dachte, sie müsste unbedingt täglich auf die Matte. Dann folgt die Analyse – also der Teil des Textes, der die Frage beantwortet: »Warum ist das so?« Hier kann die Yogalehrerin selbst mit ihrem Wissen glänzen oder sie kann weitere Expertinnen zitieren. Zum Schluss wird dann der Bogen zurück gespannt zur Ausgangsthese oder zur Geschichte, die die These illustriert hat. In unserem Beispiel könnte die Lehrerin sagen, was sie gelernt hat. Wie oft macht sie jetzt noch Yoga pro Woche? Als Stilmittel lassen sich hier super Zitate einsetzen. Zum Beispiel: »Bevor ich die Yogamatte ausrolle, frag ich mich jetzt. Brauch ich das? Oder will ich vielleicht doch lieber eine Runde spazieren gehen?«

Beispielhafte Story/Szene – Thema – Ausführungen/Hintergrund – Schlusspunkt

Wenn man die Bestandteile des Trend-Piece herumdreht, landet man bei der Wall-Street-Journal-Formel (ebenfalls nach Häusermann[17]). Diese Textformel eignet sich auch für eine Analyse, die ohne klare Botschaft oder These steht. Die Analyse beleuchtet dann das Thema von mehreren Seiten und zeigt auf, wie individuell die »Lösung« eines Konfliktes ist. Perfekt zum Beispiel für Coaches, Berater und Dienstleister, die

17 Jürg Häusermann: Journalistisches Texten. Sprachliche Grundlagen für professionelles Informieren. UVK, 2005

Menschen helfen, ihre eigene Lösung zu finden. Starte mit der Situation deiner Wunschkundin. Vor welchem konkreten Problem steht sie? Beschreibe dies am besten szenisch. Dann benenne das eigentliche bzw. allgemeine Thema, das darunter liegt. Erzähle, woher das kommt und gib mögliche Lösungsansätze. Und zu guter Letzt – komme zurück zu deiner Beispielkundin und erzähle, welche individuelle Lösung sie gefunden hat.

Das Beispiel für den Text der Yogalehrerin könnte also so klingen: »Meine Schülerin Lara klagt über Schmerzen in den Handgelenken. Den herabschauenden Hund kann sie schon gar nicht mehr machen.« Dann beschreibst die Autorin, warum zu viel Yoga zu Verletzungen und Überlastungen führen kann und welche typisch sind. Sie zeigt auf, was bei akuten Handgelenksproblemen hilft und gibt Tipps, wie man solchen Überlastungenserscheinungen vorbeugt. Dann kehrt sie zurück zu Lara: »Lara hat erst einmal 2 Wochen Yogapause eingelegt und dann den Fokus auf die Stärkung ihrer Handgelenke gelegt. Zudem übt sie jetzt nur noch 3 mal die Woche körperliches Yoga und konzentriert sich an den anderen Tagen auf die Meditation.«

Konflikt benennen – Argumente für A – Argumente für B – Fazit

Bei einem Thema, zu dem es widersprüchliche Meinungen gibt, kann dein Content-Piece auch so aufgebaut sein, dass du zunächst darauf hinweist, wie widersprüchlich ein Thema gesehen wird, und dass du mit deiner Analyse Klarheit schaffen möchtest. Dann nennst du zuerst die Argumente der einen Seite und dann die der anderen und kommst so zu einem begründeten Fazit. Wie ich bereits in Abschnitt 2.2, »Nachricht? Interview oder Reportage? Reel oder Blogartikel? Ein Thema – viele mögliche Formate«, beim Einerseits-andererseits-Kommentar erwähnt habe, gewinnt dein Content-Piece ungemein, wenn du dich für eine Seite entscheidest und deine Wahl begründest. Du kannst aber diesen Textaufbau auch nutzen, um die Komplexität eines Themas aufzuzeigen und deine Community zu fragen, was sie überzeugt.

Diese Formeln zum Textaufbau kannst du an deine Bedürfnisse anpassen, kombinieren und ergänzen – solange nur jeder Textbaustein einen klar ersichtlichen Zweck hat.

So habe ich beispielsweise mit einer Kundin einen Textbaukasten für ihr wöchentliches Haupt-Content-Stück (einen Podcast) entworfen, den du in Abbildung 5.20 siehst. Der große Vorteil an einer solch modularen Vorgehensweise ist, dass du die Bausteine weiter nutzen kannst, um daraus andere Content-Stücke zu produzieren (darauf gehe ich in Abschnitt 5.5, »Von Long Content zu Short Content«, ein).

Die Kundin hatte sich zuvor beim Schreiben oft verlaufen – war nicht sicher, wie tief sie in die Geschichte eintauchen sollte, ob sie bereits Tipps während des Erzählens dieser Geschichte geben sollte und wo sie die Metaphern unterbringen durfte, die sie gerne zum Unterstreichen ihrer Botschaft nutzt. Mit der klaren Gliederung fällt ihr nicht nur das Schreiben leichter, auch ihre Podcast-Zuhörer können ihr viel besser folgen.

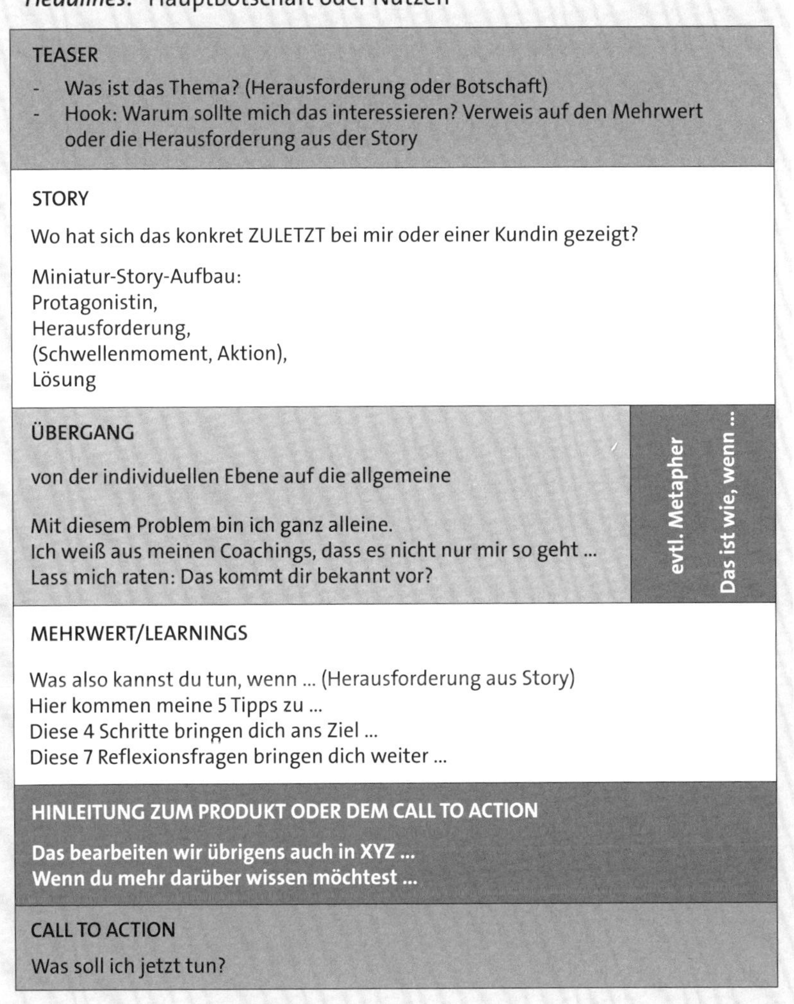

Abbildung 5.20 Beispiel für den modularen Textaufbau eines Long-Content-Piece

Finde nützliche Textübergänge, die du immer wieder verwenden kannst

Bei der modularen Textgliederung stehst du immer wieder vor der Frage, wie du von einem Block in den nächsten überleitest. Wie führst du beispielsweise aus der Geschichte einer einzelnen Person zu dem Textabschnitt, in dem du zeigst, dass dieses Thema viele Menschen betrifft? Hier hilft es, sich eine Sammlung an Übergängen zurechtzulegen. Für diesen Übergang eignen sich beispielsweise Sätze wie »Lea ist damit nicht alleine.« oder »Vielleicht geht es dir wie Lea – denn so geht es vielen Selbständigen.« oder »Aus meinen Beratungen weiß ich – Lea steht nicht alleine vor dieser Herausforderung.«

Wenn du in einem Konflikt-Content-Stück von einer Seite zur nächsten umschwenkst, helfen dir Sätze wie: »Was aber, wenn es ganz anders wäre? So sehen das nämlich Psychologen wie xyz ...« oder »Könnte nicht auch das Gegenteil wahr sein? Ja, findet xyz ...«.

Wenn du zum Schluss auf deine Angebote hinweisen möchtest, könnten elegante Übergangssätze sein »Wenn du dich fragst, welcher dieser Wege für dich passt, lass uns persönlich darüber sprechen.« oder »Genau dieses Thema bearbeiten wir auch in meinem Programm, wo du zudem lernst, ob ...« oder »Möchtest du jetzt tiefer gehen? Dann melde dich für xyz an.«

Wenn du zurück zur Beispielsgeschichte finden möchtest, geht das oft ohne Umschweife mit der Konjunktion »jedenfalls«: »Lea jedenfalls lässt ihre Yogamatte jetzt auch mal in der Ecke stehen.« Du kannst natürlich auch mit einem Übergangssatz zur Geschichte zurückführen: »Welche Lösung hat Lea nun für ihre Yogapraxis gefunden?«

Mein Tipp: Sammle Übergangssätze, die sich für dich natürlich anfühlen und dir leicht gelungen sind. Aus deiner eigenen Schreibpraxis oder auch aus dem Content anderer. Denn an diesen Punkten hält man sich beim Schreiben oft unnötig lange auf – außer man kann seine Toolbox öffnen und den richtigen Übergangssatz zücken.

Das Wichtigste in Kürze

Um deine Community durch deinen Text zu führen, helfen visuelle Gliederungselemente – die auch Köder gerade für schnelle ungeduldige Leser von Onlinetexten sind. Texte mit Zwischenüberschriften, Aufzählungen und einem Fazit zu strukturieren, ist auch bei Videos und Podcasts möglich und sinnvoll. Für einen gelungenen Sinnzusammenhang der Elemente deines Textes kannst du dich an den genannten Textformeln von Journalisten orientieren. Die wichtigste Regel lautet jedoch: Textelemente, die keine klare Funktion erfüllen, verwirren deine Community. Wenn du selbst nicht weißt, warum du etwas erzählst – streiche diesen Teil ersatzlos.

5.4 Storytelling im Mikroformat

Ich verstehe nicht viel von »Herr der Ringe«. Wenn ich ganz ehrlich bin, waren mir schon die Filme zu lang. Insbesondere die Schlachten schienen einfach kein Ende zu nehmen. Aber mich faszinierten die Diskussionen in meinem Freundeskreis nach dem gemeinsamen Kinobesuch. Denn hier konnte ich den eingefleischten »Herr der Ringe«-Fans lauschen. Und als eingefleischt gilt offenbar der, der auch die Bücher gelesen hat. Das ließ mich aufhorchen. Als Leseratte bin ich der Meinung: Die Bücher gelesen zu haben, ist ja wohl die Mindestanforderung an einen Fan! Ich hakte also nach.

»Naja, weißt du«, erklärte einer der Fans zögernd, »die vielen Seiten voller Elben-Gesänge und Beschreibungen des Auenlandes – ich glaube, das ist etwas, worauf wir alle hätten verzichten können.« Ich staunte nicht schlecht: Der oft als »König der Erzählkunst« dargestellte Tolkien hatte also Längen geschaffen, in denen sich selbst seine Fans wünschten, er würde endlich mal auf den Punkt kommen.

Und damit komme ich zum Punkt: Storytelling um des Storytellings Willen funktioniert weder im Journalismus noch in deinem Content. Auch wenn wir uns alle gerne von Geschichten berühren lassen – eine echte Wirkung zeigen diese nur, wenn sie relevant sind für das, was du sagen oder zeigen möchtest. Das unterscheidet dich von Romanautoren wie Tolkien. Diese haben die Freiheit seitenlang eine Landschaft zu beschreiben, wenn es der Atmosphäre dient. Du beschreibst die Landschaft nur, wenn es für das, was du sagen möchtest, wichtig ist, ob es Berge oder Seen gibt. Du beschreibst, wie eine Person, die über dem Schreibtisch hängt, den Kopf in die Hände stützt, weil es für deine Geschichte wichtig ist, wie sich diese Person fühlt. Und weil du nicht jedes Mal »Paul war verzweifelt« sagen möchtest. »Show don't tell« ist der wichtige Grundsatz, den ich dir gleich zu Beginn dieses Buches vorgestellt habe. Nun möchte ich ergänzen: Please don't show me anything that tells me nothing.

Wie wählst du nun aus, wann es sich lohnt, deine Storytelling-Fähigkeiten auszupacken? Wann gibst du nicht nur Fakten wieder, sondern verknüpfst diese mit einer Geschichte? In der Illustration in Abbildung 5.21 findest du typische Momente, in denen sich das Material für eine Geschichte verbirgt.

Abbildung 5.21 Wo stecken Storys für deinen Content? Die auf den Schildern genannten Momente sind eine wertvolle Fundgrube.

An dieser Stelle möchte ich festhalten, dass eine Geschichte in ihrer Minimalform (und dieses Format ist so praktisch, dass ich es gleich noch genauer vorstellen werde) im Prinzip einfach ein Beispiel ist. Ein konkretes Beispiel für das, was du sagen möchtest. »Ich wusste: Ich konnte keinen einzigen Tag mehr in dieses Büro kommen – also kündigte ich« ist eine vollständige Mikrogeschichte. Ich kenne den Protagonisten, das Problem und die Lösung.

Es gibt kaum etwas, was mich trauriger macht, als die Aussage »Storytelling kann ich nicht«. Ich bin der Meinung, dass jeder von uns Geschichten erzählen kann und es auch tut – ob bewusst oder unbewusst. Jedes Mal, wenn man mit anderen zusammensitzt und das ausspricht, was vom eigenen Tag oder den vergangenen Wochen berichtenswert scheint, erzählt man Geschichten. Wir verstehen und berichten unsere Vergangenheit und alles, was wir erlebt haben, als Geschichten. Der Schriftsteller Jonathan Gottschall nennt den Menschen in seinem TED-Talk und dem gleichnamigen Buch ein »Storytelling Animal« und zeigt unsere Obsession für Geschichten auf, die sogar so weit geht, dass wir in die Bewegung einiger geometrischer Figuren Geschichten hineininterpretieren (siehe Abbildung 5.22). Wir suchen Geschichten, weil wir sie lieben. Weil sie uns helfen, die Welt zu verstehen, und weil sie in uns Emotionen erzeugen.

Abbildung 5.22 Wir brauchen nicht viel, um eine Geschichte zu sehen, wie Gottschall in diesem TED-Talk zeigt.[18]

Um Geschichten zu erzählen, müssen wir weder Tolkien noch George Lucas noch Joanne K. Rowling sein – auch wenn Herr der Ringe, Star Wars und Harry Potter fast

18 *https://youtu.be/VhdOXdedLpY*

überall als Beispiele herhalten müssen, wenn Storytelling anhand der klassischen Heldenreise gelehrt wird.

Für unseren Content brauchen wir keine komplexen Handlungen mit unterschiedlichen Widersachern, Helfern und einer tiefen Transformation. Wir können Geschichten auf ihre essenziellen Bausteine herunterbrechen:

- **Einen Protagonisten**: Der Protagonist ist die Person, deren Geschichte erzählt wird. Das muss kein Held sein. Mit wem sollen die Leser/Zuseher mitfühlen können? Zumeist ist das eine Kundin oder du selbst bzw. ein Vertreter deiner Marke.
- **Eine Herausforderung**: Wenn die Person normal durch ihren Alltag ginge, wäre es keine Geschichte. Es braucht einen Irritationsmoment, der sie aus ihrem Normalzustand herausreißt. Dieser kann groß sein (der Kampf mit einer Krankheit, ein Konflikt, ein Lebenswunsch, der nicht erfüllt werden kann, ein gekündigter Job) oder auch ganz klein (ein Gedanke, der das eigene Weltbild in Frage stellt, ein Gespräch, das man nicht mehr aus dem Kopf bekommt, ein verlorener Gegenstand).
- **Eine Botschaft**: Während Romane und Serien auch nur eine unterhaltsame oder berührende Geschichte erzählen dürfen, verfolgt das Storytelling im Marketing immer einen Zweck. Die Geschichte zeigt oder unterstreicht etwas. Sie ist ein Beispiel für das, was du sagen möchtest. Warum erzählst du diese Geschichte? Dieses Warum kann auch sein: Ich zeige dir, dass ich dein Problem/deinen Konflikt erkannt habe.
- **Eine Lösung**: Welchen Weg findet die Protagonistin, um mit der Herausforderung umzugehen? Findet sie überhaupt einen? Oder gibt es vielleicht gar kein Happy End?

Wenn du diese vier Bausteine hast, steht deine Mikrostory. Mehr braucht es nicht, wenn du zum Beispiel ein kurzes Reel oder YouTube-Short drehen möchtest. Ich empfehle Storytelling-Anfänger*innen, dass sie immer erst einmal diese vier Punkte fest legen und aufschreiben – Protagonist, Herausforderung, Botschaft und Lösung. Erst danach kann man die entstandene Minigeschichte durchlesen und überprüfen, ob noch Elemente hinzugefügt werden müssen, damit sie funktioniert und verständlich ist.

Wenn man Geschichten hingegen frei herunterschreibt, stecken oft zu viele Bestandteile und Details darin, die gar nicht gebraucht werden. Und stehen diese erst einmal auf dem Papier (oder im Dokument), fällt es schwer, diese zu streichen, weil man nicht mehr ohne Weiteres das Wichtige vom Unwichtigem unterscheiden kann. Ich vermute, so ist es auch Tolkien gegangen. Er hat nicht mehr erkannt, dass es die Beschreibungen des Auenlandes gar nicht gebraucht hätte.

Ich möchte diese Arbeit mit dem Mikrogeschichtenskelett einmal an einem konkreten Beispiel demonstrieren:

Ein Businesscoach möchte die Geschichte einer Kundin erzählen, die zu Beginn ihrer Selbständigkeit die falschen Kurse gebucht und die falschen Dinge gelernt hat. Sie sucht zunächst die vier Bestandteile heraus:

Botschaft: Investiere nicht in Reel-Kurse, wenn deine Positionierung und dein Angebot noch gar nicht klar sind. Kaufe lieber bei mir und lerne die Grundlagen.

Die Protagonistin: Kundin Lea, Business-Starterin

Herausforderung: Lea hat die falschen Kurse gekauft und kann den Input nicht umsetzen.

Lösung: Sie merkt, dass sie nicht weiterkommt, entscheidet sich für einen Businessaufbau-Kurs für Starterinnen und gewinnt erste Kundinnen.

Alleine mit diesen vier Elementen funktioniert die Geschichte noch nicht. Die Formulierung »sie merkt« ist ein Hinweis dafür, dass wir ein weiteres typisches Storyelement brauchen: den Schwellenmoment. Hier werden wir eingeladen, eine Szene zu beschreiben, die unerlässlich ist für die Geschichte: Den Moment, in dem Lea gemerkt hat, dass ihre Entscheidung falsch war und sie so nicht weiterkommt. In welcher Situation wurde ihr bewusst, dass sie die Richtung wechseln musste?

Der Businesscoach könnte diesen Schwellenmoment etwa so beschreiben: »Nachdem Lea verstanden hatte, wie sie ein Reel für ihr Angebot drehen sollte, Filter und Special Effects ausgewählt hatte und das Licht aufgebaut war, kam sie ins Straucheln: Was sollte sie eigentlich sagen? Wen wollte sie ansprechen? Nach ein paar missglückten Versuchen baute sie ihr neues und teures Ringlicht wieder ab, googelte nach Online-Business-Programmen – und fand mich.«

Jetzt einfach zu behaupten, dass alles gut wird, ist ein wenig plump – die Geschichte verlangt danach aufzuzeigen, was die Lösung ausmacht, was anders war. So wird das Happy End glaubwürdig. Zum Beispiel so: »In meinem Kurs lernte Lea, wie Marktforschung funktioniert, und kreierte ein Angebot, das auch wirklich ein Problem löst. Sie lernt, wie sie dieses Angebot bewirbt, und gewinnt ihre ersten Kundinnen.«

Das wäre schon ein Happy End an sich. Versöhnlicher und runder ist die Auflösung, wenn Lea ihre Reel-Kenntnisse dann doch noch anwenden kann. In der Story könnte man das mit einem Zitat anhängen: »Jetzt kann ich auch endlich mein Reel-Wissen anwenden und witzige Werbevideos drehen«, freut sich Lea.

Vorsicht mit offenen Enden

Auf der Suche nach schönen Beispielen für Storytelling ist mir aufgefallen, dass in Reels und anderen Kurzvideoformaten oft der Schluss/die Auflösung weggelassen wird. Die Zuschauer werden in den Konflikt hineingeworfen, identifizieren sich im Idealfall mit dem Problem – und dann werden sie fallen gelassen. Das Video endet.

Und auch in der Caption findet sich keine Lösung, sondern sinngemäß nur der Satz: »Kennst du das auch?« Ein offenes Ende kann ein gutes Stilmittel sein, um die Spannung hochzuhalten. Aber ich empfehle, es sehr selten und nur ganz bewusst einzusetzen, da man sonst ständig Erwartungen enttäuscht. Deine Community wird hier zwar an ihre Probleme erinnert – findet aber offensichtlich keine Lösungen.

Erst das vierteilige Skelett, dann ergänzen, was die Geschichte noch braucht – mit diesem Vorgehen kannst du sicherstellen, dass du deine Geschichte knackig erzählst. Kein Wort zu viel. Keine Szenenbeschreibungen, die es nicht braucht. Wenn du merkst, dass deiner Geschichte etwas fehlt, frag dich Folgendes:

1. Muss ich die Herausforderung genauer beschreiben, vielleicht als Szene oder Bild, damit man sie versteht und nachfühlen kann?
2. Gibt es eine interessante Geschichte/Szene rund um den Schwellenmoment – den Moment als der Person klar wurde, dass sie etwas ändern muss?
3. Ist es nötig, dass ich den Weg zur Lösung mit Umwegen genauer beschreibe? Achtung – das solltest du wirklich nur tun, wenn in den Umwegen auch Learnings stecken, die letztendlich zur Lösung führen. Ansonsten sind es eben nur Umwege, auf denen du auch die Leser*innen zu verlieren drohst.
4. Ist es nötig, dass ich die Lösung genauer beschreibe, damit die Menschen ihren Wert verstehen?

Storytelling kann als Content-Stück für sich stehen. Im Beispiel des Businesscoaches könnte eine Headline noch die Botschaft dazu liefern. Zum Beispiel so: »Business-Starter? Warum du nicht als Erstes an Sichtbarkeit denken solltest«.

Storytelling kann aber auch als Teil eines längeren Content-Stücks genutzt werden. Dann erfolgt der Übergang von der Geschichte zur Vertiefung des Themas oft mit Sätzen wie: »Wie Lea geht es vielen meiner Kundinnen – sie haben sich erst einmal für Kurse entschieden, die nur ein glitzerndes Trendthema bearbeiten, anstatt sich an die Grundlagen zu setzen, und haben dann gemerkt: Ich komme so nicht weiter.« Du erzählst also eine Geschichte und ordnest sie dann in einen größeren Zusammenhang ein. Wie der Textaufbau mit Storytelling aussehen könnte, hast du bereits in Abschnitt 0, »Hilfe, wo bin ich? Orientierung und Textaufbau«, gelernt.

Das Storytelling im Mikroformat »Botschaft – Protagonistin – Herausforderung – Lösung« hilft dir auch dabei, deine Geschichte so auf ihre wichtigsten Bestandteile zu reduzieren, dass sie gut in Kurzvideos für Reels oder TikTok passt. Dort hast du sogar den Vorteil, dass du vieles, was du sonst beschreiben müsstest, einfach nebenbei darstellen kannst. Wie Filter, Musik, Sticker und VR-Effekte dir dabei helfen, auf engstem Raum viele Inhaltsebenen zu vermitteln, darauf werde ich in Abschnitt 7.2.2 gesondert eingehen.

Das Wichtigste in Kürze

Storytelling bereichert deinen Content, denn Geschichten lassen Bilder im Kopf entstehen und Bilder führen zu Emotionen. Damit dein Storytelling aber nicht ausufert, konzentriere dich auf die Elemente, die deine Geschichte wirklich braucht: eine Hauptfigur, eine Herausforderung, eine Lösung und eine Botschaft. Füge nur dann Elemente hinzu, wenn sie dem Verständnis oder der Glaubwürdigkeit der Geschichte dienen. Mach es besser als Tolkien und beschreibe keine Szenen, die nicht benötigt werden.

5.5 Von Long Content zu Short Content

Die beste Nachricht habe ich mir bis zum Schluss dieses Kapitels aufgehoben. Wenn du die bisherigen Textkniffe befolgst, wird es dir erstaunlich leichtfallen, deinen Content auf verschiedene Arten aufzubereiten. Um genau zu sein, sogar kinderleicht. Denn es ist, wie mit Bauklötzen zu spielen. Du kannst dein Long-Content-Stück – ob es nun ein Blogartikel ist, dein Podcast-Skript oder der Sprechertext für dein Video – heranziehen, die Textbausteine wieder auseinandernehmen und sie zu vielen appetitlichen Content-Happen für deinen Newsletter und die verschiedenen Social-Media-Posts neu zusammensetzen. Der große Vorteil dieses modularen Denkens ist: Dir fällt nicht nur das Texten leichter, wenn du eine klare Struktur hast, auch das Auslagern von Aufgaben wird viel einfacher, wenn dein Team oder eine virtuelle Assistentin eine Struktur erkennt.

Wie kann das aussehen? In Abschnitt 5.3.2, »Textstruktur: Den Leser an die Hand nehmen und durch den Text führen«, habe ich dir bereits die Struktur gezeigt, die ich mit einer Kundin für ihr Haupt-Content-Stück erarbeitet habe. Diese möchte ich hier als Beispiel wieder aufgreifen, damit du eine konkrete Vorstellung hast, wie sich Short-Content-Stücke aus einem modularen Textaufbau des Long-Content-Stücks zusammensetzen lassen. In Abbildung 5.23 siehst du, welche Vorlage meine Kundin nun nutzt, um alle anderen Marketingkanäle zu bedienen. Sie verwendet die Storytelling-Passage in Verbindung mit dem Podcast-Teaser als Text für ihren Newsletter und als LinkedIn-Post. Lediglich ein Satz, der darauf verweist, wo man das Haupt-Content-Stück findet, muss neu getextet werden. Für Instagram und Facebook lassen sich drei Posts aus dem Haupt-Content-Stück gewinnen: Der Teaser an sich ist schon ein Post, der Mehrwertpart mit Tipps wird in einem Karussell-Post weiterverarbeitet (jeder Tipp ein Bild) und die Story kann mit einem interaktionsstarken Call-to-Action (»Kennst du solche Situationen?«, »Wie hättest du reagiert?«) kombiniert werden.

Zu guter Letzt lassen sich einzelne Bausteine des Haupt-Content-Stücks weiter kondensieren, damit sie in ein Kurzvideo oder Reel passen. Der Konflikt aus der Story wird schauspielerisch nachgespielt oder als fiktiver Dialog gezeigt, die Botschaft eignet sich gut für ein »Ich zeige auf den Text«-Reel. Die Metapher, die für die Botschaft steht, wird im Bild oder Video gezeigt, während die eigentliche Botschaft als Text in der Formatierung eines Tweets einfliegt.

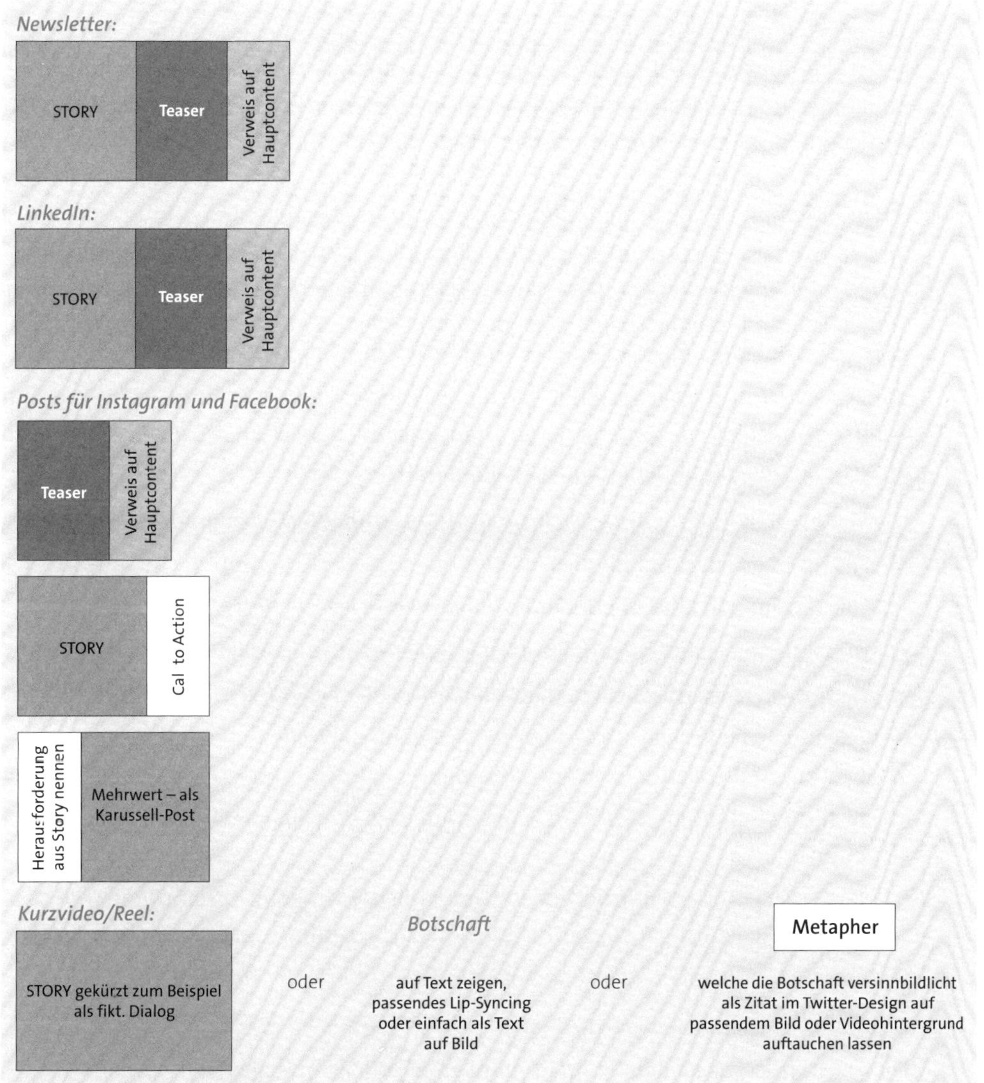

Abbildung 5.23 Ein Beispiel, wie Textbausteine aus dem Haupt-Content-Stück neu zusammengesetzt Content für alle Marketingkanäle ergeben können.

Wenn ich diese Bausteine anderen Content Creator*innen zeige, gibt es genau zwei Reaktionen: Die einen sind völlig begeistert und wollen sogleich mit mir ihren eigenen Baukasten erstellen. Die anderen sagen: »Das wäre mir viel zu steif! Ich will freier sein in der Gestaltung meiner Posts.«

Wenn du zur zweiten Sorte gehörst, möchte ich dir ein paar Leitfragen mit an die Hand geben, die es dir erleichtern sollen, jene Textpassagen oder Aussagen aus deinem Long-Content-Stück herauszufiltern, die sich gut für Appetithäppchen auf Social Media eignen. So bist du viel freier in der Gestaltung und trotzdem schneller im Finden der Goldnuggets. Einige der Fragen werden dir bekannt vorkommen, weil sie dir bereits bei deinen Headlines, Zwischenüberschriften, Vorspännen und Einstiegen geholfen haben. Du kannst also auch mit dieser Methode auf bereits geleistete Arbeit zurückgreifen. Wenn es dir schwerfällt, die Essenz und die Besonderheiten eines Textes zu finden, blättere gerne zurück zum Küchenzurufprinzip – du findest es als Kasten in Abschnitt 5.1, »In Schlagzeilen denken und Headlines texten«, und zum »Erzähl mal«-Kasten mit der Rote-Ampel-Methode in Abschnitt 5.2, »Von Einstiegen und Teasern – catch me if you can«. Und natürlich kann dir auch die KI Vorschläge machen, zum Beispiel, indem du ChatGPT nach den wichtigsten Aussagen eines Textes fragst und diesen ins Eingabefeld kopierst. Aber Vorsicht: Im Bewerten von Inhalten kann man ChatGPT nur eingeschränkt vertrauen. Die KI beruft sich auf Häufungen und Wahrscheinlichkeiten. Ihr fehlt deine Erfahrung und dein Hintergrundwissen, das du dir beim Erstellen von Inhalten angeeignet hast.

Diese Fragen helfen dir auf der Suche nach Goldnuggets für deinen Short Content:

- Welche Frage wird hier (in diesem Text oder diesem Abschnitt) beantwortet?
- Welchen Nutzen hat der oder die Leser*in, wenn sie das liest?
- Was ist meine Hauptbotschaft?
- Was hat mich überrascht? Was habe ich bisher nicht gewusst oder anders geglaubt?
- Welche Beispiele oder Bilder werden verwendet? Welche davon bleiben im Gedächtnis, wenn ich den Text zur Seite lege?
- Welche Zwischenüberschriften zeigen mir, dass nun ein spannender neuer Punkt kommt?
- Welche Zitate oder eindrücklichen Sätze möchte ich beim Lesen unterstreichen? Gibt es vielleicht sogar solche, die die Botschaft meines Textes zusammenfassen?
- Gibt es Aufzählungen, Tipps oder Anleitungen, die auch ohne den Rest des Textes verständlich sind?

Du siehst: Je klarer du dein Long-Content-Stück planst und gliederst, je mehr Gedanken du dir um wichtige Kurztexte wie Headlines und Zwischenüberschriften machst, je bewusster du Storys und Zitate auswählst, umso mehr Arbeit sparst du später, wenn du aus einem Long-Content-Piece viele Short-Content-Pieces gewinnen möchtest.

Das Wichtigste in Kürze

Die Leserinnen und Leser mit knackigen Headlines, Zwischenüberschriften und einer klaren Gliederung durch deinen Text zu führen, macht nicht nur dein längeres Content-Stück attraktiv. Es erleichtert dir als Content Creator auch das Formulieren und Gestalten von Social-Media-Posts. Du kannst fertige Textblöcke herausgreifen oder mit Reflexionsfragen schnell die Essenz und Besonderheiten deines Long Content erfassen und kreativ weiterverarbeiten.

Kapitel 6

Gespräche führen, die faszinieren

Interviews sind ein tolles Format, um deinen Inhalt zu präsentieren. Allerdings nur, wenn sie gut vorbereitet und interessant gestaltet werden. Du stellst die Fragen weder für dich noch für deinen Gesprächspartner, sondern stellvertretend für deine Community.

Hast du dich schon einmal gefragt, warum Menschen so gerne Gespräche belauschen? Warum unsere Ohren so groß werden, wenn am Nebentisch im Café Privatgespräche geführt oder Businessmeetings veranstaltet werden. Selbst dann, wenn das Thema scheinbar nichts mit uns zu tun hat? Meine Vermutung: Wir lieben die Idee, dass wir hier nicht nur Geschichten erzählt bekommen, sondern diese live miterleben. Bei Gesprächen geht es nicht nur um Worte und Inhalte. Es geht auch um die Dynamik. Wie gehen die Sprechenden miteinander um? Wer dominiert das Gespräch? Wo gibt es Missverständnisse? Menschliche Verbindungen zu beobachten, fasziniert uns. Wir freuen uns mit, wenn Verbundenheit entsteht, und sitzen auf heißen Kohlen, wenn es zu Reibungen kommt. Wir können Teil eines Miteinanders sein, ohne selbst etwas beizutragen oder irgendwelche Erwartungen erfüllen zu müssen. Und trotzdem zerreißt es uns manchmal fast, wenn wir nicht nachhaken können, weil wir etwas nicht ganz verstanden haben, oder sich ein Gesprächspartner eindeutig in Widersprüchen verheddert.

Interviews und Gesprächsrunden haben also von Natur aus ein großes Potenzial, das Interesse der Menschen auf sich zu ziehen. Kein Wunder, dass sie nicht nur in den Medien beliebt sind, sondern auch in Blogartikeln, Podcasts und Videos interviewt wird, was das Zeug hält. Dabei ist eine spannende Vielfalt entstanden, die man so aus den klassischen Medien nicht kannte. Es gibt die wöchentlichen Update-Gespräche von Comedians und Prominenten, die eigentlich keinen wirklichen Inhalt haben, denen man aber trotzdem gerne zuhört, wenn man sie sympathisch und schlagfertig findet – zum Beispiel »Kaulitz Hills« (mit den Musikerzwillingen Bill und Tom Kaulitz) oder »Quality Time« (mit der Comedian Anke Engelke und dem Influencer Riccardo Simonneti). Oder sogar mehrstündige tiefenpsychologische Gesprächsrunden wie im »Hotel Matze«.

Leider aber sind die meisten Interviews und Gespräche, die uns als Content präsentiert werden, oberflächliches Geblubber, dem man anmerkt, dass es keine echte Vorbereitung gab. Dass niemand an die Menschen gedacht hat, das das lesen, ansehen oder zuhören. Die allermeisten »Interviews« haben diesen Namen nicht verdient und sind unsere Zeit nicht wert. Und das ist besonders dann nervig, wenn sie im Audio- oder Videoformat präsentiert werden. Denn dann merkst du erst mittendrin, dass du gerade deine Zeit verschwendest.

Für dich als Content Creator heißt das aber auch: Wenn du wirklich interessante Interviews und Gespräche führst, wenn du deinem Interviewpartner spannende Fragen stellst, anstatt der Person nur eine Bühne für ihren Angebots-Pitch zu geben, hast du eine große Chance zu faszinieren. Und zwar deinen Gesprächspartner und dein Publikum. Die Mühe lohnt sich.

Wichtig: In diesem Kapitel geht es mir ausdrücklich nicht um Gespräche, in denen du nur Fakten oder Hintergrundinformationen sammelst. Mit solchen Rechercheinterviews solltest du deine Community auf gar keinen Fall langweilen. Du solltest ihnen viel mehr deine Ergebnisse in Form ausgewählter Zitate präsentieren. Wie du entscheidest, ob du ein Rechercheinterview oder ein Gespräch führst, das gestaltet und gesendet oder im Blogartikel veröffentlicht wird, habe ich bereits in Kapitel 4, »Recherchieren wie Karla Kolumna«, gezeigt. Dort gehe ich auch darauf ein, wie du Rechercheinterviews vorbereitest und führst.

In diesem Kapitel geht es mir nun um die Königsdisziplin: das gestaltete Interview oder Gespräch, das so spannend ist, dass deine Community genauso fasziniert lauscht wie du, wenn sich im Café am Nebentisch zwei Menschen über etwas unterhalten, was dich bewegt.

Und auch wenn Creator hier faszinierende neue Formate beigetragen haben, auf die ich an einzelnen Stellen auch eingehen werde – am meisten kannst du hier von Journalist*innen lernen. Denn diese haben schon vor Jahrzehnten erkannt: Um gute Interviews zu führen, musst du viele Rollen auf einmal ausfüllen. Dazu brauchst du nicht nur gutes Handwerk, sondern auch das Talent eines guten Zuhörers und Übung. Am besten, du fängst gleich damit an.

Interview oder Gespräch? Welche Rolle spielst du als Host?

In einem klassischen Interview findest du als Interviewender, also Host, mit deinen Meinungen und Erfahrungen nicht statt. Du stellst gute Fragen. Und gute Fragen führen zu spannenden Antworten. Als Person aber hältst du dich weitestgehend zurück. Klassische Interviews haben also das Ziel, dass die Fragen deiner Community beantwortet werden, die du selbst nicht beantworten kannst.

Wenn du deine Expertise und deine Erfahrungen zeigen möchtest, um deine Angebote zu verkaufen, ist das kein klassisches Interview mehr – sondern ein Gespräch. Dieses kannst du zum Beispiel mit ehemaligen Kundinnen führen oder mit anderen Experten, die vielleicht eine gegenteilige Meinung haben.

Wichtig ist, dass dir UND deinem Gegenüber klar ist: Wozu wird hier eingeladen? Was ist das Ziel? Wer sich auf eine fachliche Diskussion einlässt, fühlt sich nicht angegriffen, wenn du widersprichst, sondern hat Lust auf den Austausch. Wenn die Person aber das Gefühl hat, sie wurde aufgrund ihrer Expertise zum Interview geladen, fragt sie sich, warum du mit deinen Ansichten in Konkurrenz mit ihr trittst – oder warum du die ganze Zeit Eigenwerbung machst.

Ich verwende in diesem Kapitel die Begriffe Interview und Gespräch weitestgehend synonym, weil sie von Content Creator*innen auch so genutzt werden, möchte aber dringend darauf hinweisen, dass du dir deiner Rolle bewusst sein und beim Gegenüber auch darauf hinweisen solltest.

6.1 Was ein gutes Interview von einem langweiligen unterscheidet

Dass es leichter ist, sich jede Woche einen anderen Interviewgast einzuladen, als sich eigene Inhalte für eine »Sendung« auszudenken, ist der größte Creator-Irrtum, seit es Podcast-Interviews und Live-Formate auf Facebook, Instagram oder YouTube gibt. Wer so denkt, führt höchstwahrscheinlich keine guten Gespräche. Denn diese machen ganz schön Arbeit.

Aber sind nicht unheimlich viele Creator*innen genau auf diese Art gewachsen und bekannt geworden? Kamera an, live gehen, mit jemand quatschen und fertig? Stimmt. Allerdings lag das selten an der Qualität der Gespräche, sondern viel mehr daran, dass reichenweitenstarke Interviewgäste eingeladen wurden. Die Interviews dienen dann hauptsächlich der Selbstdarstellung des Gastes, sie werden meist kurz vor dessen nächstem Launch geführt. Ob die Person wirklich eine gute Expertin oder ein guter Gesprächspartner ist, scheint eher zweitrangig. Wichtiger ist vielen Creator*innen, dass diese Person viele Follower hat. Denn wenn der Gast viele Follower hat, gewinnt auch der Interview Host gewinnt über seinen Gast an Sichtbarkeit.

Aber denken wir das Ganze einmal weiter: Fans deines Interviewpartners werden Fan von dir, weil du diese Person gut dargestellt hast. Damit geht die Idee völlig verloren, dass du dem Interviewpartner die Fragen stellst, die deine Community bewegen. Kritische Fragen fallen unter den Tisch. Du bietest lediglich eine Bühne für einen sehr langen Pitch. Für das Publikum ist das oft eher langweilig.

Ich will die Idee dieser Art von »Gefälligkeitsinterviews« nicht kleinreden – ich selbst freue mich auch immer wieder, wenn ich eingeladen werde, um über meine Arbeit zu sprechen. Und doch muss ich sagen: Je häufiger ich interviewt werde, umso mehr weiß ich es zu schätzen, wenn mir ungewöhnliche und gerne auch kritische Fragen gestellt werden, die zeigen, dass sich mein Gegenüber mit meiner Arbeit auseinandergesetzt hat. Und nicht einfach nur mit möglichst wenig Aufwand möglichst viel

Sendezeit füllen will. Wenn mir als Interviewgast diese Gespräche schon merklich mehr Spaß machen als die reine Selbstdarstellungsbühne, wie ergeht es dann erst dem Publikum?

Abbildung 6.1 Von wegen einfach nur Kamera an und los geht es. Ein Interview-Host hat vielfältige Aufgaben.

Wenn du journalistisch interviewst, hast du den Anspruch, die wichtigsten und interessantesten Menschen für ein Thema auszuwählen. Du möchtest diesen dann genau die Fragen zu stellen, die deinem Publikum auf der Seele brennen. Und du wirst nachzuhaken, wenn dein Gegenüber einer Frage ausweicht, sich in Widersprüchen verstrickt oder schlichtweg unverständliches Zeug faselt. Du hast die Uhr im Blick und achtest auf eine gute Gesprächsdynamik. Und du schreitest ein, wenn das Interview zum Monolog zu werden droht. Einen Überblick über deine Aufgaben bei einem guten Interview findest du in Abbildung 6.1.

Klar ist: Mit journalistisch geführten Interviews kannst du aus der Masse des Gesprächs-Contents herausstechen. Du nutzt den Multiplikationseffekt deiner Interviewpartner*innen UND schaffst Content, der dein und das Publikum deiner Gesprächspartner begeistert.

Klar ist allerdings auch: Ein gutes Interview oder Gespräch zu führen – vielleicht sogar unter der Live-Beobachtung deines Publikums – ist eine der anspruchsvollsten Aufgaben überhaupt. Du brauchst eine gute Vorbereitung, Empathie und die Fähigkeit und Disziplin, während des Interviews selbst mehrere Aufgaben gleichzeitig zu lösen und die Interessen aller Beteiligten zu berücksichtigen.

6.1.1 Die Interviewvorbereitung

Deine Interviewvorbereitung beginnt mit der Frage: Was wird bei meinem Interview im Fokus stehen? Interviewe ich, um Hintergründe eines Themas zu beleuchten? Oder möchte ich, dass meine Community eine bestimmte Person näher kennenlernt? Die besten Interviews sind eindeutig der Sach- ODER der Personenebene zuzuordnen. Verschränkungen sind möglich, bringen aber von vornherein eine Verwässerung, weil du je nach Interviewart völlig andere Fragen stellst und sie auch anders aufbaust.

Bei einem *Interview zur Sache* beleuchtest du die Hintergründe eines Themas und stellst die Sichtweise dieser Person (meist einer Expertin, Betroffenen, Augenzeugin, Interessenvertreterin) in den Fokus. Wenn überhaupt etwas Persönliches angesprochen wird, dann in der allerletzten Frage, um einen sanften Ausstieg zu gestalten. Ein klassisches Beispiel für eine sachbezogene Interviewführung ist der Podcast Coronavirus-Update des NDR, in dem die Virologen Sandra Ciesek und Christian Drosten die neuesten Erkenntnisse rund um das Coronavirus aus ihrer Expertensicht bewerteten. Wie sie selbst mit der Pandemiesituation umgehen, war wenn überhaupt nur ganz am Rande Thema der Interviews. Weitere persönliche Fragen wurden nicht gestellt.

Um ein sachbezogenes Interview zu führen, sollte der Interviewer selbst in die Materie eintauchen. Und dann die Person auswählen, die aufgrund ihrer Expertise oder Erfahrung etwas dazu zu sagen hat. Er sollte ihre bisher verlauteten Standpunkte und Meinungen zu dem Thema kennen, ebenso wie die Argumente der Gegenseite und die Schwachpunkte der Argumentation. Für die Interviewrecherche gilt das Gleiche wie für Recherche insgesamt: Recherchiere lieber ein Thema in die Tiefe, anstatt gleichzeitig mehrere Themen anzureißen.

Überleg dir schon vor dem Gespräch, welche Frage die wichtigste ist und auf jeden Fall beantwortet werden muss. Diese wirst du im Gespräch zuerst stellen.

Was will deine Community wissen?

Während Journalist*innen vor Interviews oft in die Glaskugel schauen müssen, wenn es darum geht, was ihre Leser oder Zuseher besonders interessiert, kannst du als Content Creator vor jedem Interviewtermin deine Community direkt fragen, was für sie wichtig wäre. Und zwar sowohl bei personenbezogenen Interviews als auch bei Sachinterviews. Zum Beispiel so: »Ich interviewe Sandra Horst zum Thema Zeitmanagement: Was sind da deine Fragen?« Dafür kannst du beispielsweise den Fragensticker auf Instagram nutzen, siehe Abbildung 6.2. Sehr erwünschte Nebeneffekte: Du lernst die Menschen, die dir zusehen, durch ihre Fragen besser kennen. Und sie fühlen sich von dir gesehen.

Abbildung 6.2 Sammle die Fragen deiner Community an die Interviewpartner – zum Beispiel mit dem Fragensticker.[1]

Während sachbezogene Interviews das Ziel haben, den Zuschauern/Zuhörerinnen Hintergründe zu erläutern und ein tieferes Verständnis für eine Sache zu vermitteln, darf und soll es in *personenbezogenen Interviews* menscheln. »Ich lade Menschen ein, die mich interessieren, und versuche herauszufinden, wie sie so ticken«, bringt es Podcast-Host Matze Hielscher für seinen Interview-Podcast »Hotel Matze« auf den Punkt. Demzufolge werden personenbezogene Podcasts meist mit Menschen geführt, die bereits in der Öffentlichkeit stehen – Prominenten, Künstlerinnen, Unternehmerinnen oder auch Menschen, die neu in ein Amt gewählt wurden. Ziel der

1 *www.instagram.com/hashtagbiancafritz/*, Screenshot der Story vom 3.6.2023

Interviews ist, dass das Gegenüber über seinen Werdegang, seine Ansichten und Träume spricht. Und all das möglichst frei Schnauze, sodass auch die Art und Weise, WIE die Person redet, bereits etwas über sie verraten kann.

Das ist für die Interviewende eine ziemliche Herausforderung, weil gerade Menschen, die im Rampenlicht stehen, sehr auf ihre Wirkung bedacht und nicht selten auch von PR-Agenturen trainiert worden sind, was sie sagen sollen und was besser nicht. Wie entlockt man diesen Menschen noch spannende Aussagen, anstatt ihnen nur eine Bühne für ihre auswendig gelernten Phrasen zu geben? Die Geheimzutaten heißen: Zeit und eine vertrauensvolle Atmosphäre, damit die Person in Plauderstimmung kommt und sich authentisch zeigt. Unter dem Druck eines Live-Interviews entsteht selten ein solches Gespräch. Die Zusicherung, dass das Gespräch auch geschnitten werden könne, wenn man sich zwischendurch völlig verrennt, gibt vielen Menschen Sicherheit. Und bei Personeninterviews, die in Textform verwendet werden, sprechen die Menschen oft viel freier, wenn sie wissen, dass sie das Wortlautinterview nach dem Gespräch lesen und vor der Freigabe autorisieren dürfen (mehr zur Autorisierung in Abschnitt 6.1.3, »Nach dem Interview«).

Um ein Personeninterview vorzubereiten, solltest du dich in die Vita der Person vertiefen, vorherige Interviews lesen und dich darüber informieren, was andere mit der Person verbinden. Überlege dir, welche bekannten Charaktereigenschaften, Wendepunkte in der Biografie oder Widersprüchlichkeiten der Person du im Interview besonders beleuchten möchtest. Wie bei Sachinterviews, solltest du deine Themenschwerpunkte festlegen – allerdings auch einen Plan B bereithalten, falls die Person bei einem Thema blockt.

Im bereits erwähnten Hotel Matze gelingt es besonders gut, dass die Gäste einen tiefen Einblick in ihre Gedanken und Gefühle gewähren. »Ist das hier eine Therapiestunde?«, haben schon so einige gefragt, als der Host fast schon tiefenpsychologische Fragen über die Kindheit und das Gefühlsleben auspackte – und seinen Gästen sehr ehrliche Antworten entlockte. Ein Geheimnis, warum sich viele Menschen hier öffnen, ist sicher, dass es keinen Zeitdruck gibt. Wenn ein Gespräch mehr als drei Stunden dauert, werden eben auch mehr als drei Stunden gesendet. Matze Hielscher lässt die Interviews zwar nach eigenen Aussagen nicht von den Gästen autorisieren, allerdings kam es schon vor, dass ein Interviewgast am nächsten Tag noch einmal auftauchte, um in einem zweiten Gespräch Punkte zu ergänzen und zu präzisieren. Dazu kommt, dass Matze zwar nachhakt, wenn er etwas nicht versteht oder sich etwas für ihn widersprüchlich anfühlt, aber sehr sanft und fast immer in Ich-Botschaften. Anders als bei bissigen Journalisten haben die Interviewten so nie das Gefühl, dass sie jemand in die Pfanne hauen oder schlecht dastehen lassen will. Die Interviewhaltung ist nicht die eines skeptischen Kritikers, sondern ganz klar eines neugierigen Beobachters. Diese wertfreie Haltung funktioniert meist sehr gut. Zugleich ist sie auch das, was Kritiker diesem Interview-Host vorwerfen. So zum Beispiel bei einem Interview mit Schauspieler und Regisseur Milan Peschel, der seinen Kollegen Til Schweiger im Interview in Schutz nahm. Schweiger wurde Missbrauch am Filmset vorgeworfen. Er bezeichnete die Vorwürfe als hysterisch und es ginge dabei um »Wehwehchen von Sensibelchen«. In Abbildung 6.3 siehst du einige der Reaktionen auf das Interview.

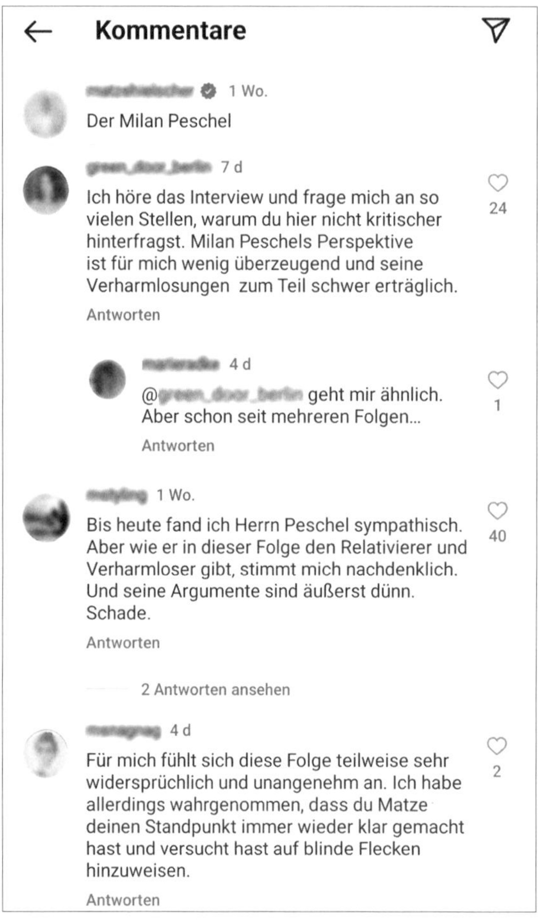

Abbildung 6.3 Auch von Nichtjournalisten wird ein kritisches Nachhaken gewünscht, wie diese Kommentare zeigen.[2]

2 *www.instagram.com/p/CsoiUArsedw/*

Fragen vorab ausformulieren oder lieber Themenkomplexe vorbereiten?

Wenn du an der Vorbereitung deines Interviews sitzt, wirst du dir früher oder später selbst die Frage stellen: Was nehme ich mit ins Gespräch? Sorgfältig ausformulierte Fragen oder lieber nur Stichworte zu Themenkomplexen, damit ich im Gespräch flexibler bleiben kann?

Meiner Erfahrung nach ist eine Mischform besonders gut geeignet. Weil der Einstiegsfrage eine so große Bedeutung zukommt (mehr dazu in Abschnitt 6.1.2, »Gesprächsführung«) und ich oft zu Beginn etwas aufgeregt bin, formuliere ich diese Frage aus. Auch mögliche Abschlussfragen notiere ich Wort für Wort. Ebenso wie heikle Fragen oder solche, die Zitate, Fremdwörter oder schwierig auszusprechende Namen enthalten. Darüber hinaus aber notiere ich eher Halbsätze oder Stichworte zu Themen und gliedere diesen mögliche Unterthemen an. In Abbildung 6.4 siehst du einen meiner Interviewnotizzettel.

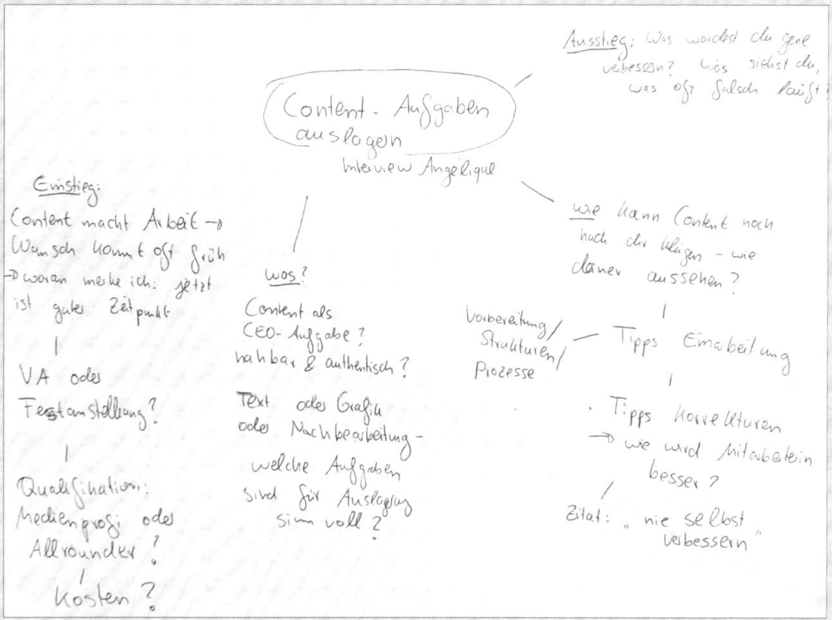

Abbildung 6.4 Ausformulieren oder Stichworte? Beides.

Ob ein Interview gelingt, hat also nicht nur mit deiner Vorbereitung der Recherche und der Auswahl der richtigen Interviewpartner zu tun, sondern auch mit dem richtigen Setting. Du entscheidest und kommunizierst, wie viel Zeit du dem Interview einräumst, ob es live, in Audioform, mit Ton oder Bild oder schriftlich aufgezeichnet wird. Eine Vorababsprache oder ein vorbereitendes Gespräch für den Interviewpartner ist gerade bei Wortlautinterviews in meinen Augen unverzichtbar. So kann sich dein Gegenüber entspannen, weil er weiß, was auf ihn zukommt. Nach meiner Erfahrung ist es der Gesprächsatmosphäre dienlich, wenn die interviewte Person bei der

Wahl des Ortes oder einer Uhrzeit mitbestimmen kann – damit sie sich von Anfang an wohl fühlt. Dazu gehört auch, dass die Person weiß, welche Themenkomplexe angesprochen werden.

Davon, eine vollständige Fragenliste zu schicken, würde ich dir allerdings grundsätzlich abraten. Nicht nur, weil die Gefahr groß ist, dass dein Gegenüber dann auswendig gelernte Phrasen aufsagt, sondern auch, weil du dich damit einschränkst. Du nimmst euch von Anfang an die Möglichkeit, dass das Gespräch eine andere interessante Richtung einschlagen könnte.

Zu Beginn des Interviews ist es dann sinnvoll, dass du die Gesprächsführung klar an dich nimmst – noch einmal zusammenfasst, wie lang ihr etwa sprechen werdet und wie das Gespräch aufgebaut sein wird. Du hast das letzte Wort, BEVOR die Kamera oder das Aufnahmegerät eingeschaltet wird. So gibst du weniger interviewerfahrenen Menschen Sicherheit, und zugleich kannst du bei medienerfahrenen Expertinnen zumindest teilweise verhindern, dass sie die Führung des Gesprächs an sich reißen und lange Monologe halten. Denn glaub mir: Interviews, auf die du dich gut vorbereitet hast, in denen du aber nicht zu Wort kommst, weil dein Gesprächspartner sich die Fragen einfach selbst stellt, sind furchtbar frustrierend – für dich und für dein Publikum.

Natürlichere Gespräche ohne Vorbereitung?

Manche Journalist*innen und wirklich viele Creator*innen sagen, dass sie lieber unvorbereitet in ihre Interviews gehen, da so ein natürlicheres Gespräch entstehen würde. Das sehe ich komplett anders: Ein natürlicher Plauderton kommt mit der Interviewübung. Eine fehlende Vorbereitung hat ganz andere Folgen: nämlich dass das Gespräch zwangsläufig an der Oberfläche bleibt. Die Interviewende kann nicht nachfassen oder auf ausweichende Antworten reagieren. Sie wird das Gegenüber nicht mit Gegenstimmen oder Einwänden konfrontieren. Selbst absoluten Unterhaltungs- und Medienprofis gelingt nur dann ein spannendes Gespräch ohne Vorbereitung, wenn sie das Gegenüber bereits sehr gut kennen. Ein klarer Beleg dafür ist der Podcast »Feelings« von Comedian Kurt Krömer. Dessen Konzept ist es, dass der Comedian nicht weiß, welcher Gast ihm gegenübersitzen wird. Wenn er die Person bereits persönlich kennt, entstehen oft warme oder lustige Gespräche, bei denen man Mäuslein spielen darf. Wenn der Gastgeber aber auf jemanden trifft, den er kaum kennt, landen die beiden oft bei Promi-Smalltalkthemen wie: »Fährst du noch Straßenbahn? Und wirst du dort erkannt?«

6.1.2 Gesprächsführung

Du bist gut vorbereitet und es geht los. Ab jetzt ist volle Konzentration von dir gefragt, denn du erfüllst mehrere Rollen gleichzeitig: die des Content Creators mit einem Ziel für dein Gespräch und Themen, die du auf jeden Fall ansprechen möchtest. Vielleicht hast du sogar bestimmte Aussagen im Kopf, die du gerne hören möchtest. Es gilt, die Zügel nicht aus der Hand zu geben. Wenn das Gespräch dann eine andere Wendung nimmt, musst du blitzschnell entscheiden: Ist diese Wendung im Interesse meiner Community? Möchte ich hier noch eine ungeplante Anschlussfrage stellen oder führe ich die Person zurück zu dem Thema, über das ich eigentlich sprechen möchte?

Zugleich bist du als Zuhörerin gefragt. Als aktive Zuhörerin, die jederzeit mitbekommt:

- Hat die Person meine Frage beantwortet? Möchte ich nachhaken?
- Ist verständlich, was sie gesagt hat, und macht es Sinn?
- Warum hat die Person das gesagt? Ist es vielleicht wichtig, auf die Metaebene zu wechseln und ihre Motive direkt anzusprechen?

Und zu guter Letzt hast du das Tempo und die Uhrzeit im Blick. Musst du das Gespräch beschleunigen oder kannst du dem Schlenker und der Ausführung des Gegenübers folgen?

Wie kommst du gut mit all diesen gleichzeitigen Aufgaben zurecht? Ein Teil ist Übung, du wirst mit jedem Interview besser werden. Eine Kollegin von mir hat Jahre lang einen kurzen Talk fürs Regionalfernsehen betreut. Dauer: exakt 20 Minuten. Schon nach einigen Sendungen musste ihr niemand mehr ein Zeichen geben. Sie wusste einfach, wann 20 Minuten vorbei sind, und war mit ihren vorbereiteten Fragen und allen Themenschlenkern genau zum richtigen Zeitpunkt durch.

Daneben hilft es, wenn du dir einen groben Aufbau des Gesprächs zurechtlegst und wenn du die No-Gos und Tricks der Profis kennst.

Diese Grundsätze helfen dir bei der Interviewgestaltung:

1. **Die Einstiegsfrage**: Bitte stelle NIEMALS eine »Stell dich doch einmal vor«-Einstiegsfrage. Denn bei der ellenlangen Eigenwerbung, die dann folgen wird, verlierst du viele Zuhörerinnen und Zuschauer. Nenne lieber selbst die wichtigsten Fakten zur Person und steig dann direkt ins Thema ein. Die Einstiegsfrage ist im Interview besonders wichtig, weil sie sowohl einen soliden Boden für das Gespräch bereitet als auch das Publikum abholt und ihm zeigt, warum dieses Gespräch spannend sein könnte. Die Einstiegsfrage sollte wohl überlegt und im Wortlaut notiert sein. Bewährt haben sich zweiteilige Einstiegsfragen. Zunächst gibst du einen Grund an, warum das Thema aktuell ist oder warum es relevant für deine Zielgruppe ist. Dann stellst du eine offene Frage, die dein Gegenüber einlädt, etwas auszuholen. In meinem Beispiel aus Abbildung 6.2 und Abbildung 6.4 habe ich Angélique Dujic interviewt, die kleine Unternehmen beim Aufbau von Teams berät. Im Interview wollte ich für meine Wunschkundin eine Orientierung schaffen, wann es sich lohnt, Content-Aufgaben auszugliedern, und wie man das macht. Meine Einstiegsfrage bezog sich direkt auf die Situation meiner Wunschkundin: »Angélique, wenn Einzelun-

ternehmerinnen feststellen, wie viel Arbeit Content macht, haben sie oft den Impuls, da gleich etwas auszulagern. Wie schätzt du das ein: Wann ist der richtige Zeitpunkt gekommen, Content-Aufgaben auszulagern?« Die Frage ist nicht komplett offen wie eine Elaborationsfrage »Erzähl mal, wie kam es dazu?«, aber auch keinesfalls so geschlossen, dass die Interviewpartnerin mit »ja«, »nein« oder »42« antworten könnte.

2. **Vom Hauptthema zu den Nebenthemen**: Egal, ob du live interviewst oder ob das Interview bearbeitet wird, du stellst sicher, dass du den wichtigsten Themenkomplex am Anfang behandelst. Sollte das Gespräch kippen oder vorzeitig beendet werden müssen, hast du die wichtigsten Infos gleich zu Beginn gesammelt. Und natürlich erreichst du so auch das eilige Onlinepublikum besser. Einzige Ausnahme: Sehr kritische oder persönliche Fragen stellst du eher gegen Ende, wenn schon ein gutes Vertrauensverhältnis aufgebaut wurde.
3. **Nicht zwischen den Themen springen**: Arbeite, wann immer möglich, einen Themenkomplex nach dem anderen aus deinen Notizen ab. Wenn du zwischen Themen hin- und herspringst, ist es für das Publikum schwierig zu folgen. Mit Sätzen wie »Dazu werde ich gleich kommen, lass uns zunächst noch beantworten, ob ...« signalisierst du deiner Gesprächspartnerin, dass du die Wichtigkeit des Themenkomplexes erkannt hast und sie dorthin führen wirst.
4. **Stelle niemals mehrere Fragen auf einmal**: Sich daran zu halten, eine Frage nach der anderen zu stellen, ist schwieriger, als es klingt – besonders wenn man eine sehr spannende Person vor sich hat, von der man gerne sofort alles wissen wollen würde. Aber nur so stellst du sicher, dass dein Gegenüber auch wirklich auf jede Frage antworten kann.
5. **Halte dich in kurzen Gesprächspausen zurück**: Ich hatte jahrelang keine Ahnung, dass ich meinen Gesprächspartnern in Interviews unbewusst das Wort abschnitt. Bis ich in einem Interviewseminar gefilmt wurde und es sah: Mein Nicken und bestätigendes »Gut« oder »Okay« kamen viel zu schnell. Daraufhin dachte mein Gegenüber: »Die Frage ist wohl ausreichend beantwortet.« Keine Chance für Denkpausen und einen Nachsatz, der vielleicht tiefer gegangen wäre. Die Lösung: Einfach mal still sein und das Gegenüber freundlich und erwartungsvoll anblicken.
6. **Sprich Unstimmigkeiten und Unklarheiten freundlich an**: Wenn du nicht auf Konfrontationskurs gehen möchtest, gibt es auch hilfreiche indirekte Formulierungen wie »Aber das, was Sie hier fordern, fällt sicher vielen schwer, weil ...« oder »Ich kann mir vorstellen, dass dir Person XY hier widersprechen würde ...« oder »Und was antwortest du Menschen, die denken, dass ...« oder auch schlicht »Ich bin mir nicht sicher, ob ich das richtig verstanden habe. Meinen Sie also, dass ...«
7. **Du gibst das Tempo mit deinen Fragen vor**: Geschlossene Fragen zwingen dein Gegenüber, sich kurzzufassen. Auch wenn du dem Befragten mehrere Auswahlmöglichkeiten gibst (»Ist es besser zuerst eine Mitarbeiterin für das Administrative

einzustellen oder lieber für Content?«) beschleunigst du. Das kann besonders mit Blick auf die Uhr hilfreich sein, wenn du »noch schnell« einen Themenkomplex ansprechen möchtest und dein Gegenüber gerne ausführlich elaboriert. Wenn du hingegen jemanden vor dir hast, der ohnehin knappe Antworten gibt, kannst du ihn mit Formeln wie »Nimm mich mit – wie ist es dazu gekommen?« oder »Erzähl mal, wie ...« zum Sprechen anregen. Manchmal kann auch ein schlichtes »Magst du das noch etwas ausführen?« helfen.

8. **Versuche niemals zu vertuschen, wenn du etwas nicht verstanden hast**: Denn wenn es dir so geht, bist du höchstwahrscheinlich nicht alleine damit. Ein freundliches »Wie meinen Sie das?« oder ein einfaches »Warum?« wirken Wunder.
9. **Die letzte Frage** darf entweder eine persönliche Frage sein, die das Gegenüber dazu einlädt, eine Einschätzung zum Thema abzugeben, oder du stellst eine Ausblickfrage wie »Wie geht es jetzt bezüglich ... weiter?«, »Worauf freuen Sie sich als Nächstes?«

Interviewnotfallphrasen

Wo Menschen kommunizieren, entstehen auch unangenehme Situationen. Hier habe ich dir einige Notfallsätze zurechtgelegt für typische Interviewsackgassen:

- Dein Gegenüber weicht deiner Frage aus: »Das ist ein interessanter Aspekt. Kehren wir noch einmal zurück zu ...«, »Ich möchte aber gerne IHRE Meinung zu diesem Thema hören ...«
- Jemand weicht wiederholt aus oder antwortet gar nicht: »Warum möchtest du dazu nichts sagen?«, »Kann es sein, dass du dazu nichts sagen möchtest?«
- Jemand greift dich an oder wird persönlich: »Ich möchte gerne auf die Sachebene zurückkommen«, »Was ich persönlich denke, interessiert hier nicht ...«
- Jemand beginnt zu weinen: »Darf ich fragen, was genau dich gerade berührt?« (Oft ist es etwas anderes, als man denkt.)
- Ihr seid bei einem Thema in einer Sackgasse gelandet: »Ich glaube, hier kommen wir heute nicht weiter. Lass uns jetzt zu einem anderen Thema übergehen ...«
- Du musst einen Redefluss stoppen: »Ich unterbreche nur ungern, aber ich habe hier noch einen weiteren Punkt auf der Liste, den ich gern mit dir ansehen würde ... »
- Ein Interviewpartner sagt immer wieder das Gleiche: »Ich habe verstanden, dass ..., mich würde aber noch interessieren ...«

Zu guter Letzt möchte ich noch eine ausdrückliche Ermunterung aussprechen, auch kritische Fragen zu stellen. Du hast als Interviewende die Aufgabe, die Fragen deiner Community zu beantworten. Ich lehne mich vermutlich nicht allzu weit aus dem Fenster, wenn ich sage, dass 80 bis 90 Prozent aller Content-Interviews geführt werden, um den Gast zu bauchpinseln. Selbst dann, wenn es kaum möglich scheint zu übersehen, dass dessen Aussagen problematisch oder widersprüchlich sind. Welch wundervolle Gelegenheit für dich, herauszustechen und wirklich interessante Gespräche zu führen.

Gerade wenn der Host einen Gast zu Besuch hat, der reichweitenstärker ist als man selbst, trauen sich die wenigsten auch mal, etwas zu fragen, was kritisch ist. Dabei wünschen sich gerade diejenigen, die häufig vor dem Mikrofon stehen, herausgefordert zu werden. Die deutsche Moderatorin Barbara Schöneberger sagte neulich im »Feelings«-Podcast von Kurt Krömer: »Wenn dich einer mal so richtig angeht, dann wacht man erst richtig auf. (...) Am liebsten mochte ich es, wenn so alte Männer vom Stern voll auf Konfrontation gegangen sind. Dann macht es Spaß, und da laufe ich zu Hochform auf.«[3] Und du musst ja nicht gleich bissig oder gar gemein werden. Du kannst kritisch sein UND den Interviewpartnerinnen gleichzeitig eine Tür für eine gute Antwort offenhalten, siehe auch in den Beispielformulierungen in Abbildung 6.5.

Abbildung 6.5 Kritische Nachfragen müssen nicht gemein sein. Sie geben deinem Gegenüber die Chance, zu etwas Stellung zu nehmen.

Ein Beispiel: Du sprichst mit einer Gesundheitsexpertin, die den Konsum von Milch empfiehlt, und hast selbst zahlreiche Studien vorliegen, die eher davon abraten, Milch zu trinken. Fair ist, das Interview bereits mit dem Schwerpunkt »Wie gesund ist Milch wirklich?« anzukündigen. Vermutlich kennt deine Expertin die Gegenstimmen schon. Aber so hat sie die Möglichkeit, sich mit den wichtigsten Argumenten vorab nochmals zu beschäftigen – genauso wie du. Dann fragst du im Interview zum Beispiel: »Frau Maier, Sie empfehlen auf ihrer Webseite, drei Gläser Milch pro Tag zu trinken. Nun liegt hier vor mir die Studie XY, in der steht, dass ich damit nicht nur einen

3 *www.antenne.de/mediathek/serien/kurt-kroemer-feelings/0001j7btrzs19jsj8kfcq95g5a-barbara-schoeneberger-wegen-fame-und-koerper*

Blähbauch, sondern auf Dauer sogar Knochenbrüche und Krebs riskiere. Wie kann ich das einordnen?« Du siehst, die Frage enthält Kritik (»ihre Empfehlung könnte mich krankmachen!«), aber gibt dem Gegenüber auch die Möglichkeit zu erklären, warum Wissenschaftler zu unterschiedlichen Ergebnissen kommen. Um dann gut nachhaken zu können, solltest du natürlich die Diskussion und die verschiedenen Perspektiven auf dein Interviewthema kennen.

Eine weitere gute Möglichkeit, mit Interviewpartner*innen über ihre Fehler und Schwächen zu sprechen, ohne sie direkt anzugreifen, ist es, sie zu fragen, was sie verändern oder verbessern möchten. Zum Beispiel so: »Wie muss sich dein Unternehmen nun verändern, damit das nicht mehr passiert?« Oder sogar noch sanfter: »Welche Maßnahmen habt ihr nun geplant, um XYZ zu verhindern?«

[+]

»Welche Aussage fandest du am wichtigsten?«

Vielleicht hast du jetzt dank dieses Buches schon ein echtes Journalist*innen-Mindset und sagst dir: »Ich selbst entscheide, was an den Aussagen meines Interviewpartners so neu, wichtig oder relevant ist! Nicht er!« Das begrüße ich natürlich. Und trotzdem finde ich: Fragen schadet nicht!

Ich selbst war manchmal überrascht, was mein Gegenüber wichtig fand, konnte ihm aber dann nach kurzem Nachdenken zustimmen: »Doch, das IST wirklich wichtig für meine Community.« Seither führe ich, wann immer möglich, ein kurzes Nachgespräch mit dem Interviewten oder schicke zumindest eine kurze Nachricht und frage: »Was fandest du besonders wichtig?«

Wenn etwas Spannendes zurückkommt, habe ich mir selbst etwas Arbeit erspart. Wenn nicht, bin ich nicht verpflichtet, das zu verwenden.

6.1.3 Nach dem Interview

Interviews, die in Frage-Antwort-Form veröffentlicht werden sollen, müssen den Interviewten, wenn nicht anders ausgehandelt, zur Autorisierung vorgelegt werden. Das gilt insbesondere dann, wenn sie noch geschnitten oder schriftlich aufbereitet werden. Gerade bei einem schriftlichen Interview wird im Nachhinein noch vieles gestaltet, Fragen werden umgestellt und Antworten gestrafft – daher ist es fair, dass die Interviewpartner das Endergebnis sehen dürfen, bevor es veröffentlicht wird. Medienerfahrene Menschen werden von sich aus danach fragen, Neulingen solltest du es anbieten.

Ich will dir nicht verschweigen, dass so ein Autorisierungsprozess sehr mühsam sein kann: Gerade Expert*innen, die im Interview wunderbar einfache Worte und farbige Beispiele gefunden haben, wollen plötzlich doch wieder relativieren, ergänzen und Fremdworte in die Texte hineinmogeln. Ihre konkreten Beispielgeschichten wollen sie am liebsten gleich wieder ganz streichen, weil sie ihnen plötzlich »zu banal« erscheinen. Und so manches will jemand gar nicht mehr gesagt haben, obwohl du es doch auf Band hast ...

Legendär ist die Titelseite der taz aus 2003, die ein vom damaligen SPD-Generalsekretär Olaf Scholz autorisiertes Interview mit allen gestrichenen Stellen druckte, um auf diese schwierige Praxis aufmerksam zu machen, siehe Abbildung 6.6.

€ 1,10 Deutschland € 1,40 Ausland FREITAG, 28. NOVEMBER 2003 NR. 7220 48. WOCHE 25. JAHRGANG AUSGABE BERLIN

Noch 2 Tage

Entwicklungs KG

thema

Literataz
morgen in der taz

HEUTE IN TAZZWEI

Birkenstock ist in?

Die Birkenstocks kommen zurück. Die Tieffußbettsandale der friedensbewegten und grünen 80er wird in die Welt der Mode aufgenommen. In London ist die Marke seit vorletztem Sommer Trend. In Deutschland hadert man noch mit ihrer politischen Vergangenheit SEITE 13

DJ Hell im Kalten Krieg

Helmut Geier alias DJ Hell ist der weltberühmte Hauptdarsteller des „new german cool". Morgens wählt er Musik für eine Donatella-Versace-Modenschau aus, abends spielt er Fußball daheim in Traunstein. Sein neues Album hört sich an, als sei die Kotze des Kalten Kriegs noch feucht. SEITE 15

verboten

Guten Tag,
meine Damen und Herren!

Geheime Verschlusssache Interview

SPD-Generalsekretär Olaf Scholz gibt der taz beim SPD-Parteitag ein Interview und verweigert dann die Veröffentlichung. Wir dokumentieren diesen Fall als Beispiel einer um sich greifenden Unsitte: Nichts kommt ungeglättet in die Presse

taz: Hat dieser SPD-Parteitag einen großen Verlierer und heißt der Olaf Scholz?

Olaf Scholz: [geschwärzt] führen.

Der Scholz ist erledigt, sagen viele in der Partei.

[geschwärzt] wird.

Mister Fifty Two, wird schon über Sie gespottet.

[geschwärzt]

Fühlen Sie sich als Opfer?

[geschwärzt]

Das war ein Kindergartenaufstand, sagen einige Genossen und meinen, dass Wolfgang Clement und Sie nur stellvertretend für die ganze Parteiführung abgestraft worden sind.

[geschwärzt] nicht beteiligen.

Gerhard Schröder bezeichnete die schlechten Wahlergebnisse als „kollektive Unvernunft". Hat Ihr Chef recht?

[geschwärzt]

Kann ein Generalsekretär, der mit nur 52 Prozent gewählt wurde, für die ganze Partei sprechen?

[geschwärzt]

Vielleicht hat die SPD ein Problem damit.

[geschwärzt]

Scholz muss sich ändern, fordern viele Genossen, auch in der Parteiführung? Werden Sie sich ändern?

[geschwärzt]

Was wird von Bochum bleiben? Die Botschaft der personellen Abrechnung?

[geschwärzt]

Das bringt die SPD nach vorne?

[geschwärzt] FDP.

INTERVIEW: JENS KÖNIG

Dieses Interview mit Olaf Scholz durfte nicht veröffentlicht werden. Deswegen hat die taz die Antworten geschwärzt

BERLIN taz ■ In ihrer heutigen Ausgabe macht die taz ein Problem öffentlich, das schleichend zu einer Aushöhlung der Pressefreiheit führt: Politiker lassen sich Interviews nach dem Gespräch vorlegen, ehe sie einer Veröffentlichung zustimmen. Was als freiwillige Vereinbarung zwischen Interviewern und Interviewten begann, wird von Politikern immer häufiger missbraucht: Sie beanspruchen, nicht nur Einfluss auf die Antworten zu nehmen – auch missliebige Fragen werden gestrichen.

Im Fall Olaf Scholz hält die taz sich an die Vereinbarung – und druckt nur die Fragen, die unser Korrespondent dem Generalsekretär auf dem Parteitag stellte. Scholz' Antworten sind von der taz geschwärzt, da die SPD sie nicht freigab. Auf Initiative der taz greifen heute auch andere Zeitungen den Missbrauch der „Autorisierung" auf: *Berliner Zeitung, FAZ, Financial Times Deutschland, Frankfurter Rundschau, Kölner Stadt-Anzeiger, Süddeutsche Zeitung, Tagesspiegel* und *Welt*. PAT

brennpunkt SEITE 3

20.000 Studenten demonstrieren in Berlin

Die Proteste an Universitäten in ganz Deutschland richten sich nicht mehr nur gegen Kürzungen, sondern auch gegen das Vorziehen der Steuerreform

BERLIN taz ■ „Spar Wars" – die Proteste von Studentinnen und Studenten gegen die geplanten Kürzungen im Landeshaushalt Berlins haben ein Schlagwort bekommen. Auf dem Potsdamer Platz versammelten sich gestern rund 20.000 Studierende, um [...] haus als Ziel. Sprecher der Studierenden zeigten sich über den Zuspruch bei ihren Kommilitonen zufrieden: „Wir werden kontinuierlich mehr", sagt einer Mitorganisatoren. Erst am Morgen war die Besetzung der PDS-Zentrale durch rund 100 Studenten [...] hohen Ausgaben Schwedens für sein Bildungssystem heraus: Seien es dort 7,7 Prozent des Bruttoinlandprodukts (BIP), gebe die Bundesrepublik nur 4,7 Prozent des BIP für Bildung aus. Der Geschäftsführer des Möbelmarktes solidarisierte sich mit den Stu[...] legal verkauftem Cannabis 40 Millionen Euro einnehmen.

Auf Empörung stieß der Regierende Bürgermeister Klaus Wowereit (SPD) mit seiner Bemerkung, man sei leider in Berlin noch nicht so weit, Studiengebühren einzuführen.

[...] zogen wird, werden die Hochschulen noch weniger Geld bekommen."

Auch in anderen deutschen Städten wurde protestiert: In Hamburg räumte die Polizei eine Demonstration von rund 150 Studenten vor dem Rathaus. Pro[...]

Abbildung 6.6 Bis zur Unkenntlichkeit autorisiert. Die taz weist mit dieser Titelseite auf ein Problem hin.[4]

Als Creator teilst du hier ein Schicksal mit Journalist*innen und musst manchmal regelrecht um einzelne Worte oder Passagen feilschen. Die Argumente, die du nutzen kannst, sind die allgemeine Verständlichkeit und formale Vorgaben (zum Beispiel eine festgelegte Wort- oder Minutenanzahl des Content-Pieces). Als letztes Mittel hast du natürlich auch die Möglichkeit, auf die Veröffentlichung zu verzichten, wenn vom Interview nach der Autorisierung nicht mehr viel üblich bleibt. Damit deine Arbeit nicht umsonst war, kannst du in diesem Fall noch aushandeln, einzelne Interviewpassagen als Zitate zu verwenden und das Interview ansonsten wie ein Recherchegespräch zu behandeln (mehr zu Rechercheinterviews in Kapitel 4, »Recherchieren wie Karla Kolumna«).

4 *www.tagesspiegel.de/gesellschaft/medien/gesagt-und-dann-gestrichen-5467390.html*

Übrigens lohnt es sich auch, Audio- oder Videointerviews noch schriftlich aufzubereiten. Zum Beispiel für einen SEO-optimierten Blogartikel oder zumindest einem ausführlichen Text in den Shownotes, der Caption oder der Videobeschreibung. In der absoluten Minimalvariante gestaltest du auf deiner Webseite einen Beitrag, der deine gestellten Fragen in schriftlicher Form enthält. So können eilige Online-User auf einen Blick erfassen, ob sie die Antworten interessieren und sie sich Zeit nehmen wollen. Noch besser ist es, wenn du die Hauptaussagen und spannendsten Zitate deines Gegenübers herausfilterst. Diese machen neugierig auf das ganze Gespräch, weil sie einerseits zeigen, um was es geht, und andererseits, wie der Gesprächspartner tickt. Dabei kannst du dir auch von ChatGPT helfen lassen (siehe KI-Tipp).

KI-TIPP: Wie ChatGPT beim Transkribieren und Zusammenfassen hilft

Mit der KI kannst du, insbesondere bei einem längeren Interview, Zeit sparen, wenn du dir die wichtigsten Aussagen zusammenzufassen lässt. Dafür transkribierst du zunächst automatisiert die Video- oder die Audiodatei – mit einer kostenpflichtigen Software wie HappyScribe oder mit der kostenlosen Transcript-Funktion von YouTube. Du musst den Text nicht anpassen oder Fehler korrigieren, lediglich die Zeitmarken entfernen. Dann fügst du diesen Text via Copy-and-paste bei ChatGPT ein und fragst nach einer Zusammenfassung. Du kannst diese auch anpassen («Schreibe das kürzer, emotionaler und sprich direkt die Zielgruppe xy an»). Ebenfalls kannst du nach bestimmten Aspekten fragen. («Was sagt meine Interviewpartnerin zum Thema xyz?»).

Die Ergebnisse können die Grundlage für Videobeschreibungen, passende Blogartikel zum Video oder Social-Media-Posts sein. Allerdings solltest du den Ursprungstext kennen oder das Interview angehört haben, um die Ergebnisse zu überprüfen. In meinen Tests hat ChatGPT nämlich immer wieder auch allgemeine Aussagen über das Thema in die Zusammenfassung gemogelt, die so im Interview nie getroffen wurden.

Wenn du dich für ein Interview in Schriftform entschieden hast, kannst du nach dem Gespräch noch vieles gestalten. Und vermutlich solltest du das auch, denn du willst den Gesprächscharakter, das (hoffentlich) angenehme Ping-Pong, das man im Video- oder Audioformat sieht bzw. hört, auch in der Buchstabenwüste erfahrbar machen.

Beim **Gestalten schriftlicher Interviews** helfen dir folgende Gestaltungskniffe:

- **Unterschiedliche Längen bringen Dynamik**: Deine Fragen sollten im Allgemeinen kürzer sein als die Antworten. Denn du bist im Gespräch nicht so wichtig wie dein Gast. Zusätzliche Dynamik und Natürlichkeit erwirkst du, wenn du deinen Interviewpartner mal kurz und mal lang antworten lässt. Und richtig lange Antworten darfst du schriftlich mit Zwischenfragen unterbrechen. Manchmal führt dein Gegenüber einen Monolog und stellt sich selbst die Fragen, die von einem ins nächste Thema führen. In der schriftlichen Darstellung darfst und solltest du die Person tatsächlich häufiger unterbrechen und so tun, als hättest du die Fragen gestellt, weil der Text durch diese Unterbrechungen lockerer und gesprächsartiger wirkt. Du darfst auch ganze Frage-Antwort-Passagen umstellen, wenn dies der Verständlichkeit und dem logischen Aufbau des Textes dient. Das fertige Interview wird ja ohnehin autorisiert.

- **Lebendigkeit dank Unterbrechung**: Im echten Leben lässt dich deine Interviewpartnerin nicht immer ausreden. Es reicht, wenn du ein Thema ansprichst, und sie sprudelt bereits los. Bring diese Dynamik in die schriftliche Variante des Interviews. Dafür arbeitest du mit drei Punkten. Zum Beispiel so: Interviewer: »Das klingt ja alles theoretisch gut, aber wenn ich mir vorstelle, wie Eltern das im Alltag umsetzen sollen …« Gast: »Ja, genau darin liegt die Kunst!«
- **Mehr als Worte**: In einem Gespräch wird gelacht, es entstehen lange Pausen, weil der Interviewpartner nachdenken oder mehrfach ansetzen muss, oder es läuft die Katze durchs Videobild und holt sich Streicheleinheiten ab. Ein Gespräch lebt nicht nur von den Worten alleine. Bringe solche Nebensächlichkeiten in dein Interview ein. Zum Beispiel in Klammern: (Anja grübelt und schaut dabei an die Zimmerdecke. Sie setzt zweimal an. Dann sagt sie: …). Beliebt sind auch kurze Absätze, die die Interviewsituation beschreiben. »Sonja Roth führt das Interview zwischen zwei Therapiesitzungen in ihrer Kinderpsychatriepraxis – umgeben von bunten Kissen und Puppen. ›Farbe ist gut fürs Gemüt – auch für meines übrigens‹, sagt sie, bevor sie mir einen Kaffee anbietet.«

Auf Interviews aufmerksam machen

Interviews und Gespräche werden häufig in Long-Content-Format geführt. Um auch auf deinen Social-Media-Kanälen auf die Interviews aufmerksam zu machen, gilt es wieder, attraktive Happen herauszuarbeiten. Zum Beispiel diese:

- Die Hauptaussage deiner Interviewpartnerin als geschriebenes Zitat
- Ein Videoausschnitt aus dem Interview mit einer spannenden Gesprächspassage oder dem Titel und dem Hinweis, wo das ganze Video zu finden ist (siehe auch Beispiel-Screenshot von Kristin Holm in Abbildung 6.7)
- Ein Audioausschnitt mit einer animierten Audiowelle und dem Hinweis, wo das ganze Gespräch zu finden ist
- Filme dich als Interviewerin selbst mit dem Handy. Deine Reaktionen auf die Antworten kannst du als Hintergrundvideo einspielen, während du im Vordergrund den aktuellen Podcast/das aktuelle Video oder Bloginterview bewirbst.
- Auch kurze schriftliche Dialoge sind spannend: Diese kannst du zum Beispiel im Newsletter nutzen, um auf dein neues Interview aufmerksam zu machen.
- Eine einfache Reel-Idee, die sich mit einem Template für jede Folge anwenden lässt: Lass die wichtigsten Fragen, die du deinem Interviewpartner gestellt hast, als Text durchs Bild laufen und weise am Schluss auf das Interview hin.

Abbildung 6.7 Hinweis auf Podcast- und Videointerview im Account von Kristin Holm, Business-Coach für virtuelle Assistentinnen.[5]

Das Wichtigste in Kürze

Mit einem journalistisch geführten Interview kannst du dich als Content Creator abheben. Trau dich, auch kritische Fragen zu stellen und das Gespräch zu leiten und zu gestalten– so wird das Gespräch sowohl für deine Community als auch für deine Interviewpartner*innen spannender. Jedes Interview sollte vorbereitet werden und ein Ziel haben. Was ist es, was im Gespräch herauskommen soll? Als Interviewende stellst du die Fragen für deine Community. Beziehe sie mit ein und gestalte die Gespräche in ihrem Sinne für sie kurzweilig. Führe direkt zum Thema, anstatt mit der Aufforderung »Stell dich doch mal vor.« den Interviewpartnern stundenlange Selbstdarstellung zu ermöglichen.

5 *www.instagram.com/kristinholm.de/*

6.2 Moderation: Gespräche mit mehreren Teilnehmerinnen planen und dirigieren

Wenn ein Interview die Königsdisziplin ist, weil du deine Interessen, die des Publikums und die deines Gegenübers gleichzeitig im Blick haben musst, dann ist das Interview mit mehreren Gesprächspartnern wohl die Kaiserdisziplin. Nicht nur, weil es für dich bedeutet, dass du mindestens eine Person mehr einbinden musst, sondern auch, weil eine neue Dynamik zwischen den Gesprächspartner*innen entstehen kann, die du unmöglich voraussehen oder planen kannst. Werden deine Gäste sich gegenseitig ins Wort fallen, die Argumente des anderen vernichten? Sind sie aktive Zuhörer*innen, die aufgreifen und weiterspinnen können, was die Person vor ihnen gesagt hat? Oder tragen sie Scheuklappen und wollen einfach ihre drei wichtigsten Botschaften vortragen, unabhängig von dem, was alle anderen sagen?

Ein wertvolles Gespräch mit mehreren Parteien beginnt bereits mit der Frage: Wen lade ich ein? Wenn du – wie es das Konzept der meisten Talkshows oder Polittalks ist – die Menschen so auswählst, dass sich ihre Standpunkte widersprechen, damit eine möglichst hitzige Diskussion entsteht, musst du auch damit rechnen, dass das Gespräch genauso abläuft – niemand ist bereit die Gegenseite wirklich zu hören, sondern alle wollen einfach nur ihre Meinung als einzig richtige präsentieren. Oder hast du in einer Talkshow schon einmal den Satz »Gut, dein Argument hat mich jetzt überzeugt!« gehört?

Und auch, wenn es grundsätzlich eine gute und journalistische Idee ist, die Gegenseite einzuladen, gibt es gerade, was Talks angeht, eine Gefahr, nämlich die der False Balance, der falschen Ausgewogenheit. Dabei wird selbst bei Themen, bei denen es einen weitgehenden Konsens in der Gesellschaft oder der Wissenschaft gibt, noch eine Gegenstimme eingeladen, um die Diskussion anzuheizen. So entsteht das Gefühl, das Thema sei umstrittener, als es tatsächlich ist, wie die Karikatur in Abbildung 6.8 zeigt.

Spannender wird ein Diskussionsgespräch, wenn du ein Thema auswählst, mit dem sich viele Menschen beschäftigen, die sich bewusst sind, dass es die eine Wahrheit oder Herangehensweise gar nicht gibt – die das Thema aber von unterschiedlichen Seiten beleuchten und neugierig auf die Perspektive der anderen sind. Die SRF-Sendung »Sternstunde Philosophie« zum Thema KI und wie die Gesellschaft damit umgehen könne, die einige Monate nach dem Launch von Chat GPT gesendet wurde, ist hier ein schönes Beispiel.[6]

Interessante Gespräche können auch entstehen, wenn du Interviewpartner einlädst, die sich gut kennen, und sie zu ihrer Beziehung oder ihrer gemeinsamen Arbeit befragst. Hier musst du dir um die Dynamik der Gesprächspartner wenig Gedanken machen, weil sie aufeinander eingespielt sind.

6 *www.srf.ch/play/tv/redirect/detail/ea9632d4-54c9-4bdf-b226-fdf4215348b9*

Abbildung 6.8 Vorsicht vor Verzerrung durch falsche Ausgewogenheit.[7]

Du kannst dich darauf konzentrieren, die Zuschauerperspektive einzunehmen und nachzuhaken, wenn etwas unverständlich ist, was für die beiden Gesprächspartner vielleicht selbsterklärend ist.

Es gibt hier allerdings einen Fallstrick: Manchmal wird ein Doppelinterview vorgeschlagen, weil sich eine Person alleine nicht sicher genug in ihrem Themenfeld ist und daher eine »Kollegin« mit zurate ziehen möchte. Die Gefahr dabei ist, dass sich die ursprünglich angefragte Person komplett zurückzieht und nur noch die Kollegin sprechen lässt. Kläre also in diesem Fall unbedingt ab, ob es BEIDE Gesprächspartner braucht und sie unterschiedliche Aspekte beitragen können.

Denn für dich als Host gilt: Jeder neue Gesprächsteilnehmer macht deine Aufgabe komplexer. Daher solltest du bei der Auswahl deiner Gäste das Prinzip »Weniger Köpfe sind mehr.« walten lassen – und der Versuchung widerstehen, einfach nur deshalb mehr Menschen einzubinden, weil dadurch deine potenzielle Reichweite steigt.

Als Host für Interviews und Diskussionsrunden mit mehreren Gesprächsteilnehmer*innen kommen dir, neben den bereits für das Einzelinterview erwähnten Aufgaben, ein paar weitere Aufgaben zu, die es im Gesprächsaufbau zu beachten gibt:

7 Englisches Original *https://skepticalscience.com/graphics.php?g=319*, übersetzt von Wikipedia-Nutzer Dexxor

1. Du stellst jeden Teilnehmer und jede Teilnehmerin so vor, dass dem Publikum klar wird, warum du sie eingeladen hast. Hier kannst du dich an der Reihenfolge orientieren, die TV- und Event-Moderatoren häufig anwenden: erst das inhaltlich Wichtige, dann die Funktion, dann der Name. So bleibt die Aufmerksamkeit bis zum Schluss der Vorstellung erhalten. Zum Beispiel so: »Wasser ist ein Menschenrecht, kein Lebensmittel, sagt die Aktivistin Lena Ludwig.« Nach der Vorstellung stellst du jedem Teilnehmer eine offene Frage, die ihm die Möglichkeit gibt, seinen Standpunkt zu erläutern. Wenn du Gesprächspartner mit sich widersprechenden Standpunkten in deiner Runde hast, stelle sie gerne auch direkt hintereinander vor. So erahnen deine Zuschauer schon den Konflikt.
2. Um gleichmäßige Redeanteile deiner Gäste zu sichern, solltest du Fragen für jede einzelne Person vorbereitet haben, um ihnen das Wort zu erteilen. Und ja, manchmal wirst du dominante Redner*innen auch unterbrechen müssen, um anderen die Bühne zu bereiten, Tipps dazu gibt Moderationstrainer Markus Tirok im untenstehenden Interview.
3. Für einen runden Abschluss empfiehlt es sich, eine Abschlussfrage zu wählen, die allen Beteiligten die Möglichkeit gibt, entweder ein Fazit oder einen Ausblick aus ihrer Sicht zu formulieren. Für diese letzte Frage empfiehlt es sich, einen engen Rahmen abzustecken, zum Beispiel in dem man fragt »Was ist ihr wichtigster Tipp für xyz?« oder die Redezeit begrenzt »Sagen sie uns in drei Sätzen, was uns erwartet.«

Markus Tirok: »Der Host dirigiert wie ein Orchesterleiter«

Abbildung 6.9 Markus Tirok, Moderator und Medientrainer. »www.tirok-training.de«, Podcast Interviewhelden

Wann lohnt es sich, Gespräche mit mehreren Gästen zu führen?

Markus Tirok: Wenn man ein Thema aus unterschiedlicher Perspektive erzählen und diskutieren möchte, braucht es verschiedene Menschen. Diese Gespräche können konfrontativ sein, aber auch erzählerisch. Am Ende sind Interviews mit mehreren Gästen immer ein Unterhaltungsformat. Daher sind auch Humor und dramaturgisches Gespür gefragt. Um Informationen zu präsentieren, braucht es eine solche Gesprächsrunde sicher nicht.

Wie wähle ich die richtigen Personen aus?

Die erste Regel lautet: Die Talkrunde möglichst klein und exklusiv halten. Berechne vorab, wie lang das Gespräch werden soll und wie lang dann der jeweilige Gesprächsanteil der Personen wird. Lade nur Menschen ein, die eine klare Meinung oder Position beziehen – und zwar ohne Dopplungen. Außerdem hängt die Wahl der Gäste auch vom strategischen Ziel ab: Warum führe ich dieses Gespräch? Geht es nur darum, unterschiedliche Perspektiven zusammen zu tragen, oder habe ich auch selbst ein (Business-)Anliegen, das ich transportieren möchte? Wenn ich als Moderationstrainer Kunden gewinnen will, dann lade ich bestimmt keine anderen Moderationstrainer ein, um mit ihnen über Moderationstechniken zu fachsimpeln.

*Genau das passiert in vielen Podcasts und Live-Videos. Experten*innen reden mit Kolleg*innen.*

Auf der Kommunikationsebene ist das okay. Strategisch bin ich mir nicht so sicher, ob das immer so schlau ist. Da stelle ich lieber eine Runde zusammen, in der ich meine Expertise zeigen kann, weil ich der Einzige bin, der sie hat.

Wie könnte so eine Runde aussehen? Neulich habe ich den Podcast einer Ausbilderin gehört, die ehemalige Teilnehmerinnen ihrer Coachingausbildung zum Gespräch geladen hat …

Das ist eine schöne Idee. So kann ich über meine Arbeit sprechen, zugleich tragen die Teilnehmer ihre Erlebnisse und Erfahrungen bei. Sinnvoll wäre es hier, Gäste auszuwählen, die aus unterschiedlichen Richtungen kommen oder ganz unterschiedliche Dinge erlebt haben. So kann ich eine möglichst breite Zielgruppe ansprechen.

Was ist die Aufgabe des Hosts in solchen Gesprächsrunden?

Der Host muss die Führung übernehmen – er dirigiert den Gesprächsverlauf wie ein Orchesterleiter. Denn das Gespräch lebt nicht aus sich heraus, nur weil da vier Menschen sitzen, die etwas über ein Thema zu sagen haben. Erst durch präzise Fragen, gutes Nachfragen und gezielte Provokation entsteht eine Dramaturgie.

Was sind typische Moderationsfehler?

Die Fragen werden oft zu allgemein gestellt. Dann folgt eine lange abstrakte Antwort. Damit kann sich niemand verbinden und identifizieren. Also muss der Host abstrakte Themen möglichst konkret machen. Und dann müssen die Themen und Aspekte weitererzählt werden. Nicht eine Frage, eine Antwort und Themenwechsel. Es geht darum aus den Antworten den Talk weiterzuentwickeln.

Machen wir es mal konkret: Kannst du mir ein Beispiel für eine solche gute Weiterentwicklung geben?

Nehmen wir an, wir haben eine Gesprächsrunde zur Thema Mediennutzung von Kindern. Der Sozialpädagoge zitiert Studien: »Die Mediennutzung von Kindern ist um x Stunden gestiegen.« Dann hakt der Host nach: »Was bedeutet das konkret für den Alltag? Sie sind ja auch Vater. Sitzt ihre Tochter schon am Frühstückstisch am Handy?« Der Sozialpädagoge antwortet: »Ja, das stört mich total, man kann sich nicht mehr mit dem Kind unterhalten.« Diese Antwort nimmt der Host auf und leitet somit zum nächsten Gast weiter – eine Berufsberaterin: »Was in dieser Familie nervt, kann doch auch ein Vorteil sein, oder? Lernen Kinder so nicht, auch schon in frühen Jahren mit digitalen Medien umzugehen, und entwickeln so einen Vorteil für die Berufswelt?« Sie antwortet: »Ja, genau, das hilft uns auch in der Wirtschaft, weil ...« Ein Gespräch wird quasi gesponnen. Jede Antwort wird als neuer Faden mit eingebracht.

Wie gestaltet man den Aufbau des Gesprächs? Sollte jeder zu jedem Thema sprechen dürfen?

Es geht um die Verflechtung der Themen. Wenn wir versuchen, mit vier Gästen vier Einzelinterviews zu führen, wird es langweilig. Ich würde auch vermeiden, die gleiche Frage an alle Gesprächspartner zu stellen. Suche dir lieber Oberthemen heraus und gib diese deinen unterschiedlichen Gesprächspartnern weiter. Treibe die Frage auch mit den Antworten voran und verändere sie. Es muss nicht jeder bei jedem Thema zu Wort kommen.

Wie wichtig ist, dass alle Gesprächspartner dieselbe Redezeit bekommen?

Die Ausgewogenheit ist eine der wichtigsten Aufgaben der Moderation. Wir sollten die Redezeit im Blick haben und auch unterbrechen. Das ist nicht so einfach und braucht Technik, Erfahrung und Mut.

Wie unterbreche ich dominante Gesprächspartner?

Man muss es sich trauen und die Unterbrechung dann »brachial« durchziehen. Der Trick ist, ins Wort zu fallen und sofort eine neue Frage zu platzieren. Etwa so: »Ich darf dich hier kurz unterbrechen, denn ich möchte wissen ...« So eine Unterbrechung wird meist nicht als unhöflich empfunden, da sie im Interesse und Sinne unserer Zuschauer*innen geschieht. Wir bringen das Gespräch voran. Wir geben dem Gespräch einen Rahmen der Relevanz.

Wie und wann würdest du die Live-Fragen vom Publikum an die Gesprächsrunde weiterreichen?

Wenn du mehrere Themenblöcke hast, würde ich jeweils die Fragen am Ende des Themenblocks einbringen, die zu dem passen, was man eben besprochen hat. Also nicht thematisch vorausgreifen mit Fragen, aber auch nicht alle Fragen ganz zum

Schluss stellen. Sonst wird der Fragenblock zu lang. Das ist herausfordernd – man muss routiniert sein, um die Dramaturgie, alle Fragen und auch die Technik im Blick zu haben.

Oh ja, die liebe Technik …

Die ist wichtiger, als man denkt. Wir sind als Zuschauer*innen verwöhnt durch die Medien und ihre hohen technischen Standards. Wenn die wegfallen, ist es unangenehm. Deshalb sollten ein guter Ton und ein gutes Bild selbstverständlich sein. Dafür sind technische Mindeststandards für alle Teilnehmer hilfreich. Auch für uns als Host. Vor allem, was den guten Ton, die Soundqualität angeht. Wenn wir selbst sprechen, bemerken wir nicht, ob unser Ton hervorragend oder nur mittelmäßig ist. Und wir wollen doch mit allem glänzen.

6.3 Alleine live auf Sendung

Wie führt man eigentlich ein Gespräch, wenn man noch nicht weiß, ob jemand mitreden wird? Genau vor dieser Herausforderung stehst du, wenn du eine Live-Übertragung auf Instagram, YouTube, TikTok oder wo auch immer planst. Einerseits solltest du offen sein für Fragen und Einwürfe deiner Community. Dass sie dein Live mitgestalten können, ist schließlich der große Vorteil gegenüber dem Video aus der Konserve. Zugleich aber musst du immer damit rechnen, dass du deine Live-Zeit ganz ohne Input von außen gestalten musst. Gerade wenn Creator*innen die ersten Male live gehen, führen sie für gewöhnlich Selbstgespräche. Sie sprechen und sprechen und schauen auf die Zahl der Live-Zuschauer, die beharrlich bei »0« stehenbleibt.

Du stehst vor einer zusätzlichen Gestaltungsschwierigkeit, wenn du dein Live-Video speichern und deiner Community weiter zur Verfügung stellen möchtest. Und das ist sehr sinnvoll, denn nur so erreichst du auch die Menschen, die nicht gleichzeitig mit dir online sind. Dein Video sollte also so gestaltet sein, dass auch die Aufzeichnung meine Zeit wert ist. Lange »Ja, hm, ich warte jetzt erst einmal ab, ob noch jemand kommt …«-Pausen sind also tabu.

All diese Anforderungen kommen nicht selten gepaart mit einer großen Portion Herzklopfen beim Creator. Denn live kann schließlich alles passieren. Nur sehr geübte Creator*innen lässt dieser Gedanke völlig kalt.

Die gute Nachricht ist: Du kannst den Ablauf deines Live-Videos gut vorbereiten – du lenkst dein Live-Video und hast es in der Hand, auf was du eingehst und auf was nicht. Ein stichwortartiger Drehplan hilft dir, an alles zu denken und trotzdem frei zu sprechen. Und für diese wertvolle Vorbereitung brauchst du nur einige Minuten.

Hier kommen nun die Elemente, die du vorbereiten kannst:

1. Wenn du die Kamera einschaltest, verschwendest du keine Zeit. Du nennst sofort dein Thema, die Botschaft oder dein Nutzenversprechen, sodass jedem, der dein Video später findet, sofort klar wird, warum er es ansehen sollte. Du sprichst also deine Headline mit oder ohne Untertitel. Zum Beispiel so: »Wie können Kleinunternehmer ihre Kundendaten so organisieren, dass es der DSGVO entspricht? Die 5 wichtigsten Punkte, auf die du achten solltest, verrate ich dir in diesem Live-Video.« Du startest also dein Live-Video so, als wäre es ein aufgezeichnetes Video, das du nicht mehr schneiden kannst. Übrigens: Kaum hast du die Headline, kannst du auf vielen Plattformen dein Live auch vorplanen und deine Community dazu einladen, sich an den Termin erinnern zu lassen (siehe Abbildung 6.10) – so machst du es wahrscheinlicher, dass du nicht alleine im Raum bist.

Abbildung 6.10 Damit du nicht alleine im Live sitzt, kannst du deiner Community anbieten, sich an den Termin erinnern zu lassen.[8]

8 *www.instagram.com/hashtagbiancafritz/*

2. Da das erste Bild deines Videos zählt: Denke auch darüber nach, was du gleich zu Beginn tun kannst, damit deine Community beim Scrollen nicht nur einen »Talking Head« sieht. In meinem Beispiel könnte die Anwältin einen Paragrafen aus Holz in die Kamera halten oder zunächst einen großen Papierhaufen auf ihrem Schreibtisch zeigen und dann mit der Kamera hoch zu ihrem Gesicht schwenken. Auch ein Hin- oder Wegbewegen des Gesichts von der Kamera oder ein ins Bild Eindrehen mit dem Schreibtischstuhl können beim Scrollen irritieren und damit neugierig machen (mehr zu Videoanfängen in Abschnitt 7.2, »Geschichten in bewegten Bildern erzählen«).

3. Nachdem du das Thema angekündigt hast, stelle dich oder deine Marke vor – gehe dabei immer davon aus, dass Menschen dein Video sehen, die dich als Creator noch nicht kennen. Wer bist du? Was befähigt dich, über dieses Thema zu sprechen? Was finde ich auf deinem Account? Es braucht nicht viel. Zwei bis drei Sätze genügen völlig. Zum Beispiel: »Ich bin Rechtsanwältin Sarah Strauch und habe mich auf das Recht von Onlineunternehmen spezialisiert. Mit meinem Content helfe ich dir, Abmahnungen zu vermeiden.«
4. Anschließend gibst du eine Übersicht über das, was du vorhast, und sprichst die Einladung aus, Fragen zu stellen. Entscheide, ob du Fragen auch zwischendurch beantwortest oder ob du lieber am Schluss gesammelt auf die Fragen eingehen möchtest. Die erste Variante ist lebhafter und wird dem Format Live-Video besser gerecht – sie braucht aber auch etwas mehr Übung und Disziplin, um dann wieder in deine Dramaturgie zurückzufinden. Kommuniziere auf jeden Fall, wie du das handhaben wirst. Zum Beispiel so: »Aus der Erfahrung meiner Klienten habe ich die fünf wichtigsten Punkte mitgebracht, auf die du achten solltest, damit die Daten deiner Kunden DSGVO-konform behandelt werden. Du kannst mir direkt im Chat Fragen stellen und ich gehe dann am Schluss darauf ein.«
5. Präsentiere deinen Inhalt und gib währenddessen immer wieder einen Hinweis, was hier im Video passiert, für all diejenigen, die neu dazu stoßen. Je nach Länge des Videos solltest du auch die Aufforderung, Fragen zu stellen, wiederholen und darauf hinweisen, wann du auf sie eingehen wirst. Dafür nutzt du, bevor du ein neues Thema oder einen neuen Punkt anreißt, orientierende Sätze wie: »Kommen wir also nun zu Antwort drei von fünf auf die Frage, wie du dein Unternehmen DSGVO-konform gestaltest« oder »Eine Reflexionsfrage zum Thema XYZ habe ich noch für euch. Und dann gehe ich gerne auf Fragen ein. Also schreibt diese gerne schon in den Chat.« Solche Sätze, in denen du dein Thema elegant wiederholst, kannst du wunderbar vorbereiten, damit du sie im richtigen Moment parat hast. Und sie helfen dir, auf langweilige Rausschmeißersätze zu verzichten wie »Für alle, die neu dazugekommen sind, wir sprechen heute über ...«
6. Für Fortgeschrittene: Stärke die Interaktion, indem du auch zwischendurch auf dein Publikum reagierst. Anstatt aber jeden, der in den Raum kommt, laut zu be-

grüßen, nutze »stille Funktionen«. So kannst du zum Beispiel jedem der bei Instagram neu in den Raum gekommenen Menschen »zuwinken«.

7. Nicht jeder, der dir zuhört, möchte eine Frage stellen. Aber Menschen hören besser zu, wenn du sie zu Handlungen aufforderst oder auf ihre Handlungen reagierst. Ein einfacher Satz wie »Hier fliegen gerade die Herzen – vielen Dank dafür« zeigt deiner Community, dass du sie bemerkst. Wenn mehrere Menschen zuhören, kannst du auch einfache Umfragen machen, zum Beispiel: »Hand aufs Herz: Wer von euch wusste das schon? Schreib eine 1 in den Chat, wenn du es wusstest, eine 2, wenn du es umsetzt, und eine 3, wenn es für dich neu ist.« Du musst nicht auf die Ergebnisse warten, die zeitversetzt eintreffen. Sprich einfach weiter, bleib aber im selben Thema. Du könntest auch ein konkretes Beispiel geben, während deine Community die Zahlen in den Chat schreibt. Wenn die Ergebnisse kommen, kannst du kurz darauf eingehen, zum Beispiel: »Ich sehe einige Dreien – das freut mich und ich hoffe, dass ihr dieses neue Wissen gut umsetzen könnt.«
8. Wenn du mit deinem inhaltlichen Teil durch bist, lade deine Community noch einmal dazu ein, Fragen zu stellen, während du »die wichtigsten Punkte noch einmal zusammenfasst«. Diese Zusammenfassung ist eine wertvolle Wiederholung und ein wichtiger Service. Insbesondere für diejenigen, die erst später zu deinem Live hinzugekommen sind. Dein Fazit oder deine Zusammenfassung kann sogar eine Einladung für sie sein, sich das ganze Video in der Aufzeichnung anzusehen. Anschließend beantwortest du Fragen, die zwischenzeitlich eingegangen sind, oder du gehst zum nächsten und letzten Schritt über.
9. Dein Live-Video sollte immer ein klares Ziel haben und deinen Zuhörern einen sinnvollen nächsten Schritt anbieten. Das kann sein, dir zu folgen, »weil ich in den kommenden Wochen noch mehr zum Thema xy berichten werde«, oder du endest mit einem weiterführenden Call-to-Action zu einem Freebie oder einem Produkt. Mehr über den Call-to-Action und seine Formulierung findest du in Kapitel 8, »Spannend – und jetzt? Wie dein Content verkauft«.

Wenn du dich an diese Punkte hältst und deine Inhalte so gliederst, dass du sie entweder durchnummerieren oder aufeinander aufbauen kannst, nutzt du die interaktiven Funktionen eines Live-Videos optimal für eine Verbindung mit deiner Community und kreierst gleichzeitig Content, der auch als Aufzeichnung wertvoll ist. Weil deine Live-Videos wertvolle Inhalte klar strukturiert vermitteln und deine Zuschauer keine »Ich warte jetzt erst einmal auf eure Fragen«-Durststrecken überdauern müssen. Der Rest ist Übung.

Drehplanvorlage

Damit du dein Live-Video gut vorbereiten kannst und etwas in der Hand hast für den Moment, wo du den Faden verlierst, habe ich dir ein Arbeitsblatt mit meinen Tipps erstellt, das du als PDF herunterladen und mit den Notizen für dein eigenes Live-Video ergänzen kannst. Du findest es unter *biancafritz.com/live-vorlage*.

Das Wichtigste in Kürze

Auch ein Live-Video ist wertvoller Inhalt, der gestaltet werden sollte. Wenn du dich gut vorbereitest, kannst du deine Inhalte strukturieren und gleichzeitig die Interaktion fördern. Du kannst auf Kommentare eingehen und auch diejenigen ansprechen, die später dazukommen oder die Aufzeichnung des Live-Videos sehen. Dafür teilst du vorbereitend deine Inhalte in Abschnitte ein, formulierst den Nutzen oder die Botschaft des Videos. Und du planst feste Zeitpunkte in deinem Drehplan ein, um mit deinem Publikum zu interagieren.

Kapitel 7

Bilder, die begeistern – Tricks aus der TV- und Bildredaktion für deinen Content

Content ist nicht nur Text. Der erste Blick fällt aufs Visual – das Video, Foto oder die Grafik deines Contents. Hier lernst du die wichtigsten Grundlagen zur Gestaltung dieser Blickfänger.

Eine Zeit lang machten meine Kolleg*innen aus der Zeitungsredaktion ein Spiel daraus, an den Bildern zu erkennen, wer die bunte Seite »Aus aller Welt« am Vortag produziert hatte. Obwohl wir aus Hunderten von Bildern der Nachrichtenagenturen auswählen konnten und die »Aus aller Welt« auch themenmäßig sehr breit aufgestellt war, konnte man doch eine klare Handschrift erkennen: Wenn man mehrere Bilder aus einer Modenschau sah, war ziemlich sicher meine Kollegin im Dienst, wenn Stars und Sternchen den größten Raum einnahmen, mein älterer, männlicher Kollege. Und wenn süße Tierchen oder völlig überdimensionierte Bilder von verrückten neuen Achterbahnen von der Seite prangten, war eindeutig ich im Dienst.

Die Bilder von Umweltkatastrophen hingegen fanden wir alle eher unschön. Kriminalfälle lieferten ebenfalls kein gutes Bildmaterial. Eine Person, die mit Aktenordner vor dem Gesicht in einen Gerichtsaal läuft, ist schlicht langweilig. Eine ganze Weile fanden diese Bilder auf der »Aus aller Welt« fast gar nicht mehr statt, bis die Chefredaktion uns einzeln zur Seite zog und daran erinnerte, dass Bilder in einer Zeitung sehr wohl auch Nachrichtenwert haben müssten. Wir könnten uns nicht einfach nur nach persönlichen Präferenzen richten.

Vielleicht hast du dich schon gewundert, dass das Thema Bilder und Videos in diesem Buch erst so spät kommt – obwohl das Visuelle eine so wichtige Rolle für Content spielt. Doch die Idee, dass der Inhalt wichtiger ist als das Visuelle, ist tatsächlich im Journalismus weit verbreitet. Eine Nachricht ist in erster Linie eine Schlagzeile. Was passiert ist, wird geschrieben und gesagt – und wenn möglich noch zusätzlich gezeigt. Wenn es kein Bildmaterial gibt, greift man in den Medienhäusern zu Symbolbildern oder überlegt sich eine grafische Darstellung.

Redaktionen stellen also zunächst die Fragen, »warum« sie »was« berichten sollten, und erst dann fragen sie sich, »wie« (also in welcher Form) sie es erzählen. Die Frage »Und wie bebildere ich das jetzt?« kommt häufig erst sehr spät.

Ausnahmen sind die Bildstrecken von Hochglanzmagazinen, für die zuerst die eindrücklichen Bilder ausgewählt werden. Was in der Bildzeile dazu geschrieben wird, ist eine Nebensache. Hier sehen wir Fotos, die außergewöhnlich schön, schrecklich oder beeindruckend sind. Der Papst, der lächelnd durch ein Menschenmeer schreitet, ein weinendes Kind, in dessen Augen sich die Schmerzen eines ganzen Kriegs spiegeln, oder der Moment, in dem der Löwe ins Leere schnappt und die Gazelle in den Sonnenuntergang der Serengeti sprintet. Es sind Bilder, die auch ohne Worte Geschichten erzählen.

Wenn dir als Content Creator solche Bilder zu deinem Thema zur Verfügung stehen, wird dir auch das Gestalten sehr leichtfallen. Dann wird der Text tatsächlich zur Nebensache. Meistens aber wird es dir genauso gehen wie den Redakteur*innen. Du weißt, was du erzählen möchtest, und fragst dich dann: Und wie bebildere ich das jetzt?

In den meisten Redaktionen, in denen ich gearbeitet habe, war die Bildredaktion eher dünn besetzt und die Redakteurinnen waren selbst für die Bildauswahl, den Bildausschnitt und die Platzierung von Bildern im Layout verantwortlich. Auch in den Videoagenturen habe ich nicht nur die Konzepte geschrieben, sondern auch vor Ort gefilmt und den Grobschnitt der Videobeiträge selbst gemacht. Erst für die Feinheiten und die Abnahme kamen dann die Grafik- und Videoprofis dazu. Die Grundsätze der visuellen Gestaltung musste ich auch als Textredakteurin kennen. Auch viele Content Creator*innen können die Gestaltung nicht einfach an die Grafikabteilung weitergeben, sondern übernehmen Bildgestaltung und Videoschnitt selbst. Gut also, wenn du die Grundregeln beherrscht, die auch für Laien leicht zu beherzigen sind und zugleich einen großen Unterschied in der Wirkung der Bilder ausmachen.

Den ersten Grundsatz kennst du nun schon: Das Gros deiner Bilder sollte eine Botschaft haben. Deine visuelle Gestaltung steht nicht einfach für sich, sondern sie unterstreicht das, was du sagen möchtest. Bilder und Videos, die nur schön sind, bekommen Likes – bleiben aber selten im Gedächtnis und vor allem geben sie deiner Community keinen Grund, sich mit deinen Inhalten auseinanderzusetzen. Ich habe in meiner Zeit als Redakteurin für die »Aus aller Welt« gelernt, dass ich niedliche Porträts von Schafen mit gefrorenen Löckchen und Wimpern nur abdrucken darf, wenn ich damit vor der drohenden Schafskälte warnen konnte. Und dass Achterbahnbilder nur dann interessieren, wenn die neuste Bahn einen Weltrekord bricht. Inhalt vor Ästhetik eben.

7.1 Und wie bebildern wir das jetzt? Fotos und Grafiken

Die Ausrede, dass etwas nicht gepostet werden kann, weil es kein Bildmaterial dafür gibt, gilt heute nicht mehr. Viel mehr stehen wir vor der Qual der Wahl, WIE wir unseren Inhalt bebildern möchten. Hier eine unvollständige Liste davon, was zur Auswahl steht, wenn ein Content-Piece ein Visual – also ein optisches Element – braucht.

- eigene Fotos
- Stock-Fotos
- Grafiken
- Fotos mit grafischen Elementen
- eigene Videos
- Stock-Videos
- bewegte Grafiken
- Handgezeichnetes
- KI-Bilder
- GIFs
- Mock-ups
- Memes
- ... und natürlich alle Kombination aus diesen Elementen

Umso wichtiger ist für deine Entscheidung, dass du weißt, was die Funktion deines Visuals ist. Die wichtigste journalistische Funktion kennst du bereits: Das Bild soll die Botschaft des Textes unterstreichen oder visualisieren. Dabei wirken, wie in Abschnitt 5.1, »In Schlagzeilen denken und Headlines texten«, gezeigt, das Visuelle und eine Headline auf dem Bild im Idealfall zusammen.

[!]

Text-Bild Schere

Eines der wichtigsten Gesetze in Redaktionen lautet: Vermeide die Text-Bild-Schere. Also vermeide, dass dein Bild etwas anderes verspricht, als im Text geliefert wird. Oder dass das Bild etwas zeigt, was im Text gar keine Rolle spielt oder ihm im schlimmsten Falle sogar widerspricht. Dass das Bild zum Text passen sollte, klingt so logisch, dass es dir vielleicht banal vorkommt. Tatsächlich aber sieht man die Text-Bild-Schere sowohl in klassischen Medien als auch bei Content Tag für Tag. So oft, dass wir unsere Irritation darüber oft gar nicht mehr bemerken – wir bemerken lediglich das diffuse Gefühl, dass »hier irgendwas nicht stimmt«. Manchmal aber ist die Text-Bild-Schere auch so absurd und lustig, dass sie zum Beispiel ihren Einzug in die »Perlen des Lokaljournalismus« findet, wie das in Abbildung 7.1 gezeigte Zeitungsfoto.

Abbildung 7.1 Andrang? Wo? Ein schönes Beispiel einer Text-Bild-Schere gefunden bei den »Perlen des Lokaljournalismus«[1]

Neben der Frage, ob das Bild die Botschaft zeigt, ist für die Auswahl wichtig, was es auf unbewusster Ebene mit uns machen soll: Soll das Visual irritieren? Informieren? Ästhetisch oder emotional anziehend sein?

Für die Wirkung von Bildern sind folgende Grundsätze wichtig:

- Bewegung zieht das Auge stärker an als statische Bilder. Das spricht für ein Video oder zumindest bewegte Schrift oder Grafiken in einem statischen Feed. Die anziehende Wirkung lässt aber natürlich nach, wenn jeder Post im Feed schwirrt und blinkt.
- Wie Text werden auch statische Bilder von links nach rechts gelesen. Das spricht dafür, den emotional ansprechenderen Teil eher links zu platzieren und den Text oder die weniger wichtigen Elemente auf der rechten Seite. Denn ...
- ... Betrachtende nehmen zunächst die Stimmung oder Emotion wahr, wenn sie ein Bild anblicken. Deshalb funktioniert alles gut, was niedlich ist. »Kinder und Tiere gehen immer« ist ein Satz, den ich in Redaktionen ständig gehört habe. Dasselbe

1 *www.facebook.com/photo.php?fbid=746186513837644&set=pb.100053389058779.-2207520000.&type=3*

gilt natürlich auch für nackte Haut oder Gewalt – wobei die emotionale Wirkung hier oft zu stark bzw. zu negativ ist für Social Media.

- ... das ästhetisch Schöne zieht unser Auge zudem stärker an als das Chaos – selbst wenn es auf chaotischen Bildern mehr zu entdecken gäbe.
- ... und zu guter Letzt gilt: Magie entsteht dann, wenn ich aus dem Bild heraus direkt angeblickt werde. Egal, wie viele Selfies wir schon gesehen haben – wenn wir aus einem Bild heraus angeschaut werden, reagieren wir auf emotionaler Ebene. Das erklärt, warum der Schnappschuss des Creators oft mehr Likes bekommt als die mühevoll gestaltete Infografik.

Und weil die **Porträt- und die Personenfotografie** eine so wichtige Rolle spielen, möchte ich damit beginnen. Damit ein Foto einer Person wirkt, muss es nicht professionell aufgenommen werden. Ein paar Kniffe sorgen dafür, dass das Bild professioneller wirkt.

Achte beim Fotografieren darauf, dass die Augen der Person im oberen Drittel des Bildes liegen. Wann immer möglich, lass sie direkt in die Kamera blicken. So fühlen sich die Betrachtenden stärker mit dieser Person verbunden. Die meisten Gesichter wirken weicher, wenn der Kopf nicht frontal zur Kamera steht, sondern leicht zur Seite gedreht ist. Schau dafür, welches Auge größer ist – das ist die Schokoladenseite der Person, die näher an der Kamera platziert sein darf. Du kannst die Person mittig im Bild platzieren oder am Rand – für mehr Spannung. Dann ist allerdings wichtig, dass sich die Person dem Leerraum zuwendet und nicht aus dem Bild herausschaut. Das ist besonders praktisch, wenn du auf den Leerraum später Text platzieren möchtest.

Schneide von der Person nichts ab, was unser Gehirn nicht ohne Mühe beim Betrachten wieder ergänzen kann – weder beim Fotografieren noch bei der Bildbearbeitung. Das bedeutet bei Porträtaufnahmen vor allem: Der Haaransatz muss zu sehen sein. Er ist ein wichtiges und sehr individuelles Feature eines Gesichts!

Achte zudem auf die gute, gleichmäßige Ausleuchtung, sodass Nase, Augenhöhlen und Haare keine Schatten werfen. Diese lassen sich zwar in der Bildbearbeitung noch aufhellen, aber wenn du kein Bildbearbeitungsprofi bist, wird dein Bild immer natürlicher wirken, wenn du es gleich ohne Schatten aufnimmst.

Die Tiefenschärfe ist ein wichtiges Gestaltungsmittel in der Personenfotografie – ganz besonders dann, wenn du eine Person nicht vor einen ruhigen Hintergrund platzieren kannst. Bei professionellen Kameras kannst du mit der Blende spielen, um den Hintergrund verschwimmen zu lassen. Viele Smartphones haben diese Funktion als Filter mit eingebaut – als eigene Funktion oder bereits voreingestellt im Porträtmodus. Und natürlich gibt es den verschwommenen Hintergrund auch als Filter für Storys oder Reels in den meisten Social-Media-Plattformen. Details zur Tiefenschärfe erfährst du auch im Interview mit Videotrainerin Judith Steiner in Abschnitt 7.2.3, »Face-to-Camera-Aufnahmen professioneller gestalten«.

Apropos unruhiger Hintergrund: Du wirst immer wieder in die Situation kommen, dass du ein Element ausschneiden und auf einem anderen Hintergrund verwenden möchtest. »Freistellen« heißt diese Funktion und war früher mühevolle Handarbeit. Heute funktioniert sie in den meisten Bildbearbeitungsprogrammen mit nur einem Klick. Solltest du kein solches Programm zur Verfügung haben, nutze zum Beispiel die Webseite *www.remove.bg/de*.

Beim Freistellen passiert allerdings häufig ein Fehler, der den Grafiklaien vom Profi unterscheidet: Die freigestellten Fotos werden so auf dem Visual platziert, dass man die unschönen Schnittränder sieht. Wenn dein Objekt oder die Person im Original angeschnitten ist – platziere auch das freigestellte Bild lieber so, dass es mit dem Bildrand bündig ist (siehe Abbildung 7.2).

Und noch ein kleiner Tipp: Mit einem zugefügten Schatten fügt sich das freigestellte Bild besser in den Hintergrund ein – und wirkt weniger »ausgeschnitten«. In einfachen Bildbearbeitungsprogrammen wie Canva lässt sich der Schatten mit nur einem Klick hinzufügen. Sollte das in deinem Programm noch nicht möglich sein, kopiere den ausgeschnittenen Gegenstand bzw. die Person, nimm Farbe aus dem Bild, bis sie grau ist und setze sie leicht versetzt hinter das Originalbild.

Abbildung 7.2 Die Positionierung sowie eine leichte Bearbeitung machen einen großen Unterschied in der Wirkung.

Ich habe dich in diesem Buch bereits mehrfach aufgefordert, dich vom Schreibtisch wegzubewegen und dorthin zu gehen, wo etwas passiert. Wo du etwas zeigen kannst, was mit deinem Thema zu tun hat. Als Content Creator in einem Unternehmen solltest du zum Beispiel regelmäßig dort hingehen, wo Menschen nicht am PC arbeiten, sondern auch andere, spannendere Dinge tun, wo Holzspäne fliegen oder Wände gestrichen werden. Selbst wenn du nur Mitarbeitende des Vertriebs auf Kundentermine begleitest – jeder Ortswechsel belebt deinen Content. Wenn du diesem Rat folgst, bekommst du automatisch auch Motive vor die Linse, die mehr zeigen als eine Person. Nämlich eine Person, die etwas tut, die an einem besonderen Ort ist, oder mehrere Personen, die zusammen etwas bewirken. Du findest ungewöhnliche Perspektiven und siehst neue Details. Schule deinen Blick, um gutes Content-Bildmaterial zu sammeln mit der Frage: Welche Bilder erzählen schon einen Teil der Geschichte? Dabei kannst du dich an die Regel halten: Das Detail ist wichtiger als der Überblick – die Nahaufnahme ist emotional ansprechender als die Totale. Wir brauchen mitunter Übersichtsbilder, um das Detail zu verstehen. Aber das Detail ist das eigentlich Interessante. Nicht der Schreiner, der an der Werkbank steht umgeben von seinem Werkzeug, erzählt die Geschichte. Sondern Bilder seiner Hände auf der Werkbank und eine Nahaufnahme seines angestrengten Blickes.

7

KI-TIPP: Bild-KIs nutzen ohne komplizierte Programme

Du brauchst für deinen Content ein Bild von einem Fisch, der Fahrrad fährt? Mit KI ist das kein Problem mehr. Wenn du dich nicht in kostenpflichtige KI-Portale wie DALL-E oder Midjourney einarbeiten möchtest, weil du nur hin und wieder ein ungewöhnliches Bild benötigst, gibt es gute Nachrichten: Immer mehr Grafikprogramme integrieren hilfreiche KI-Funktionen in ihre Tools. So kann Canva (in der bezahlten Pro-Version) inzwischen auch schon aus Textbefehlen Bilder in verschiedenen Stilen generieren – vom fast fotorealistischen Bild bis hin zur Comiczeichnung. Und auch der KI-Assistent der Suchmaschine Bing greift auf DALL-E zu, ohne dass du dort einen Account haben und dich einarbeiten musst. Zur journalistischen Haltung gehört, stets anzugeben, wenn ein Bild mit der KI erzeugt wurde, um keine falsche Fakten vorzutäuschen. Fische fahren nun mal kein Fahrrad, auch wenn es in Abbildung 7.3 fast so aussieht.

Abbildung 7.3 »Fisch auf Fahrrad« in der Version von Bing mithilfe der DALL-E KI links und rechts aus Canvas Text-zu-Bild-Generator.

Wenn du beim Fotografieren dein Hauptaugenmerk auf Details lenkst, läufst du auch weniger Gefahr »Briefmarken« zu erstellen. Damit sind kleine Fotos mit viel zu viel Zeug darauf gemeint. Das ist eine der wichtigsten Regeln, die ich beim Erstellen von Zeitungslayouts gelernt habe. Wenn du die Gesichter auf einem Bild suchen musst, sind sie zu klein. Während ich mir in der Zeitung damit behelfen konnte, das Bild einfach eine Spalte größer zu ziehen, bist du als Content Creator durch die meisten Netzwerke auf ein bestimmtes Bildformat begrenzt. Es ist also NOCH wichtiger für dich, dass es sich nicht um ein Wimmelbild handelt und ich sofort erkenne, um was es dir geht.

Ein Bildgestaltungsmittel, das dir dabei hilft, ist die **Perspektive**. Dafür setzt du das wichtigste Objekt oder die wichtigste Person genau in die Mitte des Bildes oder in den Vordergrund. Und wenn irgendwie möglich – suche nach Linien in der Landschaft oder Architektur, die du auf dein wichtigstes Objekt zulaufen lassen kannst. Bei mehreren Linien kannst du die Objekte auch einrahmen. Stell sie dir einfach wie Leitplanken vor, die das Auge zum wichtigsten Punkt führen. Natürlich können auch die Objekte, die du zeigen möchtest, Linien bilden. Dann ist es besonders wirkungsvoll, diese Linien auf einen Punkt am Horizont zulaufen zu lassen. In Abbildung 7.4 siehst du, welchen Unterschied es macht, wenn Linien auf dem Foto dein Auge lenken: Einmal wurde die Häuserfront in Wien ohne perspektivische Gedanken von vorne aufgenommen, einmal laufen die Hausfronten auf einen Punkt am Horizont zu.

Wenn du etwas festhalten möchtest, was in **Bewegung** ist, ist fast immer ein Video die bessere Wahl – denn eine Bewegung zu zeigen, bringt mehr Aufmerksamkeit, als sie in einer Fotografie nur anzudeuten. Solltest du die Bewegung aber doch als Foto zeigen wollen, lass auf deinem Bild Platz – und zwar in die Richtung, in die sich die Person, der Arm oder das Auto bewegt. So geht die Bewegung im Kopf der Betrachtenden automatisch weiter. Und Bewegung ist neben der Tiefenschärfe übrigens auch der einzige Grund, warum mal etwas unscharf sein darf. Unschärfe ist heutzutage ein bewusstestes Stilmittel – kein Versehen mehr. Auch Smartphonekameras haben einen so guten Autofokus, dass wir eine gute Fotoqualität erwarten.

Nach den Fotos möchte ich nun zu den **grafisch gestalteten Social-Media-Posts und Content-Grafiken** übergehen. Grafisch gestaltete Visuals gehören heute fest ins Repertoire eines jeden Content Creators. Als Infografiken bringen sie deine Hauptaussagen auf den Punkt. Und damit sind nicht nur klassische Infografiken wie Kreis- oder Balkendiagramme gemeint, sondern auch die grafische Aufbereitung von Inhalten wie in »Dos und Don'ts« oder »Dies vs. Jenes« oder auch zur Illustration von aufeinanderfolgenden Schritten. In Abbildung 7.5 siehst du Beispiele für diese Art von Grafiken, die als Templates im Grafikprogramm Canva vorliegen und mit eigenen Inhalten angepasst werden können.

Abbildung 7.4 Im oberen Bild gibt es keine klare Perspektive, im unteren laufen die Linien auf einen gedachten Punkt im Horizont zu.

Abbildung 7.5 Auf Canva gibt es zahlreiche Vorlagen, um Text als Grafik anschaulich zu gestalten, wie in diesem drei Beispielen.

Wie du auf den Bildern ebenfalls siehst, ist natürlich auch eine Kombination aus Fotos und grafischen Elementen möglich. Mit einfachen Grafikprogrammen wie Canva können auch Laien ohne Schwierigkeiten Text und grafische Elemente mit ihren Fotos und sogar mit Videos kombinieren. Die größte Gefahr bei Laien liegt darin, dass die Visuals überladen werden und keine klare Handschrift mehr erkennbar ist.

Hier sind drei Grundregeln, die dir helfen, dass du es nicht übertreibst mit der Kombination:

1. Lege Schriften (im Idealfall nicht mehr als zwei Schriftarten) und Farben (nicht mehr als vier) für dein Branding fest und beschränke dich auf diese.
2. Nutze möglichst keine grafischen Elemente, die keine Funktion haben. Füge Bildchen und Sticker nur dann ein, wenn sie deine Worte unterstreichen und verdeutlichen, wie beispielsweise der grüne Haken im Bereich »Do« und das rote Kreuz bei »Don't« in Abbildung 7.5.
3. Wenn du Schrift auf dein Bild oder deine Grafik einfügst – wozu ich dir auf jeden Fall rate, weil du mit der Headline einen starken Anreiz schaffst, den Content zu lesen oder zu schauen (siehe Abschnitt 5.1, »In Schlagzeilen denken und Headlines texten«), achte auf einen starken Kontrast zwischen der Schriftfarbe und dem Hintergrund. Wähle, wenn es dein Branding erlaubt, eine möglichst schlichte Schriftart. Schnörkel-, Schmuck- und Handschriften setzt du höchstens für einzelne, wichtige Worte ein. Wenn du all das befolgst, ist deine Headline auf einen Blick einfach zu lesen. Ein Trick: Wenn du deine Schrift auf ein unruhiges Foto einfügst, kannst du dir behelfen, indem du dein einfarbiges Rechteck unter die Schrift legst und dieses leicht transparent machst. So schimmert das Foto durch und du hast trotzdem die Ruhe und den Kontrast, die dein Auge benötigen, um den Text zu lesen (siehe Abbildung 7.6).

Insgesamt gilt: Je weniger Worte Text auf dem Visual stehen, umso leichter lassen sie sich lesen. Allerdings gibt es derzeit vor allem auf Instagram den Trend, den gesamten Inhalt des Posts auf die Grafiken zu packen und als Karussell-Post mit mehreren aufeinanderfolgenden Bildern zu gestalten. Wenn du das vorhast, achte darauf, dass zumindest dein erstes Bild ein Titelbild mit wenig Text ist, damit der Einstieg leichter fällt. Ach, und übrigens: Wenn schon viel Text, dann mach ihn linksbündig, damit er unseren Lesegewohnheiten entspricht. Gerade Grafiklaien zentrieren gerne alle ihre Texte, was aber zur Folge hat, dass das Auge in jeder Zeile den Textbeginn neu suchen muss – das ist unnötig mühsam.

Wenn du deine Schrift als Animation ein- und wieder ausblendest, wird selbst ein statisches Bild zum Video – was prinzipiell super ist. Bewegung fesselt. Wenn du damit arbeitest, achte darauf, dass die Schrift so lange eingeblendet wird, dass man sie auch mitlesen kann, wenn man den Text zum ersten Mal sieht. Am besten testest du das mit einer Kollegin.

Abbildung 7.6 So machst du es den Lesern leicht: Kontrast zum Hintergrund schaffen, linksbündige, schlichte Schrift mit wenigen Akzenten.

Denn hat man das Video selbst erstellt, unterschätzt man die benötigte Lesedauer leicht. Vielleicht hast du schon gehört, dass Marketingexpert*innen für Reels und TikToks das Gegenteil raten: Du solltest den Text bewusst zu kurz einblenden, damit die Menschen das Video mehrfach anschauen müssen und so die Reichweite des Videos steigt. Ich bin prinzipiell skeptisch bei Tricks, die eindeutig für den Algorithmus gemacht werden, nicht für die Menschen, die den Content sehen. Zum einen zeigt die Erfahrung, dass der Algorithmus meist angepasst wird, damit solche »Hacks« nicht mehr funktionieren. Zum anderen möchte ich dich fragen: Willst du wirklich das Risiko eingehen, die Menschen zu verärgern, die deine Inhalte interessant finden, nur um etwas mehr Reichweite zu erhalten?

Zu guter Letzt: Gib allen Elementen auf deinem Visual Luft zum Atmen. Fotos haben Abstand von Text, Text hat Abstand vom Rand, und grafische Elemente wirken nur dann ideal, wenn auch sie Luft zu allen Seiten haben. Alle, die neu darin sind, Grafiken zu gestalten, halten sich am besten an die Daumenregel: Lass eher mehr Fläche frei, als du für richtig hältst. Designs wirken hochwertiger, wenn sie minimalistisch und mit mehr Weißraum (Fläche ohne Inhalte) gestaltet sind. Nur so kann alles, was auf dem Visual platziert wurde, auch die volle Wirkung entfalten.

Das Wichtigste in Kürze

Die Visuals für deinen Content sind keine Kunstwerke, sie dienen dazu, deinen Inhalt zu unterstützen. Wenn du einige Grundregeln der Fotografie und der grafischen Bildgestaltung beachtest und dir die Devise »weniger ist mehr« zu Herzen nimmst, werden deine Bilder zu Eyecatchern. Frag dich vor allem, welche Botschaft du vermitteln möchtest und welche Emotion du hervorrufen willst, und wähle dann gezielt wenige Bilder oder Grafiken aus, die atmen und wirken dürfen.

7.2 Geschichten in bewegten Bildern erzählen

Als ich bei einem Elternmagazin als Onlineredakteurin gearbeitet habe, hat es zu meinen Aufgaben gehört, ein monatliches Video zu drehen, in dem der Chefredakteur über die wichtigsten Themen der aktuellen Magazinausgabe spricht. Leider hatte ich kein Videomaterial von den Recherchen der Magazingeschichten zur Verfügung. Ich musste also mit dem arbeiten, was täglich da war: mein Chef, sein Büro, die Kollegen und die Magazine natürlich. Damit ist meine Situation sicher vergleichbar mit der von vielen Creator*innen, die Videos für Content erstellen sollen: Ungewöhnliche Bilder sind Mangelware. Und auch wenn ein solches »Im Büro«-Video niemals so spannend werden kann, wie ein Handstandvideo am Abgrund einer Bergklippe oder ein Löwe, der eine Gazelle jagt – es ist trotzdem möglich, die Bilder so zu gestalten, dass sie die Aufmerksamkeit der Zuseher*innen wecken. Damit sie zuhören, was die interviewte Person sagt. Um das zu erreichen, nutzt du unterschiedliche Perspektiven und spielst so mit Schnitten, dass dein Filmmaterial eine Geschichte erzählt. Und lautet der Titel auch nur: »Hier wird gerade ein Magazin erstellt«.

7.2.1 Filmmaterial für Geschichten sammeln und schneiden

Damit du genug Filmmaterial hast, um dieses spannend schneiden zu können, empfehle ich dir die 5-Shoot-Coverage, die Fernsehjournalist*innen lernen. Ich selbst habe das vor vielen Jahren in einem Crashkurs beim Schweizer Fernsehen gelernt, bevor ich als Videojournalistin bei einer Werbeagentur gearbeitet habe. Dabei nimmst du mit der Kamera jede Szene, die du zeigen willst, in fünf verschiedenen Perspektiven auf. So sammelst du Bildmaterial, das du später beim Schneiden in eine gute dramaturgische Reihenfolge bringen kannst. Und sogenanntes »Footage«-Material – also bewegte Bilder, die du einblenden kannst, während eine Person spricht.

Um Material für die 5-Shot-Coverage zu sammeln, halte die Kamera in jeder Position etwa 20 Sekunden und fange folgende Perspektiven ein:

1. **Die Halbtotale bzw. amerikanische Einstellungsgröße**: Du filmst die Person vom Kopf bis kurz unter die Gürtellinie etwa – also auf jeden Fall so, dass man ihre Hände gut sieht. Und zwar am besten in Aktion. Lass sie das tun, was du zeigen möchtest. Deine Zuschauerin erfährt also, wer was tut.
2. **Die Großaufnahme**: Jetzt gehst du ganz nah an den Protagonisten heran und filmst die Details. Seine Hände auf der Werkbank oder an der Tastatur. Nur die Augen. Die Schweißperlen auf der Stirn. Alles, was Emotionen vermitteln kann. Lege auf diese Bilder deinen Fokus und halte jede Einstellung am besten ein paar Sekunden länger, als du denkst, denn später im Schnitt sind es vor allem diese Nahaufnahmen, die du brauchst.
3. **Die Totale**: Jetzt verkriechst du dich mit der Kamera in die hinterste Ecke, damit du den Protagonisten von Kopf bis Fuß in seiner Umgebung filmen kannst. Auch dieser Shot dient der Orientierung – hier brauchst du höchstwahrscheinlich nicht mehr als die genannten 20 Sekunden Filmmaterial.
4. **Der Gang in die Kampfzone**: Du bewegst dich mit der Kamera aus der Totalen langsam in die Kampfzone zurück – also zurück zur ersten Einstellung, der Halbtotalen. Ich habe gelernt, dass du diese Bewegung nicht mit dem Zoom deiner Kamera machst, sondern dass du dich mit der Kamera bewegst. Bildstabilisatoren, Stative oder ein Gimbal – ein spezielles Stativ für Smartphones – gleichen das Verwackeln beim Gehen aus. Wer kein hilfreiches Equipment dabei hat, probiert Folgendes: Ellbogen an den Körper anlegen beim Filmen, möglichst die weitwinkeligste Einstellung verwenden, die das Gerät hergibt. Dann beim Laufen etwas in die Knie gehen und den Fuß über die Ferse abrollen. So wird die Bewegung so weich, dass die Smartphonebildstabilisatoren sie gut ausgleichen können. Ein bisschen Übung gehört natürlich auch dazu.
5. **Die überraschende Perspektive**: Jetzt darfst du kreativ werden. Wie könnte man die Szene, die du gerade gefilmt hast, NOCH aufnehmen? So habe ich zum Beispiel den Chefredakteur mal durch die Büropflanze hindurchgefilmt, mal von oben, indem ich auf Bürostühle geklettert bin und dann habe ich ihn hinter den Seiten des Magazins, in dem er gerade blätterte, auftauchen lassen. Du kannst jemanden auch beim Arbeiten über die Schulter filmen. Oder die Kamera durch den Flur auf die Person zugleiten lassen. Hier sind Schwenks und Bewegungen jeder Art erlaubt. Vielleicht stellst du dein Gerät auch mal auf Slow Motion? Probiere dich aus und sammele so viel Material wie möglich.

In Abbildung 7.7 siehst du die verschiedenen Kameraeinstellungen – die überraschende Perspektive könnte hier entweder aus Hundesicht gefilmt sein oder auch durch die Haare hindurch aufs Handydisplay.

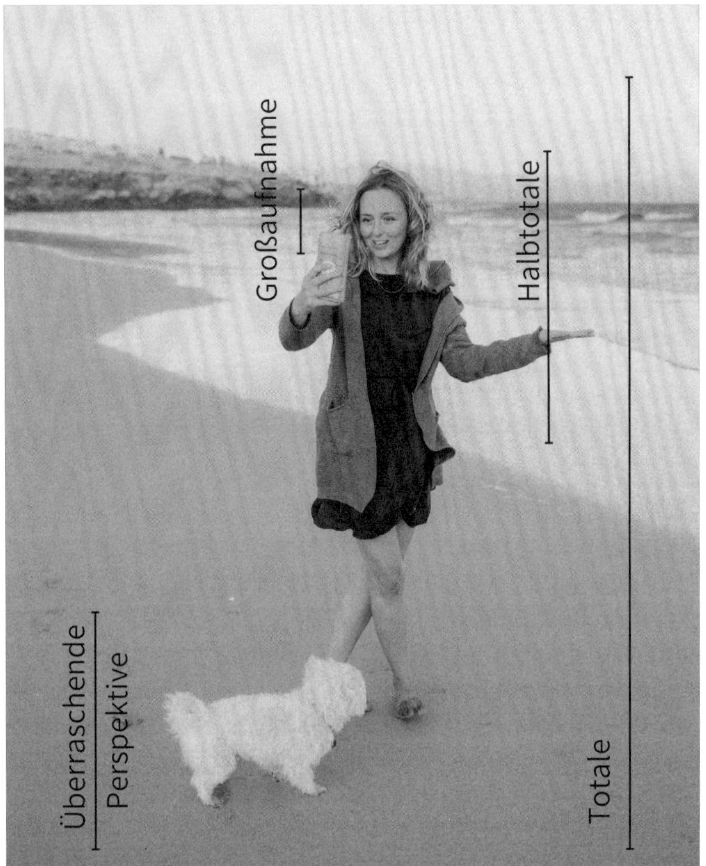

Abbildung 7.7 Eine Szene, verschiedene Kameraeinstellungen – so entsteht eine bewegte Geschichte. Foto: Wioletta Wall

Wenn du auf diese Weise Bewegtbildmaterial sammelst, bekommst du genügend Bilder zusammen, um auch eine Büroszene spannend zu gestalten. Dann geht es an den Schnitt. Lege deinen Schwerpunkt bei der Bildauswahl auf Detailaufnahmen und die ungewohnte Perspektive. Gerade bei Videos für Social Media empfehle ich dir, dein ungewöhnlichstes Bild an den Beginn des Videos zu stellen. Denn dieses fordert die Zusehenden heraus. Sie versuchen automatisch zu ergänzen, was sie da sehen – und sie bleiben dran, damit das Rätsel gelöst wird. Danach kannst du zwischen den Detailaufnahmen, der Halbtotale und der Totale hin- und herwechseln. Wenn dein Video mit einer Stimme aus dem Off vertont wird, bist du relativ frei, wann du welchen Schnitt setzt. Aber natürlich willst du, wenn die Sprecherin über das Zurechtschleifen von Schachfiguren spricht, nicht zeigen, wie ein Schrank zusammengehämmert wird – sondern eben Hände, die Schachfiguren schleifen. Denke also auch bei Videos an die Text-Bild-Schere vom Beginn dieses Kapitels.

Wenn du Szenen geplant hast, in denen eine Person frontal in die Kamera spricht, zum Beispiel, weil sie eine Interviewfrage beantwortet, heißt das nicht, dass du die ganze Zeit diese Person zeigen musst, wie sie in die Kamera spricht. Auch hier darfst du das passende gesammelte Filmmaterial darüberlegen.

Eine Reihenfolge für deinen Videoschnitt kann also zum Beispiel so aussehen:

- Du startest mit dem ungewöhnlichen Bild, und man hört schon eine Person über das Thema sprechen.
- Dann sieht man diese Person einige Sekunden in der Halbtotale in die Kamera sprechen.
- Anschließend spricht sie weiter und du zeigst das, worüber sie spricht, in der Totalen und in Detailaufnahmen. So sieht man zum Beispiel den Chefredakteur die Seiten des Magazins durchblättern, ohne dass er den Mund bewegt, hört ihn aber im Hintergrund, also aus dem Off weitersprechen.

Wichtig ist in Interviewsituationen, dass die Augen des Interviewten im oberen Drittel des Bildes liegen. Zur Orientierung kann man auch bei Smartphones die Rasterfunktion einstellen. Außerdem sollte die Kamera auf Augenhöhe platziert sein, sodass der Mensch vor der Kamera weder zum Zuseher hinauf- noch auf ihn herabschauen muss.

Soweit die relativ strengen TV-Regeln. Ich habe zudem gelernt, dass man im Schnitt jede Einstellung etwa vier Sekunden halten muss, damit das Auge alles erfassen kann. Oder so lange, bis man die Aktion, die gerade vor der Kamera passiert ist, erfassen konnte. Einstellungen, in denen sich die Kamera bewegt, enden, indem man das letzte Bild, die Ankunftsposition, noch einige Sekunden hält. Auch bevor du schwenkst, solltest du das Bild einige Sekunden halten, damit sich das Auge erst einmal in der Startsituation orientieren kann. Tabu ist auch, dass die Person im Bild mal links und mal rechts steht oder in unterschiedliche Richtungen läuft.

Allerdings ändern sich unsere Sehgewohnheiten rasant. Filme aus den 80ern wirken heute oft langatmig. Manche Reel-Vorlagen haben Slots von 0,5 Sekunden pro Bild oder Video. Dank der Lernfähigkeit unserer Gehirne können wir ein Bild viel schneller wahrnehmen als früher. Wir gewöhnen uns an das neue Tempo. Und jugendliche Gehirne mögen es schneller als jene älterer Menschen oder von Kindern.

Auf TikTok witzeln Jugendliche darüber, dass Millennials am Anfang jedes noch so kurzen Videos kurz warten würden, anstatt sofort zu sprechen (siehe Abbildung 7.8). Die sogenannte Millennial-Pause scheint tatsächlich etwas mit dem Alter zu tun zu haben, denn selbst Stars und Social-Media-Profis wie Taylor Swift legen sie ein. Gen Z hingegen riskiert lieber, dass das erste Wort abgeschnitten wird, als dass sie eine Pause an den Beginn ihrer Videos stellen. Und damit die Aufmerksamkeit auch wirklich auf sie fällt, schütteln sie das Video zu Beginn oft noch etwas, was *Gen Z Shake* genannt wird.

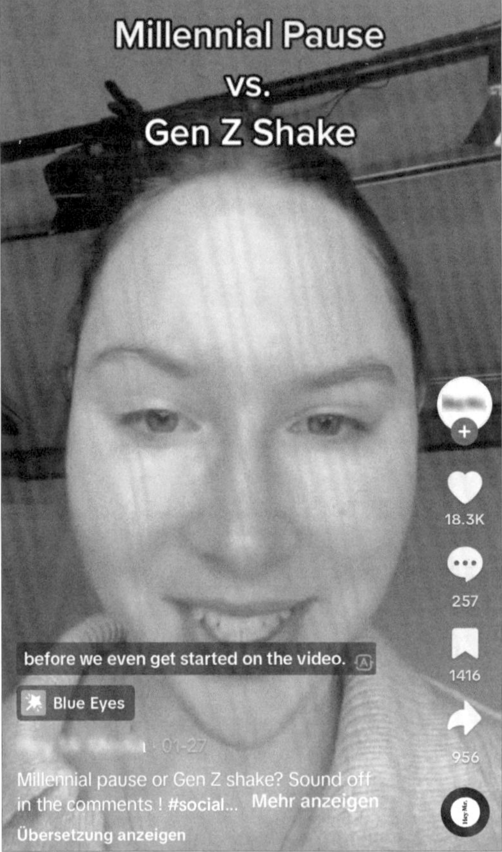

Abbildung 7.8 Schütteln oder warten? Das Alter eines Creators erkennt man auch an der Videogestaltung.[2]

Das Tempo der Schnitte sollte somit auch dem Zielpublikum und der Plattform angepasst werden. Schnelle Schnitte passen zudem besser zu einem 30-Sekunden-Video, ein 10-Minuten-Video mit durchgehend schnellen Schnitten würde hingegen überfordern.

Außerdem muss scheinbar kein Bild mehr »gehalten« werden, und die Person darf überall im Bild auftauchen – auch mal vom Haaransatz her zuerst, indem sie den Kopf hebt und loslegt. Hauptsache, es ist möglichst viel Bewegung im Bild. Mit den TV-Regeln zu brechen, hilft dir also dabei, mehr Action in eine actionarme Umgebung zu bringen – insbesondere ins Büro. Wenn wir zurück auf die 5-Shoot-Coverage blicken, bekommt also vor allem die überraschende Perspektive eine neue Bedeutung. Wir springen quasi von Überraschung zu Überraschung.

2 *www.tiktok.com/@heymrmedia/video/7193443442003905835*

Ob du nun die ruhige Bildführung wählst oder ein Feuerwerk an Effekten und schnellen Schnitten – all das hängt natürlich auch von deinem Thema und deinem Content-Stil ab. Das Imagevideo einer Traurednerin ist vermutlich eher konservativ geschnitten und bringt Slow-Motion-Momente mit ein. Wenn du Skateboardtricks zeigst, dürfen sowohl Kamerafahrt als auch Schnitt rasant sein.

Um das Video gleich mit einem Überraschungsmoment zu starten, wird bei Kurzvideos gerne ein Effekt genutzt, der »Pattern Interrupt«[3] genannt wird. Das Video beginnt anders als andere Videos im Feed – es durchbricht ein Muster und zieht deshalb unsere Aufmerksamkeit auf sich. Durch ein verwackeltes Bild, einen ungewöhnlichen Effekt oder einen schnellen Schwenk werden wir dazu gebracht, etwas genauer hinzusehen, damit unser Gehirn zusammensetzen kann, was unser Auge sieht. Während wir noch am Puzzeln sind, hören oder lesen wir bereits die Headline mit der wichtigsten Botschaft oder mit einem großen Versprechen – und sind schon mittendrin im Video.

Mein Tipp: Um deinen eigenen Stil zu finden, lerne zunächst, Material auf die konservative Art zu filmen – denn mit der 5-Shot-Coverage hast du auf jeden Fall alles auf deinen Mikrochip gebannt, was du brauchst, um gute Geschichten zu erzählen. Und spiel dann im Schnitt mit Geschwindigkeiten und Effekten, um das Bildmaterial aufzupimpen.

Das Wichtigste in Kürze

Auf die Perspektive kommt es an. Mit der 5-Shot-Coverage aus der TV-Produktion sammelst du Bildmaterial, mit dem sich Geschichten erzählen lassen – egal ob für ruhige Videos oder für das schnelle TikTok.

7.2.2 Das besondere Extra: Text-Overlays, Filter und Musik zur Verdichtung nutzen

Mit Worten kannst du jede Geschichte erzählen, du kannst Menschen in völlig fremde Welten führen. Aber du brauchst Zeit und Platz dafür. »Stell dir vor, du fliegst durchs All und du denkst ...« ist ein kurzer Satz. Wenn allerdings wichtig ist, dass die Menschen die Allatmosphäre fühlen können, brauchst du mehr Worte: »Stell dir vor, du fliegst ohne Rakete durchs All, rosa Sternenstaubwolken umgeben dich, während du darüber nachdenkst ...«

3 Pattern Interrupt ist ein Begriff, der ursprünglich auf den Psychiater Milton H. Erickson zurückgeht und im NLP und der Hypnose als Technik genutzt wird. Die Werbung und Verkäufer nutzen den kurzen Irritationsmoment ebenfalls, um Aufmerksamkeit zu gewinnen oder eine Botschaft zu platzieren. Quellen: *www.forbes.com/sites/patriciaduchene/2020/07/17/the-science-behind-pattern-interrupt/?sh=249ebe124207* und *nlpportal.org/nlpedia/wiki/Pattern_Interrupt*

Wenn du hingegen ein Video drehst, kannst du einfach einen Greenscreen-Filter verwenden, dich ins All versetzen und du brauchst überhaupt keine Worte mehr darüber zu verlieren. Die Atmosphäre ist schon da. Du startest deine Geschichte direkt mit den Worten, worüber die Person nachdenkt.

Es stimmt also: Ein Bild sagt mehr als Worte – ein Video sagt noch mehr. Und dank **Filter, Virtual Reality und KI** können auch Laien innerhalb kürzester Zeit jede Geschichte visualisieren und sich dafür an andere Orte versetzen oder sich selbst komplett neue Gesichter geben. Dafür braucht es kaum noch Videoschnittkenntnisse – die eingebauten Funktionen bei Instagram oder TikTok sind Spezialeffekte, die oft mit nur einem Klick hinzugefügt werden können. Kein Wunder also, dass Storytelling in den beliebten Kurzvideoformaten weiter an Bedeutung gewinnt. Es ist dank Verdichtung möglich, jede Geschichte in wenigen Sekunden zu erzählen. Die Dichter unserer Zeit sind also Kurzvideo-Creator*innen.

Dank Videofilter kannst du dich nicht nur an andere Orte versetzen lassen, sondern beispielsweise dir auch den Satz »Alle haben dir gesagt, dass« ersparen und es einfach »alle sagen lassen« – zum Beispiel mit dem »My tiny army«-Filter von Instagram. Oder willst du ausdrücken, dass jemand untergeht in seinen Aufgaben? Lass ihm die Aufgaben als Text-Overlays um den Kopf fliegen, während der Kopf langsam untergeht – ganz einfach mit einem Underwater-Filter. Den Greenscreen mit dem du dich ins All versetzen kannst, »My tiny army« und den Underwater-Effekt siehst du in Abbildung 7.9.

Abbildung 7.9 Sich ins All oder ins Wasser versetzen zu lassen oder sich mehrfach zu klonen, geht mit Filtern ganz leicht auch im Büro.

Musik- und Audioeffekte weben eine weitere Bedeutungsebene in dein Video ein oder unterstreichen das Gesagte. Martialische Orchestermusik betont die Dramatik einer Situation. Xylophongeklimper zeigt, dass es hier vermutlich nicht ganz so ernst zugeht. Du musst nicht mehr sagen, dass alle gelacht oder geklatscht haben – du legst das Lachen oder Klatschen einfach als Soundeffekt unter dein Video und zeigst direkt die Reaktion der Protagonistin. Und natürlich können Sounds und Musik auch als Entfremdungseffekt genutzt werden. Du spielst also mit den Erwartungen, die bestimmte Töne oder Melodien auslösen, und zeigst etwas, dass der Erwartung nicht so ganz entspricht. So wurde es im Frühjahr 2023 zum Trend, Kollegen oder Geschwister zu filmen und das mit passenden Stellen aus Tierdokumentationen zu vertonen. Besonders beliebt war der Ton: »Selbst in einer lebensfeindlichen Umgebung wie dieser hat das Wüstenschwein ein Zuhause gefunden.« (siehe Abbildung 7.10).

Noch kreativer lassen sich Töne nutzen, wenn mit Instagram-Reels, oder TikToks andere Videos gestitcht werden – also ins eigene Video hineingeschnitten, kommentiert oder ergänzt werden. So werden ganze Popsongs mit Ohrwurmgefahr auf dem Miauen oder Milchschlabbern einer Katze aufgebaut (siehe Abbildung 7.10).

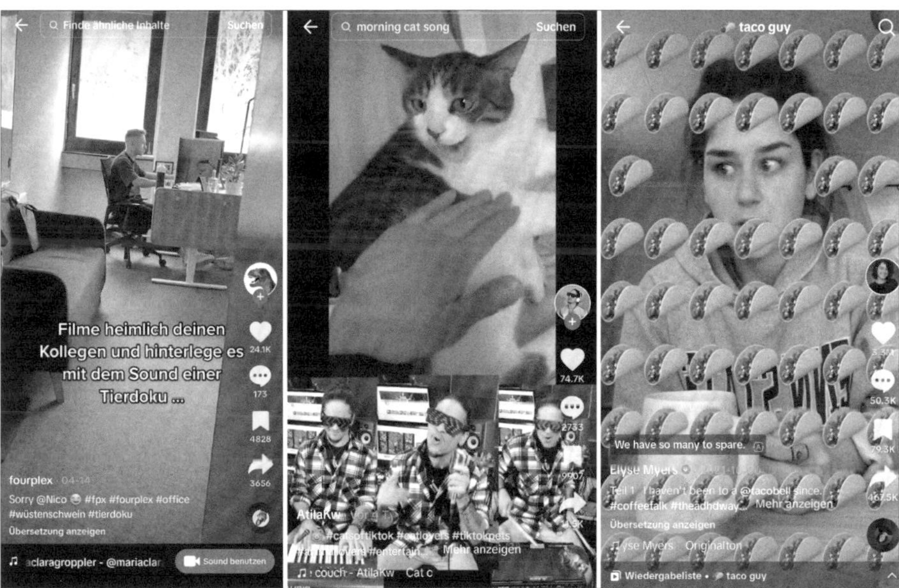

Abbildung 7.10 Der Ton einer Tierdoku peppt Alltagsszenen auf[4], das Miauen der Katze zum Popsong[5] und Emoticons zum Storytelling-Element[6].

Gifs und Sticker werden häufig genutzt, um die Botschaft einer erzählten Geschichte zu unterstreichen. Meisterin des Storytellings mit Stickern und Emoticons ist Elyse

4 *www.tiktok.com/@fourplex/video/7221910650732285189*

5 *www.tiktok.com/@atilakw_oficial/video/7235030453412007173*

6 *www.tiktok.com/@elysemyers/video/7016002945082871046*

Myers. Zur TikTok-Berühmtheit wurde sie dank der Geschichte eines verpatzten ersten Dates, bei dem der Mann 100 Tacos bestellte, die sie bezahlen musste. Logisch, dass sie diese Menge an Tacos auch illustrieren musste, wie du in Abbildung 7.10 siehst.

Text-Overlays – also geschriebener Text im Video, wird für Untertitel genutzt. Sie ermöglichen es, dass auch die Zuschauer das Video verstehen können, die den Ton ausgeschaltet haben oder gehörlos sind. Daneben werden Text-Overlays auch eingesetzt, um Titel und Zwischentitel einzublenden und eine Orientierung über die Gliederung und die Themen des Videos zu geben. Dazu hast du in Abschnitt 5.3.1, »Gliederung in kleine Happen«, einiges erfahren. Natürlich kann dein Video auch ganz ohne Ton oder nur mit Musik gestaltet sein, und die Geschichte oder Botschaft wird komplett in Text-Overlays erzählt. Und zu guter Letzt kannst du Text auch nutzen, um eine andere Geschichte zu erzählen, als der Ton es tut. Das hat etwas abgenommen, als der Trend zu Lipsyncing-Videos zurückging, ist aber noch immer ein schönes Stilmittel.

Du siehst: Die Gestaltungsmöglichkeiten im Videoschnitt oder sogar innerhalb der Apps TikTok und Instagram machen es dir möglich, Geschichten zu verdichten, neu zu erzählen oder zu kombinieren. Die größte Gefahr ist, dass du es übertreibst. Denn ein mit Filtern, Texten und Audioeffekten zugepflastertes Video wirkt ähnlich unprofessionell wie die PowerPoint-Präsentation, die für jede Folie einen neuen Übergangseffekt nutzt, den Text aus allen Richtungen einfliegen lässt und dann noch blinkende Pfeile braucht, weil sonst niemand mehr erkennen kann, was wirklich wichtig ist.

Mit ein paar einfachen Regeln verhinderst du den Overkill und setzt die Videoeffekte gezielt ein:

- Weniger ist mehr. Wie schon bei Bildern und (animierten) Grafiken in Abschnitt 7.1, »Und wie bebildern wir das jetzt? Fotos und Grafiken«, erwähnt, solltest du keine Elemente oder Effekte nutzen, die keine Funktion haben. Das gilt sogar für Musik: Wenn sie nicht unterstreicht oder einen Verfremdungseffekt mit einbringt – lass sie lieber weg.
- Je klarer die Botschaft deiner Geschichte ist, umso leichter fällt es dir, diese auch visuell oder akustisch zu unterstreichen. Und umso weniger wird es dir passieren, dass du beispielsweise einen Filter nutzt, der nicht zur Botschaft passt. Du kannst beispielsweise genau in dem Moment, in dem die Botschaft klar oder ausgesprochen wird, diese mit einem Bild unterstützten oder sie noch einmal schriftlich als Text-Overlay einblenden.
- Insbesondere wenn du ungewöhnliche Filter, virtuelle Elemente oder Hintergründe nutzt, die unnatürlich oder ungewöhnlich für das menschliche Auge sind, beschränke dich auf EINEN Effekt. Ein gutes Beispiel dafür ist die Riesenkatze »Maxwell in The Sky« (siehe Abbildung 7.11), die viele Unternehmen genutzt ha-

ben, die mit ihrem TikTok-Video viral gehen wollten und auf humorvolle Art zeigen, dass das eben nur mit Cat-Content möglich ist. Katze, erklärender Text – das wars. Bloß keine blinkenden Pfeile oder Ähnliches – die tanzende Riesenkatze ist schon Irritation genug.

- Nutze wenn möglich ausschließlich Farben und Schriften aus deinem Branding oder zumindest sehr ähnliche Schriften. Comicblasen und blinkend animierte Schriften sind sparsam und nur sehr bewusst einzusetzen, um etwas zu unterstreichen.

Abbildung 7.11 Ein Effekt reicht – besonders, wenn es ein so auffälliger ist.[7]

7 *www.tiktok.com/@universum_bremen/video/7205936440415505669*

KI-Tipp: Bilder im Takt der Musik

Wer schon einmal versucht hat, ein Video mit Bildern oder Videoschnipseln im Takt der Musik zu schneiden, der weiß: Das ist eine richtig mühsame Arbeit. Glücklich ist, wer eine Anleitung oder eine Vorlage für ein bestimmtes Musikstück findet, die bereits vorgibt, für wie viele Sekunden oder Sekundenbruchteile die einzelnen Elemente zu sehen sein sollen. Eine große Hilfe gibt es jetzt in der Canva-Pro-Version mit der Funktion Beat Sync. Hier wird die Länge der Bilder mit einem Klick relativ zuverlässig an den Rhythmus der Musik angepasst, siehe Abbildung 7.12.

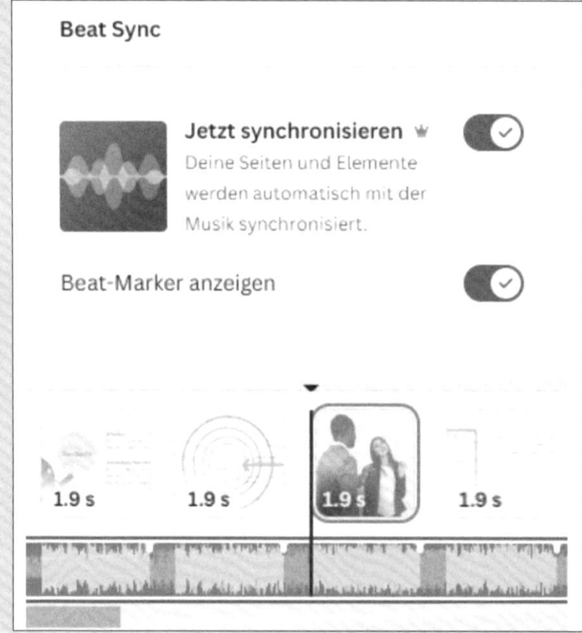

Abbildung 7.12 Mit nur einem Klick - jeder Taktschlag ein neues Bild

Das Wichtigste in Kürze

Mit Audioeffekten, Musik, (animierten) Grafiken, Schrift, Filtern und virtueller Realität oder KI-Elementen kannst du deine Videogeschichten enorm verdichten und schnell sowie emotional erzählen. Auch Humor lässt sich leicht einbauen, wenn man mit den Seh- und Hörgewohnheiten der Zuseher bricht und Geschichten, Töne oder Bilder in einen ungewöhnlichen Zusammenhang bringt. Die größte Gefahr besteht darin, zu viele Effekte in ein Video zu packen. Hier hilft vor allem der Blick auf die Hauptbotschaft und die Frage, wie die Stilmittel dazu genutzt werden können, diese – und nur diese – zu unterstreichen.

7.2.3 Face-to-Camera-Aufnahmen professioneller gestalten

Jetzt hast du viel darüber gelernt, wie du visuell Geschichten erzählen kannst. Aber wenn wir ganz ehrlich sind, ist die Realität der meisten deiner Videoaufnahmen vermutlich diese: Ein Kopf spricht in eine Kamera. Das ist logisch – weil sprechende Köpfe einfach alles erzählen können. Und das bei geringem Zeit- oder Kostenaufwand. Umso wichtiger, dass du dich damit befasst, wie diese Aufnahmen gut werden. Gestochen scharfe Bilder, ein klarer Ton, keine Ablenkung und eine gute Kamerapräsenz.

Denn gerade in einer Zeit, wo Handykamera hochhalten und drauf losquatschen technisch für jeden und überall möglich ist, gilt es, mit professionelleren Aufnahmen aus der Masse herauszustechen. Dafür kann es sich lohnen, die richtige Ecke in den eigenen Räumen zu suchen und sich Gedanken über eine bessere technische Ausrüstung zu machen. Und sich ein paar Momente Zeit zu nehmen, bevor man auf Aufnahme drückt. Mehr dazu im Interview mit Videotrainerin Judith Steiner.

»Ich kann nicht ohne Ähs sprechen – das macht der Schnitt!«

Abbildung 7.13 Videotrainerin Judith Steiner, judithsteiner.tv

Judith, deine Videos wirken wie aus dem TV-Studio. Wie machst du das? Was braucht es für gestochen scharfe Bilder wie deine?

Die Schärfe eines Bildes hängt von zwei Dingen ab: der Videoauflösung und dem Fokus. Die Kameras und Smartphones haben schon seit einigen Jahren eine 4K-Bildauflösung. Damit ist eine gute Grundlage für ein scharfes Bild bereits vorhanden. Ich veröffentliche meine Videos in 1080 HD. Alles, was unter 1080 HD gefilmt wird, empfinden wir heute als »matschig«.

Mit dem Fokus bestimmen wir, wo die Schärfe des Bildes liegen soll. Wenn wir vor der Kamera sind, liegt sie auf unserem Gesicht. Die Technik von Geräten, die in den vergangenen fünf Jahren gekauft wurden, hilft uns hier schon enorm: Dank Gesichtserkennung legen die meisten Kameras und Smartphones den Fokus fast immer richtig.

Der Rest ist ein Spiel mit der Tiefenschärfe. Die Leute nehmen meine Videos als besonders scharf war, weil ein großer Teil, der Hintergrund, unscharf ist. Das hebt mich ab und gibt mir Präsenz. Diese »Tiefenunschärfe« erzeuge ich bei mir im Büro mit einer Sony FX3. Diese Systemkamera hat einen großen Sensor, eine Grundvoraussetzung für die Tiefenschärfe. Auf der Kamera ist ein gutes Objektiv, welches eine große Blende (= kleine Blendenzahl) hat. Ich würde ein Objektiv empfehlen, mit dem du eine f2.8-Blende einstellen kannst. Wenn du eine Vollformatkamera nimmst, macht sie mit einer f4.0-Blende immer noch einen ziemlichen unscharfen Hintergrund. Belichtung und Blende stelle ich manuell ein. Die Hardware eines Smartphones, einer Webcam und auch von kleinen Kameras können diese Möglichkeit gar nicht bieten. Wenn wir bei Smartphones eine Tiefenunschärfe wählen – zum Beispiel ab dem iPhone 13 der Kinomodus –, ist das bereits eine technische Bearbeitung des Bildes, ähnlich wie wenn ich bei Instagram einen Filter aufs Video lege, welcher den Hintergrund verwischt. Zum Teil funktionieren die Filter sehr gut, aber manchmal werden zum Beispiel Haarlocken weggeschnitten. Dann wirkt das Bild unnatürlich und unprofessionell. Betrachte deshalb die Ränder genau, bevor du dich für eine solche Bearbeitung entscheidest.

Fast noch wichtiger ist der Ton. Welche Art von Mikrofon empfiehlst du für die klassischen »Head to Camera«-Videos?

Ich arbeite gerne mit Lavaliermikrofonen, auch Ansteckmikrofone genannt. Sie sind sehr klein und können irgendwo am Kragen befestigt werden. So bleibt das Mikrofon bei der Tonquelle, meiner Stimme. Ist die Umgebung sehr laut, muss man mit Headset oder Handmikrofon arbeiten. Wenn ich ein Kurzvideo mit dem Smartphone produziere und in meinem Büro bin, nehme ich das manchmal sogar ohne Mikrofon auf. Im Büro hat es keine Hintergrundgeräusche und keinen Wind, und ich bin nah am internen Mikrofon des Smartphones. Die sind übrigens oft besser als die internen Mikrofone der Kameras, da sie für die Sprache am Telefon entwickelt wurden.

Auch die Raum- und Bildgestaltung hat sicher einen Einfluss. Brauche ich eine einfarbige Wand, um professionell aussehende Videos aufzunehmen?

Die Herausforderung kennen viele aus Zoom-Calls: Die weiße Wand wirkt neutral, aber auch verschlossen. Der Blick in die Wohnung wirkt einladend und persönlich. Das kann Vertrauen schaffen, insofern es nicht so viel zu entdecken gibt und unser Auge oder der Autofokus der Kamera hin- und herspringen. Ich empfehle: einen ruhigen Hintergrund mit persönlichen Akzenten zum Beispiel durch Farben oder persönliche Dinge im Regal. Bei mir steht zum Beispiel eine Filmklappe im Bild. Das stellt eine Verbindung zum Thema Video her, heißt aber auch »Action«, denn ich möchte die Leute ins Tun bringen. Pflanzen und Bücher sind auch gut – passen aber nicht zu jedem. Das Bücherregal mit lesbaren Titeln lenkt vermutlich zu sehr ab.

Wie sieht deine inhaltliche Vorbereitung aus? Schreibst du den Text vor? Arbeitest du mit Stichworten? Oder gar mit einer Teleprompterfunktion?

Manchmal gibt es Videos, die ich sehr spontan aufnehme, ohne Vorbereitung. Das sind Live-Videos oder aufgezeichnete Videos, die aber wie Live-Videos nicht mehr stark bearbeitet werden. Die meisten Videos sind jedoch geplant, und ich schreibe mir die gewünschte Hauptbotschaft des Videos auf. Dann formuliere ich die ersten ein bis drei Sätze des Videos, den sogenannten Hook. Diese Sätze sind besonders wichtig, um den Wunschkunden abzuholen. Bei Kurzvideos habe ich auch oft den restlichen Text vorbereitet, weil man sich in einer Minute praktisch keine Füllwörter und Wiederholungen erlauben kann.

Egal, wie viel ich vorbereitet habe: Ich spreche den Text schlussendlich frei und ohne Teleprompter in die Kamera. Denn vom Teleprompter abzulesen ist eine Kunst. Die meisten Leute wirken am natürlichsten, wenn sie frei sprechen. Ich kann den Text nicht auswendig, ich wiederhole ihn einfach so oft, bis alles sauber im Kasten ist und ich die Wiederholungen im Schnitt rausschneiden kann. Die Leute fragen manchmal, wie ich mehrere Minuten ohne »Ähs« und Blick auf die Notizen sprechen kann. Das kann ich nicht – das kann der Videoschnitt.

Wie bereitest du dich auf den Moment vor, in dem es heißt: »Kamera ab«? Machst du Übungen für deine Präsenz oder deine Stimme?

Oft lockere ich kurz meine Stimme mit »brrrrr«-Lauten und atme dreimal tief durch. Dann lockere ich noch meine Schultern und lasse sie nach unten gleiten. Denn wer die Schultern hochzieht, vermittelt den Zuschauenden ein Gefühl von Unsicherheit. Am meisten Vertrauen wecken wir, wenn die Schultern möglichst weit weg von den Ohrläppchen sind.

In deinen Videokursen hast du viel Erfahrung gesammelt, welche Kleinigkeiten einen großen Effekt auf die Qualität der Videos haben. Was sind deine wertvollsten Tipps, um sich mit qualitativen Videos abzuheben?

Viele positionieren sich erstmal so im Bild, dass die Augen ungefähr in der Mitte der Bildhöhe sind. Dadurch wirkt man klein und wenig präsent. Mein Tipp: Aktiviere das Drittelraster in deiner Kamera und achte darauf, dass deine Augen ein bisschen oberhalb der der oberen Linie sind. Dann wirkst du präsent.

Und zweitens: Schaue in die Linse, wenn du sprichst. Wer auf die Notizen oder sich selbst auf dem Display schaut, stellt keinen Augenkontakt zum Publikum her. Sie haben dann das Gefühl, dass du diffus an ihnen vorbeiredest. Der Blick in die Kamera ist reine Übungssache.

Kapitel 8

Spannend – und jetzt? Wie dein Content verkauft

Du hast gelernt, wie du deinen Content gut verkaufst. Dieses Kapitel gibt dir einen Überblick, wie wiederum dein Content verkauft. Dabei wird es dir helfen, in Phasen zu denken. Und dich für jedes Content-Stück zu fragen: Was ist mein Ziel?

Kürzlich habe ich ein virales Video gelöscht – genau zu dem Zeitpunkt, als es so richtig durch die Decke ging. Pro Stunde kamen auf TikTok 100.000 Views hinzu, auf Instagram einige tausend (siehe Abbildung 8.1). Warum sollte ich ein so erfolgreiches Video löschen? Ganz einfach: Das Video brachte mir die falsche Art von Aufmerksamkeit. Sogar die Bild-Zeitung wollte mich und meine Familie interviewen. (Und wer Abschnitt 1.6, »Bist du die Zeit, die Gala oder Stiftung Warentest? Was wir von unterschiedlichen Genres lernen können«, dieses Buches gelesen hat, weiß, dass ich dort ein Praktikum gemacht habe und mir eine klare Meinung über das Blatt gebildet habe.)

Ich habe im Video erzählt, wie meine Mutter einen Anruf bekommen hatte – scheinbar von mir. Sie hörte meine tränenerstickte Stimme am Straßenrand mit Verkehrsgeräuschen im Hintergrund. »Mama, ich hatte einen Autounfall.« Alles war furchtbar realistisch – abgesehen davon, dass ich kein Auto habe. Es war nicht meine Stimme, sondern eine KI, die hier sprach.

Spontan, ungeschminkt und ohne Skript, nahm ich ein Video für meine Community auf, um sie zu warnen. Ich schlug vor, dass sie mit ihren Familien ein Codewort ausmachen, damit sich Eltern und Großeltern nicht so leicht täuschen lassen würden. Das Thema ist relevant für meine Zielgruppe, da viele von meinen Kundinnen auch online zu hören sind und eine künstliche Intelligenz ihre Stimme leicht fälschen kann. So wie es mit meiner Stimme passiert ist.

Am Anfang erreichte das Video genau das, was ich mir gewünscht hatte: Es wurde häufig geteilt und vor allem in Familien-Chatgruppen verbreitet. Als aber Boulevardblätter auf mich zukamen, mir fremde Menschen in Privatnachrichten Fragen zu meiner Familie stellten und ich in den Kommentaren der Lüge bezichtigt wurde, reichte es mir. Ich hätte innerhalb kürzester Zeit sehr bekannt werden können mit dieser Geschichte – aber der Preis und das Risiko waren mir zu hoch.

Ich konnte mich hier so klar entscheiden, weil ich genau wusste, warum ich dieses Video gepostet habe. Ich kannte meine Intention und mein Ziel für diesen Post genau. Daher konnte ich reagieren und das Video löschen, als ich merkte, dass der Post auf ein anderes Ziel zusteuerte, nämlich »Viralität um jeden Preis«.

Abbildung 8.1 Ist Viralität immer gut? Nach dieser Erfahrung würde ich das ganz klar verneinen.

Die Klarheit darüber, was du mit einem Content-Stück erreichen möchtest, ist essenziell. Denn nur so weißt du, ob sich der Content in deine Gesamtstrategie einfügen lässt, nur so wählst du den richtigen Call-to-Action und nur so kannst du auch überprüfen, ob der Content sein gewünschtes Ziel erreicht. Für Content-Stücke klare Ziele festzulegen, erspart dir unheimlich viel Frust. Denn ohne Ziel erwartest du höchstwahrscheinlich, dass dein Content-Stück gleichzeitig ...

- ... viele Likes erhält,
- ... wild diskutiert wird,
- ... geteilt wird,
- ... gespeichert wird,
- ... zu Leads oder Verkäufen führt.

Für viele meiner Klient*innen ist der Gedanke, dass nicht jeder Post jedes Ziel erfüllen muss, eine große Erleichterung. Vorbei ist der Frust, dass der Post über das aktuelle Angebot wenige Likes bringt und nicht geteilt wird. Denn dieser Post soll ja vor allem eines erreichen: verkaufen.

Ist Verkaufen nicht das Ziel jedes Content-Stücks, wenn du Content-Marketing betreibst? Nein, Verkaufen ist das Ziel der Gesamtstrategie. Diese umfasst aber bei Weitem nicht nur Posts, die verkaufen sollen.

In Abbildung 8.2 siehst du den Funnel der Kundenreise mit den drei Phasen: Bewusstsein, Vertrauen und Entscheidung. Wenn eine mögliche Kundin zum ersten Mal mit dir in Berührung kommt, du ihr als Anbieter also bewusst wirst, passiert das oft durch Posts, die viel geteilt, geliked und diskutiert werden.

Vertrauen baust du auf, indem du Kostproben deiner Expertise gibst und zeigst, dass du die Wunschkundin verstanden hast. Außerdem antwortest du ihr auf ihre Fragen und regst Unterhaltungen an, die auch zu Privatnachrichten führen.

In der Entscheidungsphase postest du Informationen zu deinem Angebot und forderst die Menschen dazu auf, den nächsten Schritt zu gehen. Das kann ein kleiner Schritt sein, wie ein kostenloses PDF herunterzuladen und so auf deine Mailingliste zu kommen, oder ein großer, wie auf einen Buchen-Button zu klicken oder ein Erstgespräch zu vereinbaren. In dieser letzten Phase pfeifst du auf Likes und Kommentare – sie sind nicht das Ziel deines Contents.

In deinem Content-Plan mischst du für gewöhnlich diese Content-Stücke mit den unterschiedlichen Zielen gut durch. Damit du jeden dort abholst, wo er gerade steht. Wenn du aber ein Business führst, das mit Launches funktioniert, also Verkaufsphasen und vorherigen Werbekampagnen, ist es sinnvoll, dass du dich über Tage oder sogar Wochen auf die einzelnen Phasen konzentrierst. Du erstellst also erst Content, der Reichweite generiert und dich ins Bewusstsein der Menschen bringt, dann solchen, der auf Vertrauens- und Beziehungsaufbau setzt, und dann solchen, der zum Verkauf führt. In Abschnitt 8.2, »Brücken bauen: Zielführender Content mit dem richtigen Call-to-Action für jede Phase«, gehe ich genauer darauf ein, welcher Content mit welchem Call-to-Action in welcher Phase besonders sinnvoll ist.

Habe ich also bisher in diesem Buch vor allem darüber gesprochen, wie du deinen Content verkaufst, so möchte ich dieses Kapitel der Frage widmen, wie dein Content verkauft. Das ist für all jene spannend, die mit Content-Marketing betreiben – also der Content nicht das Endprodukt ist.

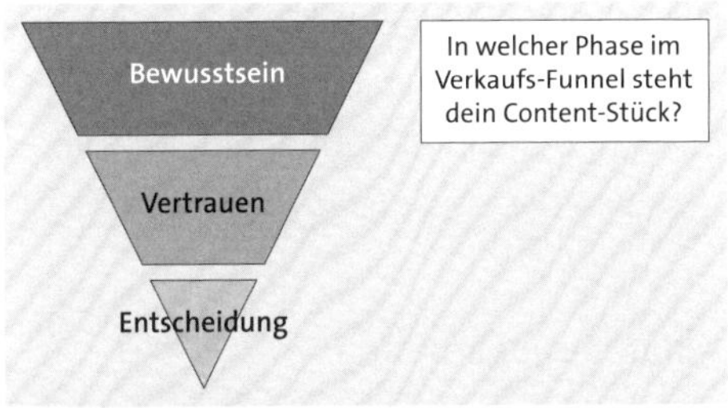

Abbildung 8.2 Nicht jedes Content-Stück muss verkaufen und nicht jedes muss viral gehen. Daher ist die Verortung in der Kundenreise so wichtig.

8.1 Wohin führt dein Content? Was ist der nächste Schritt?

Content-Marketing ist indirektes Marketing. Der Creator macht auf sich aufmerksam, zeigt seine Expertise, schenkt Mehrwert und baut somit Vertrauen auf. Erst dann macht er ein Angebot an eine aufgewärmte Community – und die Chance, dass dieses auf fruchtbaren Boden fällt, ist sehr viel größer, als wenn er gleich mit der Tür ins Haus gefallen wäre und atemlos gerufen hätte: »Bei mir gibt es die besten Produkte – also kaufe sie jetzt!«

Je nachdem, wie deine Kundenreise aufgebaut ist, ist bereits dein Content dein Produkt und du finanzierst diesen durch Abos, Werbeeinnahmen oder Produktplatzierung. Oder dein Content bewirbt direkt deine Produkte und Angebote. Der Link zum Einkaufskorb/Shop oder der Buchungsoption steht dann im Blogartikel oder in deinem Social-Media-Profil.

Bei hochpreisigen Produkten, umfangreichen Dienstleistungen oder Beratungsangeboten braucht es oft weitere Zwischenschritte, um Vertrauen aufzubauen. Die Kundenreise führt über die Anmeldung für den Newsletter (zumeist über den Download eines Freebies, also eines kleinen Geschenkes zum Beispiel in Form eines PDFs oder eines Audiofiles). Nach der Anmeldung folgt eine Mailserie, die auf das Angebot hinführt. Dieser Weg kann angereichert werden mit weiteren Elementen wie Videos und Webseminaren oder anderen Kostproben der Arbeit sowie mit Einladungen zu Infoveranstaltungen und Kennenlerngesprächen. Nach einer Aufwärmphase wird in der Mailserie das Angebot vorgestellt und es folgen Sales-Mails.

Wenn dein Content also verkaufen soll, muss er entweder zum Angebot hinführen oder auf die Mailingliste. Für deinen Content macht das eigentlich kaum einen Unterschied. Dieser verkauft entweder einen nächsten Schritt, der Geld kostet, oder einen nächsten Schritt, der die Follower ihre E-Mail-Adresse und ihre Zeit kostet. So oder so gilt es, eine Hürde zu überwinden. Die lose »Ich lese mal, was die so schreibt«-Beziehung soll in eine festere »Ich möchte dich besser kennenlernen«-Beziehung umgewandelt werden. Dazu muss dein Gegenüber etwas investieren. Und wann immer es etwas zu investieren gilt – egal, ob Zeit, Geld oder Daten –, darf man dem Gegenüber über den psychologischen Schmerz des Investments hinweghelfen.

Wie funktioniert das? Ganz einfach: indem du etwas in Aussicht stellst, was so wertvoll oder spannend ist, dass es das Investment wert ist. Was ist der Gewinn, die Problemlösung oder der Genuss, den du versprichst? Was ist der Benefit deines Produktes oder Freebies?

8.1.1 Den Benefit des nächsten Schrittes klar herausarbeiten

Du weißt, dass du diesen Benefit bereits gut herausgearbeitet hast, wenn du folgenden Lückentext ohne Probleme ausfüllen kannst:

»Du bist X (Zielgruppe) und wünschst dir Y (Benefit deines Angebotes), aber möglichst ohne Z (Hindernisse auf dem Weg, Einwände gegen den Kauf).«

Also zum Beispiel so: »Du bist Buchhändlerin und wünschst dir eine funktionsfähige Webseite, die du selbst bedienen kannst, ohne dafür programmieren lernen zu müssen.«

Darüber hinaus dreht sich in der Phase, in der du deine Community zum nächsten Schritt bewegen möchtest, alles um die Einwände und Argumente, die sie davon abhalten könnten, sich für dein Angebot zu entscheiden. Du führst also ein Verkaufsgespräch – ohne der Person gegenüberzustehen. Je besser du deine Wunschkundin kennst, umso bewusster sind dir auch ihre Einwände, Bedenken und Fragen. Und zwar auch jene, die sie nicht laut ausspricht, sondern die sie unbewusst davon abhalten zu kaufen.

Meine absolute Lieblingsfrage, um an Content in einer Verkaufsphase zu kommen, lautet daher:

»Was muss meine Wunschkundin erst wissen, verstehen, glauben und fühlen, damit sie den Wert meines Angebotes für sich erkennen kann?«

Inzwischen schreibe ich diese Frage nur noch in die Mitte eines Mindmaps und die Argumente und Posting-Ideen fliegen mir nur so zu. Wenn du das erste Mal mit der Frage arbeitest, sind vielleicht folgende ergänzende Fragen hilfreich für dich:

- Welche Mythen und Vorurteile zu meinem Thema oder meiner Branche muss ich ausräumen?
- Welche Bedenken könnten die Kundinnen bezüglich der Angebotsdetails oder des Kaufprozesses haben?
- Welche Glaubenssätze über sich selbst könnten ihnen im Weg stehen?
- Welchen Zusammenhang muss ich erst einmal aufzeigen, damit die Wunschkundinnen sehen, warum sie gerade DIESES Angebot brauchen?
- Was unterscheidet mich von (unseriösen) Anbietern aus meiner Branche?
- Warum und wie ist das überhaupt möglich, was ich hier verspreche?
- Welche Beweise gibt es dafür, dass das, was ich verspreche, funktioniert? (Kundenstimmen, Studien, Referenzen, Verkaufszahlen, belegbare Ergebnisse ...)

Sich intensiv mit diesen Fragen auseinanderzusetzen, führt nicht nur zu jede Menge Posting-Ideen für den Content in der Verkaufsphase, sondern es liefert auch die Inhalte für gute Verkaufsseiten, Produktbeschreibungen und FAQs sowie für die Mailserie, die vom Freebie zum Verkauf führt, falls du mit dieser arbeitest.

In der Mailserie kannst du zum Beispiel in jeder E-Mail einen hinderlichen Gedanken ausräumen, der deine Wunschkundin davon abhält zu kaufen. Oder pro Mail einen Aha-Moment schaffen. Auch für deine E-Mails gilt nämlich, ähnlich wie für deinen

Social-Media-Content: Konzentriere dich auf eine Botschaft oder einen Gedanken pro Content-Stück. Das hast du bereits in Kapitel 5, »Journalistische Textkniffe, die deinen Content verbessern«, gelernt.

Nach meiner Erfahrung verkaufen insbesondere jene Content-Stücke gut, die entweder:

- super klar und schlicht aufzeigen, was die Benefits und Features deines Angebotes sind. Was bekomme ich hier? Und was habe ich davon?
- Storytelling nutzen und anhand von konkreten Beispielen aufzeigen, was möglich ist. Das löst beim Lesen ein »Das will ich auch haben«-Gefühl aus.

Dann fehlt zum Erfolg eigentlich nur noch die Brücke – der gute Call-to-Action, der Lust auf den nächsten Schritt macht. Und mit diesem werden wir uns in Abschnitt 8.2, »Brücken bauen: Zielführender Content mit dem richtigen Call-to-Action für jede Phase«, ausführlich beschäftigen. Gleich nach einem kurzen Ausflug in die Anzeigenabteilung.

8.1.2 Ausflug in die Anzeigenabteilung – selbst Ads wollen nicht werblich sein

In Medienhäusern gilt prinzipiell eine strenge Trennung von Redaktion und Anzeigenabteilung. Berührungspunkte gibt es vor allem dann, wenn die Anzeigenverkäuferinnen mit Klienten zu tun haben, die es mit der Trennung von Redaktion und Werbung nicht so genau nehmen. Diese sagen dann zum Beispiel, dass sie nur bezahlte Anzeigen schalten wollen, wenn auch ein redaktioneller Beitrag über ihr Angebot berichtet.

Anzeigenkunden wünschen sich, dass ihre Werbung möglichst wenig nach Werbung, sondern eher nach einer redaktionellen Empfehlung aussieht. Damit bringen sie die Medienunternehmen in die Bredouille: Weicht man die eigenen redaktionellen Grundsätze auf? Oder bleibt man seriös, aber verliert Gelder, die man als Unternehmen vielleicht zum Überleben braucht? Hier findet also ein Übergriff von der Werbeabteilung auf die Redaktion statt und eine immer stärkere Vermischung, die den journalistischen Grundsätzen widerspricht, die du in Abschnitt 1.4.4, »Werbung kennzeichnen«, kennengelernt hast.

Der Wunsch, dass Werbung nicht nach Werbung aussehen soll, begegnet uns auch bei Social Ads – also den bezahlten Beiträgen in sozialen Netzwerken. Logisch, denn Ads konkurrieren im Feed mit organischen Beiträgen, die nichts verkaufen wollen. Zudem sind die meisten Menschen auf Social Media unterwegs, um sich inspirieren zu lassen und sich mit Freunden auszutauschen – sie haben selten eine direkte Kaufabsicht. Die Ad, die trotzdem Aufmerksamkeit erhaschen möchte, sollte also möglichst wie ein organischer Content daherkommen. Zwei derzeitige Ad-Trends zeigen dies ganz deutlich:

1. **Die Aha-Effekt-Ad**: Hier wird ein erstaunlicher Moment oder das, was es zu verstehen gilt, bereits in die Ad gepackt. Die Ad bringt uns also etwas bei, was wir noch nicht wussten. Und macht neugierig darauf, was es noch zu verstehen und zu erreichen gibt. Die Ad ist ein mehrwertstiftendes Content-Stück. Ein Beispiel dafür ist die Ad für mein Freebie zum Thema Social Media und das Nervensystem, in der ich darüber aufkläre, dass es nicht an der fehlenden Motivation oder Disziplin liegt, wenn jemand nicht postet – sondern dass hier das Nervensystem eine Rolle spielt (siehe Abbildung 8.3).

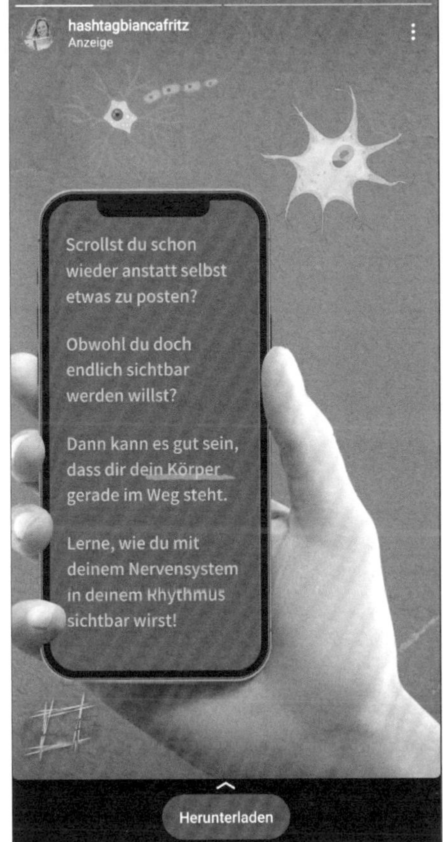

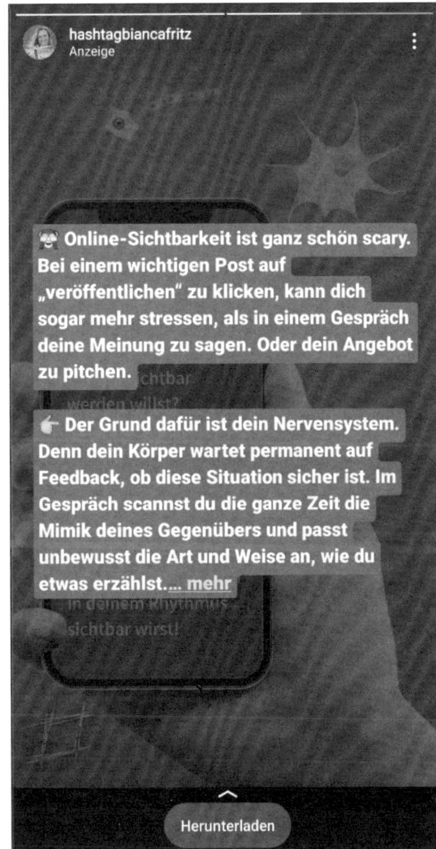

Abbildung 8.3 Das erste Learning »Bei Social Media fehlt meinem Nervensystem das direkte Feedback« steckt schon im Ad-Text.

2. **Die UGC-Creator-Ad**: UGC steht für User Generated Content. Nicht mehr das Unternehmen dreht seine eigenen Ad-Videos, sondern es lässt seine Kunden sagen, was so toll an seinem Produkt ist. Allerdings nicht irgendwelche Kundinnen. Die meisten Unternehmen engagieren für diese Ads UGC-Creator*innen, schicken ihnen ein Produkt zu, sprechen mit ihnen ein Drehbuch ab und zahlen einen Beitrag.

Im Gegenzug bekommen sie das fertige Video zugesendet und können dieses auf ihren Kanälen verwenden. Diese Videos sind zumeist mit dem Handy aufgenommen und wirken sehr viel authentischer und weniger geschniegelt als vom Unternehmen produzierte Werbeclips. Zugleich sind sie kostengünstiger als Marketing mit Influencern, die ihre eigene Reichweite zur Verbreitung nutzen würden. Die Qualität der Videos ist trotzdem besser als bei Laien oder »echten Kunden«, weil professionelle UGCs Erfahrung als Creator gesammelt haben. Im besten Fall erhält man also Videos, die genau die richtige Mischung aus Authentizität und Professionalität mitbringen und daher Vertrauen wecken. In Abbildung 8.4 siehst du eine solche UGC-Ad von Marina Monaco für eine Schmuckmarke.

Abbildung 8.4 Die Marken präsentiert von Creator*innen: UGC-Beispiel mit Marina Monaco[1]

1 *www.instagram.com/reel/CuB4pxiAmVt/*

Anders als bei Journalisten, wo wir eine strikte Trennung von Redaktion und Werbung erwarten, gilt bei Content Creator*innen, die für ein Unternehmen oder zur Vermarktung von Angeboten tätig sind: Wir rechnen damit, dass die Beiträge spannend, unterhaltsam und lehrreich sind, zugleich aber sind wir tolerant gegenüber Eigenwerbung. Wir wissen, dass hier etwas verkauft wird.

Spannend ist, dass viele Unternehmen in eine klassische Werbesprache verfallen, sobald sie Social Ads schalten, anstatt weiter bei ihrem wertvollen Content zu bleiben und diesen mit einem Call-to-Action zum Produkt zu versehen. Genau das würde ich dir raten, wenn du die Creatives und den Text für Social Ads erstellst. Bleib bei dem, was organisch funktioniert: richtig gute Inhalte.

Teste außerdem auf jeden Fall mehrere Creatives pro Kampagne – zum Beispiel denselben Text mit zwei unterschiedlichen Videos und zwei bis drei verschiedenen Bildern. Denn die Trends im Bereich Ads verändern sich sogar noch schneller als die Trends für organische Social Media Posts.

Der einzige Trend, der bleibt, ist guter, glaubwürdiger Content. Daher gilt alles, was du bisher gelesen hast, auch – oder vielleicht sogar erst recht – für deine Ads.

Das Wichtigste in Kürze

Um Content zu erstellen, der dir strategisch weiterhilft, solltest du wissen, in welcher Phase der Kundenreise der Content steht und was der nächste Schritt für deine Wunschkundin ist. In der Entscheidungsphase, wo dein Ziel das Einsammeln von Leads oder der Kaufabschluss ist, sollte jedes deiner Content-Stücke die Frage beantworten: »Was muss meine Wunschkundin wissen, verstehen, glauben und fühlen, damit sie den Wert meines Angebotes erkennt?« Alles, was du bisher gelernt hast, gilt auch für Social Ads: Verfalle nicht in werbliche Sprache, sondern bleib bei Inhalten, die Aha-Momente und Vertrauen schaffen. Mit gutem Content bist du langfristig erfolgreicher, als wenn du jedem Ad-Trend hinterherhechelst. Und entspannter sowieso.

8.2 Brücken bauen: Zielführender Content mit dem richtigen Call-to-Action für jede Phase

Im Folgenden möchte ich nun im Detail beleuchten, welche Art von Content mit welchen Zielen sich in welcher Phase gut eignet. Und welche konkreten Call-to-Actions dir helfen, das Ziel des jeweiligen Posts zu erreichen.

Um deine Community nicht zu verwirren und bessere Ergebnisse zu erzielen, würde ich dir grundsätzlich vorschlagen, dich für EINEN Call-to-Action zu pro Content-Stück zu entscheiden und nicht etwa zu schreiben: »Teile, speichere oder kommentiere meinen Beitrag und komm gleich noch auf meine Newsletterliste.«

In Abbildung 8.5 siehst du eine Übersicht der Kennzahlen und Call-to-Actions für die jeweilige Phase, auf die ich nun ausführlich eingehe.

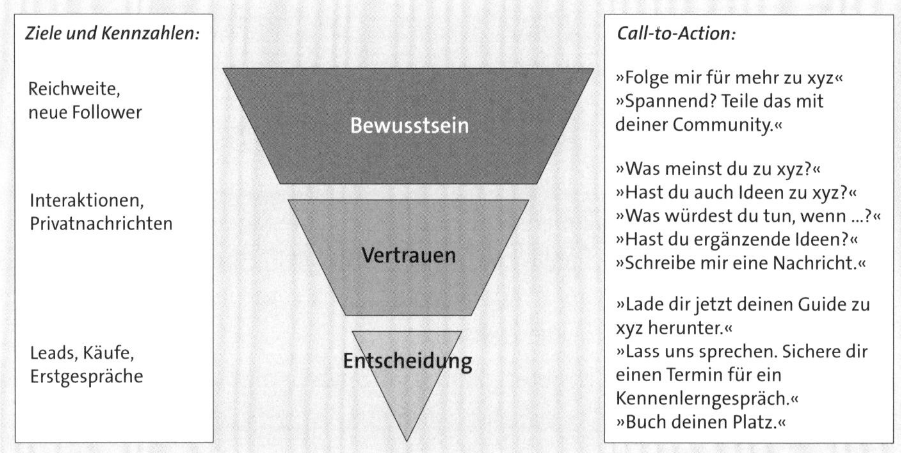

Abbildung 8.5 Übersicht der Ziele in der jeweiligen Phase und passender Call-to-Action

8.2.1 Was in der Bewusstseinsphase gut funktioniert

Wenn ein möglicher Kunde das erste Mal mit dir in Kontakt kommt, passiert das häufig über humorvolle Posts, mit denen sich deine Zielgruppe identifizieren kann und die gerne geteilt werden. Oder über besonders wertvolle Content-Stücke mit überraschenden Aha-Momenten, die das Interesse des potenziellen Kunden wecken. Auch persönliche Geschichten können berühren und dafür sorgen, dass sich die Person fragt: »Wer spricht hier eigentlich? Und was postet die sonst so?«

Das Ziel von Posts in der Bewusstseinsphase ist, von möglichst vielen Menschen gesehen zu werden und neue Abonnent*innen für die eigenen Content-Kanäle zu gewinnen. Sinnvolle messbare Kennzahlen für diese Content-Stücke sind also: Seitenzugriffe, Videowiedergaben, Reichweite, Reichweite bei Nichtabonnent*innen des Kanals, neue Follower*innen.

Um diese Ziele zu erreichen, eignet sich folgende Content-Gestaltung besonders gut:

- **Humorvolle Post**: Die Themen werden beispielsweise mit Memes, Gifs oder in Kurzvideos aufgegriffen und sorgen durch Überspitzung für ein Schmunzeln.
- Das derzeit von der jeweiligen Plattform **geförderte Format**: Meistens wird das jeweils neuste Medienformat einer Plattform besonders gut ausgespielt, es erhält mehr Reichweite als andere Formate. So wurden beispielsweise auf Instagram lange Zeit Reels gefördert und auf Facebook Live-Videos.

- **Trends** mitspielen: Welche Töne, Filter oder bestimmte Darstellungsarten sind gerade besonders angesagt? Gibt es Hashtags, die diese Trends sammeln? Dort mitzumachen und die Trends aufs eigene Thema umzumünzen, kann sich lohnen. So greift beispielsweise der TikTok-Account der Deutschen Bahn immer wieder Trends auf, wie du in Abbildung 8.6 siehst.

Abbildung 8.6 Die Knock-Knock-Jokes und der Sound »They see me rolling« – die Deutsche Bahn spielt die Trends bei TikTok mit.[2]

- **Kooperationen**: Mit gemeinsamem Live-Videos, Gastartikeln oder Kooperationsposts, nutzt du nicht nur deine eigene Reichweite, sondern auch die deiner Kooperationspartner. Die Posts erscheinen für gewöhnlichen in beiden Feeds.

2 *www.TikTok.com/@deutschebahn/video/7246396531517984026*

- **Emotionales Storytelling**: In der Bewusstseinsphase sorgen persönliche Geschichten des Creators für Reichweite. Sprich über deinen Weg und deine Schwierigkeiten und deine Einstellung.
- **Community-Aktionen**: Biete deiner Community die Möglichkeit, sich unter deinem Post zu vernetzen, oder starte eine Blogparade und lade mehrere Creator*innen ein, zu einem Thema beizutragen.
- Posts mit **großem Mehrwert**, der klar die Kriterien neu, wichtig und interessant erfüllt, funktionieren ebenfalls gut. Der Nutzen des Posts sollte auf den ersten Blick durch gute Headlines ersichtlich sein. Beispiele für diesen Content sind Tutorials, Anleitungen, aktuelle Studien oder Erkenntnisse und Aha-Erlebnisse zu deinem Thema. Wenn du aktuelle Nachrichten und gesellschaftliche Diskussionen als Aufhänger nutzen kannst: umso besser.
- **Optisch ansprechende Posts**, beispielsweise besonders hübsche Personenfotos, appetitlich angerichtete Teller oder beeindruckende Landschaftsaufnahmen, können in dieser Phase für schnelle Likes sorgen. Mische sie mit Posts mit wertvollem Inhalt, damit sich deine Community auch daran gewöhnt, sich mit deinem Content zu beschäftigen, anstatt ihn nur zu liken.

Neben der inhaltlichen und visuellen Gestaltung sind auch die passenden Call-to-Actions ein wichtiges Tool, um die Wahrscheinlichkeit zu erhöhen, dass deine Posts ihr Ziel erreichen. Damit dein Post aus der Bewusstseinsphase eine möglichst hohe Reichweite erhält, kannst du deine Community bitten, den Post zu teilen: »Spannend? Dann teile das jetzt auch mit deinen Followern.« oder »Schicke das einer Freundin, die es jetzt hören muss.«

Du magst keine solchen Holzhammersätze? Subtiler wird der Call-to-Action, wenn du ihn als Frage formulierst: »Kennst du jemanden, dem das helfen könnte?« Außerdem teilen Menschen gerne Dinge, in denen sie sich selbst wiedererkennen. Das erreichst du mit Posts, die genau auf das Bedürfnis deiner Zielgruppe abgestimmt sind. Und du kannst es mit einem »Kommt dir das bekannt vor?« unterstreichen und so das Weiterverbreiten deines Posts wahrscheinlicher machen.

Wenn das Ziel deines Posts ist, mehr Follower zu gewinnen, die künftig deine Inhalte sehen, verbinde deinen »Folge mir auf diesem Kanal«-Hinweis am besten mit einem guten Grund. Warum sollte ich dir folgen? Zum Beispiel so: »Über das Thema xyz werde ich bald noch mehr erzählen. Wenn du das nicht verpassen möchtest, folge mir auf diesem Kanal.« Oder auch einfach: »Für mehr Insights zum über xyz, drück auf ›Folgen‹«. Damit der Call-to-Action keine Videozeit beansprucht und möglichst lang zu sehen ist, kannst du ihn auch als dauerhaft sichtbaren Untertitel einblenden, wie es beispielsweise Onlinebusiness-Coach Katharina Lewald in ihren Reels umsetzt (siehe Abbildung 8.7).

Abbildung 8.7 Das Logo und der Hinweis »Folge mir für mehr Business-Tipps« bleiben eingeblendet.[3]

Hooks, die zu Long Content führen

Dein Call-to-Action aus der Bewusstseinsphase kann auch direkt zu einem längeren Content-Stück führen, welches bereits in die Vertrauensphase zählt. Die Kundenreise sieht dann zum Beispiel so aus: Der Post auf Social Media macht neugierig und teasert einen Blogartikel oder ein langes Video zum Thema an. Dieser Long Content festigt den Eindruck, dass hier eine Expertin spricht oder ein Mensch, der die eigenen Werte teilt. Und so ist die Wunschkundin am Ende des Long Contents bereit, den nächsten

3 *www.instagram.com/reel/Csp7UwAqX8c/*

Schritt zu gehen und eine Entscheidung für einen Eintrag in die Mailingliste oder gar ein Angebot zu fällen.

All das funktioniert aber nur, wenn wir an den Übergängen motiviert werden, einen Schritt weiter zu gehen. Der Wechsel vom oberflächlichen Scrollen auf Social Media hin zur tieferen Beschäftigung mit einem Thema auf der Plattform des Anbieters verlangt einem User viel ab. Man spricht hier auch von einem Medienbruch.

Wie schaffst du das? Indem du einen Hook textest, der (mindestens) eine Frage aufwirft, einen Benefit oder eine wertvolle Information verspricht. »4 weitere Tipps für ein Wohlfühlwohnzimmer findest du in meinem Blogbeitrag« ist höchstwahrscheinlich zu schwach. Werde konkreter! Zum Beispiel so: »Wie du dein Zimmer so umgestaltest, dass es größer wirkt, welche Leuchtmittel du unbedingt meiden solltest, wenn du Gemütlichkeit schaffen willst und welche Farben deine Vorhänge aufpeppen – all das erfährst du jetzt in meinem Blogartikel.« Alles, was du in Abschnitt 5.3, »Hilfe, wo bin ich? Orientierung und Textaufbau«, und Abschnitt 5.4, »Storytelling im Mikroformat«, über Headlines und Texteinstiege gelernt hast, hilft dir auch beim Formulieren von Hooks, die über den Medienbruch hinweghelfen.

8.2.2 Was in der Vertrauensphase gut funktioniert

Um Vertrauen aufzubauen, teilst du einerseits Posts, die deine Expertise unter Beweis stellen. Andererseits zeigst du, dass du verlässlich präsent bist. Mit einer regelmäßigen Frequenz deiner Inhalte, dem Antworten auf Kommentare und Privatnachrichten und über Unterhaltungen in Foren, Gruppen oder auf anderen Profilen zeigst du ein echtes Interesse an deiner Wunschkundin. Wenn du deine Community hinter die Kulissen des Unternehmens blicken lässt, persönliche Geschichten teilst oder sie mit Aktionen oder Diskussionen an deinen Inhalten beteiligst, steigt das Vertrauen in dich oder deine Marke.

Dein Ziel in dieser Phase ist es, mit Interessentinnen ins Gespräch zu kommen. Dass sie mit dir interagieren, ist ein Zeichen dafür, dass sie dich als präsent, sympathisch und im besten Fall als fähig und vertrauenswürdig wahrnehmen. Messbare Kennzahlen sind also Interaktionen (insbesondere Kommentare) und Privatnachrichten.

Deine Call-to-Actions in der vertrauensbildenden Phase sind vor allem Fragen, die zeigen, dass du dich ehrlich für dein Gegenüber interessierst. Auch die Bitte an deine Community deine Gedanken mit ihren eigenen zu ergänzen, kommt gut an. Viele Menschen sind auf Social Media, um über sich selbst zu sprechen – und wenn sie spüren, dass ihre Gedanken hilfreich sind, erfüllt sie das mit einem der schönsten Gefühle, die wir Menschen kennen: Stolz. Gute Call-to-Actions sind daher: »Wie löst du das für dich?«, »Kennst du weitere Tipps zum Thema xyz?«, »Kannst du mir aus diesem Dilemma helfen?« Und bei Posts, die zu Widerspruch anregen können, auch mal:

»Siehst du das anders? Lass uns diskutieren.« Und so banal es klingt: Zusätze wie »Das interessiert mich wirklich sehr.« oder »Da bin ich neugierig.« können die Interaktionsrate zusätzlich ankurbeln. Der Call-to-Action, in die Privatnachrichten (auch DM oder PN abgekürzt) zu wechseln, um eine Unterhaltung zu führen, ist besonders bei heiklen Themen oder persönlichen Fragen wirksam. »Wie ist das bei dir? Du kannst es mir auch gerne eine Privatnachricht schreiben, wenn nicht jeder mitlesen soll.«

Berührende persönliche Geschichten kommen übrigens oft ohne Call-to-Action aus. Wer sich wiedererkennt oder berührt ist, schreibt auch Kommentare und Privatnachrichten, ohne dass der Creator danach fragen muss.

Storys – die Abkürzung in deine Privatnachrichten

Wenn dein derzeitiges Phasenziel lautet, Vertrauen aufzubauen, kommst du an der Storyfunktion der verschiedenen Social-Media-Netzwerke nicht vorbei. Mit Storys fühlen sich die Follower nah am Creator, insbesondere wenn dieser sie nutzt, um unmittelbare Einblicke in seinen Arbeitsalltag und ausgewählte Aspekte seines Lebens zu geben. So sieht die Community, dass ein echter Mensch hinter der Marke steckt.

Ein weiteres starkes Argument für Storys ist, dass jeder Kommentar auf eine deiner Storys als Privatnachricht in deinem Postfach landet. Du kommst damit leicht mit den Menschen ins Gespräch, die dir folgen.

Und wenn dir deine Wunschkundinnen noch nicht folgen? Auch dann kann die Kommunikation über Storys ein guter Weg sein, in Kontakt zu kommen und auf dich aufmerksam zu machen. Dafür schaust du dir ihre Storys an und schreibst einen freundlichen Kommentar, wenn du einen Anknüpfungspunkt siehst. Dieser Kommentar landet direkt in ihren Privatnachrichten und führt im besten Fall zu einer Unterhaltung oder einem neuen Follower. (Bitte keine Angebote in dieser ersten Phase! Das wäre ähnlich absurd wie beim ersten Augenkontakt gleich einen Heiratsantrag zu machen!)

8.2.3 Was in der Entscheidungsphase gut funktioniert

Wie ich in Abschnitt 8.1, »Wohin führt dein Content? Was ist der nächste Schritt?«, bereits ausgeführt habe, geht es in der Entscheidungsphase vor allem darum, inhaltlich all das zu präsentieren, was deine Wunschkundin wissen, verstehen oder glauben muss, damit sie den Wert deines Angebotes erkennt. Für die Darstellung in Posts empfehle ich dir in dieser Phase eine Mischung aus simplen Angebots-Posts und empathischem Storytelling rund um die Bedürfnisse deiner Wunschkundin.

In den simplen Verkaufs-Posts stellst du klar dar, was dein Angebot kann und enthält und bis wann ich es buchen kann – am besten mit Grafiken und Mock-ups bei digitalen Produkten. Auch ein schlichter »Ist das deine Herausforderung? Dann kommt hier meine Lösung«-Post ist klar und wirkungsvoll. Ein Beispiel für deinen solchen Post der Gesundheitsunternehmerin Janna Scharfenberg siehst du in Abbildung 8.8.

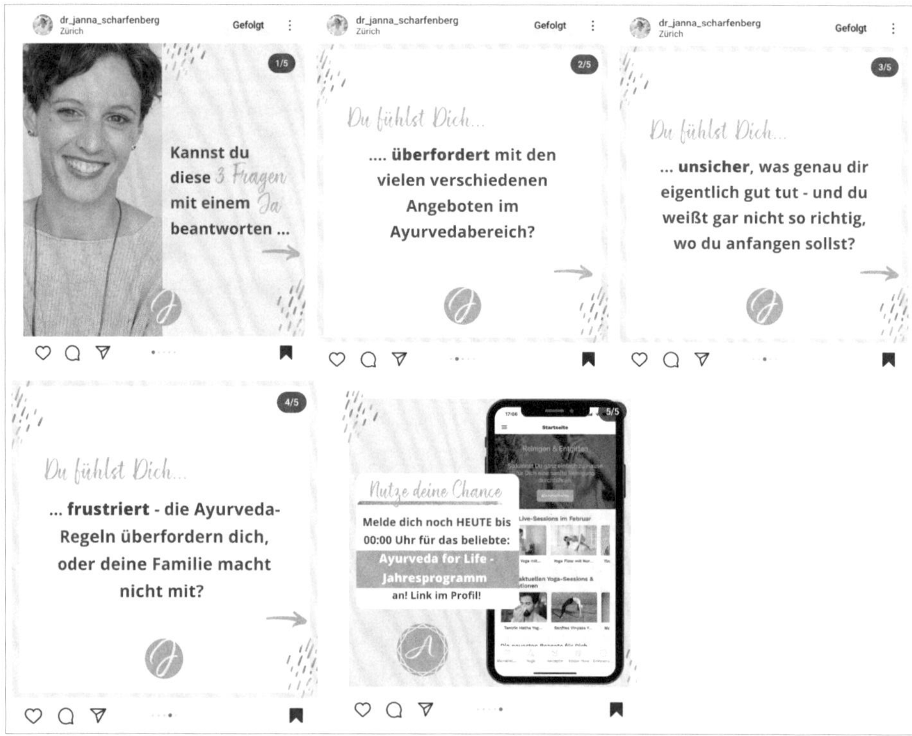

Abbildung 8.8 Geht es dir so? Dann nutze deine Chance. Schlichter Verkaufs-Post mit klarer Botschaft von Janna Scharfenberg[4]

Für simple Angebots-Posts gibt es viele Textvorlagen, die dir helfen, deine Verkaufsbotschaft auf den Punkt zu bringen. Meine zwei Favoriten möchte ich dir im Folgenden kurz vorstellen.

Die BELA-Formel[5] von Daniela Rorig

Du nennst die Belohnung (B), die deine Wunschkundin anstrebt, zeigst dann Empathie (E) dafür, warum sie in ihrer jetzigen Situation ist, dann präsentierst du ihr die Lösung (L) in Form deines Angebotes und dann folgt die Aufforderung (A) zur Aktion, die sie jetzt ausführen soll.

Zum Beispiel so:

B: Du wünschst dir, endlich entspannt schwimmen gehen zu können, ohne ständig Wasser aus der Schwimmbrille schütteln zu müssen?

4 *www.instagram.com/p/CbwhvN5vg6L/*

5 Aus Daniela Rorig: Texten können. Das neue Handbuch für Marketer, Texter und Redakteure. Rheinwerk Verlag, 2023

E: Leider wurden dir im Sport-Gemischtwarenladen um die Ecke bisher immer nur teure Brillen angedreht, die dann doch nicht passten. Falls überhaupt mal ein Mitarbeiter greifbar war, der Ahnung hatte. Inzwischen glaubst du vermutlich sogar schon, es liegt an dir – und dein Gesicht ist einfach nicht schwimmbrillentauglich!

L: Doch, das ist es! Du nimmst ein kurzes Video deines Gesichts von allen Seiten auf (unser netter Roboter »Brillie« führt dich da durch!), wir suchen das passende Modell, schicken es dir zu und du darfst es 4 Wochen lang beim Schwimmen auf Dichtigkeit testen. Sollte Wasser eindringen, bekommst du dein Geld zurück – ohne Wenn und Aber.

A: Bestell jetzt trockene Augen und eine entspanntes Schwimmgefühl – ganz bequem von zuhause aus und ...

Die Ministory-Verkaufsformel (In dieser Form präsentiert von Katrin Hill beim Greator-Festival. Geht auf den Storytelling-Strategist Park Howell[6] zurück.)

Diese Formel ist ein einfacher Lückentext – und du musst nur noch die richtigen Worte einfügen, um dein Angebot auf den Punkt zu bringen. Dieser lautet:

«Du möchtest A (ein bestimmtes Ergebnis) und B (das darunter liegende Bedürfnis), aber C (Problem/Herausforderung). Deshalb musst du D (Lösung des Problems, das Was). Das bekommst du mit E (dein Angebot).»

Angewendet auf mein Schwimmbrillenbeispiel könnte der Satz also so lauten:

«Du möchtest eine Schwimmbrille, die dichthält, und entspannt Bahn um Bahn schwimmen, aber du findest kein Modell für dich? Dann lass dir von unserer AI helfen. So bekommst du eine Brille, die garantiert dichthält – oder dein Geld zurück.»

Neben klaren Verkaufs-Posts gehören Kundengeschichten unbedingt in diese Phase – am besten solche, die du beispielhaft erzählen kannst, um die (unausgesprochenen) Fragen deiner Wunschkundin zu beantworten und ihre Zweifel auszuräumen. Bei weniger komplexen Produkten reichen auch einfache Kundenstimmen/Testimonials. Erzähle in dieser Phase alle Geschichten, die zeigen, wie gut du deine Wunschkundin verstanden hast und ihr helfen kannst. Sie sollte sich von jedem einzelnen Post angesprochen fühlen. In dieser Phase geht es nicht so viel um dich als Anbieter wie in der vertrauensbildenden Phase. Jetzt steht deine Kundin mit ihren Bedürfnissen und Herausforderungen bezüglich deines Angebotes im Fokus.

Dein Ziel ist – je nach Verkaufs-Funnel – entweder der Eintrag auf eine Mailingliste (Lead) oder der Verkauf des Angebotes bzw. die Anmeldung zu einem Vorgespräch. Wenn dein Funnel über ein Freebie führt, bewirbst du dieses als »Angebot« bzw. »Lösung« mit deinem Content. Erst im E-Mail-Funnel geht es dann um dein eigentliches

6 *www.socialmediaexaminer.com/how-to-sell-more-by-saying-less-a-storytelling-framework/*

Angebot und seine Vorteile. Wenn du direkt über deinen Content verkaufst oder zum Erstgespräch einlädst, sprichst du schon in deinem Content über dein Angebot.

Dein Call-to-Action ist in der Angebotsphase sehr direkt. Er lautet also zum Beispiel: »Hol dir jetzt meine Vorlagen als E-Book«, »Melde dich zur kostenlosen Masterclass an«, »Lass uns sprechen – in einem Kennenlerngespräch schauen wir, ob wir zusammenpassen« oder »Sicher dir jetzt deinen Platz/den besten Preis ...«.

Call-to-Benefit statt Call-to-Action

Dein Call-to-Action ist besonders wirksam, wenn du die Menschen daran erinnerst, was sie davon haben, wenn sie in Aktion treten. Du forderst sie nicht nur auf, etwas zu tun, du sagst ihnen auch, warum sie es tun sollten. Das funktioniert in allen Phasen. Zum Beispiel so: »Wenn du deiner Community mehr Leichtigkeit schenken möchtest, teile diesen Post mit ihr.« Oder so: »Willst du noch heute die wichtigsten Urlaubsvokabeln lernen? Dann lade jetzt meine App herunter.« Oder auch mit einem zweigeteilten Call-to-Action: »Willst du dein Gewicht halten? Dann schreib mir eine Privatnachricht mit dem Wort ›Guide‹, und ich schicke dir meine Tipps.« Der Vorteil am Call-to-Benefit ist: Ich werde als Leser oder Zuhörerin daran erinnert, dass ich für MICH aktiv werde – nicht DIR zuliebe.

Das Wichtigste in Kürze

In den verschiedenen Phasen deines Verkaufs-Funnels setzt du unterschiedliche Schwerpunkte für deinen Content. Hilft es dir in der Bewusstseinsphase auf Humor, Überraschungsmomente und Trends zu setzen, um eine maximale Reichweite zu erzielen, so geht es in der Vertrauensphase um den Beziehungsaufbau durch Interaktion mit der Community sowie den Blick hinter die Kulissen. In der Entscheidungsphase steht dann vor allem die Klarheit deiner Wunschkundin im Fokus. Emotionales Storytelling und qualitativer Content helfen dir in jeder Phase. Die Gestaltung und der Call-to-Action aber hängen von deinem jeweiligen Ziel ab.

Kapitel 9
Der entscheidende Feinschliff: Inhalte überarbeiten

Nach dem Kreieren ist vor dem Überarbeiten. Wenn Inhalte locker flockig daherkommen und sich spielend leicht lesen, anschauen oder anhören lassen, wurden sie höchstwahrscheinlich mit strenger Hand überarbeitet.

Das Redigieren, also das Überarbeiten von Texten, habe ich als junge Journalistin gehasst. Wenn ich einen Artikel fertig geschrieben hatte, war er für mich abgeschlossen. Aus, Ende, vorbei. Irgendwo wartete bereits das nächste Abenteuer, die nächste spannende Geschichte, die ich recherchieren und in farbige Worte fassen wollte.

Erst in meiner Ausbildung zur Redakteurin habe ich gelernt, dass es kreativ und erfüllend ist, Texte zu überarbeiten. Nämlich dann, wenn ich aus dem einhundertsten »Blumenstrauß an bunten Melodien« und den ungezählten »strahlenden Kinderaugen« doch noch einen Text schnitzen sollte, der die Zeit der Leser*innen wert ist. Den Text über die Hauptversammlung des Männergesangsvereins so umzustellen, dass nicht die schnarch-langweiligen Ehrungen am Beginn stehen, gehörte zu meinen festen Aufgaben. Mit etwas Glück entdeckte ich im letzten Absatz des Textes den Hinweis, dass der Kassenwart seinen Job schmiss und wortlos den Raum verließ. Jetzt hatte ich eine Geschichte und konnte den Text so umschreiben.

Das Wort redigieren stammt laut Duden vom lateinischen »redigere«, was »zurücktreiben« oder »in Ordnung bringen« bedeutet. Das Bild vom Aufräumen und Strukturen schaffen gefällt mir, weil ich ein Fan vom »shitty first draft« bin – also davon, erst einmal runterzuschreiben und dem Text erst danach Struktur zu geben (siehe Abschnitt 2.2, »Nachricht? Interview oder Reportage? Reel oder Blogartikel? Ein Thema – viele mögliche Formate«). Wie strukturiert und durchdacht dein erster Textentwurf ist und was du in wie vielen Überarbeitungsrunden anpasst, ist sowohl von dir als »Schreibtyp« abhängig als auch vom jeweiligen Text. Manche Texte scheinen sich fast gegen die Bearbeitung zu sperren und brauchen ein paar Extrarunden. Die Liebe fürs Redigieren wird besonders auf die Probe gestellt, wenn es um die eigenen Texte geht und du an jedem einzelnen Wort hängst.

Der verstorbene »Sprachpapst« Wolf Schneider soll gesagt haben:

»Einer muss sich plagen, der Schreiber oder der Leser. Der Leser will aber nicht.«

Und das gilt für den eiligen Onlinescroller umso mehr.

Wenn ich die Liebe zum Überarbeiten von Inhalten zu verlieren drohe, denke ich an Zitate wie dieses sowie die vielen Weisheiten und Sprichwörter, die ich im Redaktionsalltag kennengelernt habe. Sie erinnern mich Mal um Mal daran, wie wichtig das Überarbeiten von Inhalten ist. Und wie einfach es sein kann. Einige davon wirst du in diesem Kapitel kennenlernen. Vor allem aber möchte ich dir eine ganz klare Anleitung an die Hand geben, die es dir leicht macht, deine Inhalte zu überarbeiten, bevor du auf »Veröffentlichen« klickst. Wir werden uns ansehen, ob du das, was du zu sagen hast, nicht einfacher, kürzer oder in kleineren Portionen sagen kannst.

Mein Fokus liegt in diesem Kapitel auf dem Überarbeiten der Texte, weil sie die Grundlage deines Contents sind und weil sich bei Texten am meisten anpassen lässt, im Zweifel sogar etwas völlig Neues entstehen kann. Auf die Korrekturrunden im Audio- und Filmbereich werde ich ebenfalls eingehen. Am Ende des Kapitels erhältst du eine Checkliste zum Überprüfen und Überarbeiten deiner Content-Stücke in allen Formaten inklusive Grafiken und Bilder.

9.1 Wie du den hilfreichen Abstand gewinnst und deine eigenen Inhalte überarbeitest

Beginnen wir mit dem Zitat einer Kollegin in der Lokalredaktion. Sie sah, wie ich mich quälte. Von keinem meiner liebevoll formulierten Sätze und mit Mühe recherchierten Details wollte ich mich trennen. Aber das Zeitungslayout stand fest und der Platz reichte nicht aus für meinen ausführlichen Artikel. Ich musste drastisch kürzen.

»Bianca, denk einfach dran: Der Leser weiß nicht, was du rausgestrichen hast.«

Diese einfache Wahrheit hilft mir noch heute, jeden Tag die Perspektive zu wechseln und mich zu fragen: Und wenn ich den Text das allererste Mal sehen würde – würde er auch ohne diesen Absatz/dieses Bild/dieses Beispiel oder dieses Sprachspiel funktionieren? Die Antwort lautet in den allermeisten Fällen: Natürlich würde er das.

Der Perspektivwechsel sorgt für Abstand. Und diesen Abstand brauchst du, um dich von dem zu lösen, was deine Kreativität hervorgebracht hat. Denn zunächst einmal wirst du sehr an deinen eigenen Worten und Bildern hängen. Ein Perspektivwechsel hilft dir, wegzukommen von der Frage »Wie habe ich mir dieses Content-Stück gedacht?« und hin zu der Frage »Wie wirkt das Content-Stück, so wie es jetzt ist?«

Neben dem Perspektivwechsel ist die Zeit dein bester Freund, wenn du Abstand zu deinem eigenen Content gewinnen möchtest, um ihn besser beurteilen zu können.

Wann immer es dir möglich ist – und wenn man ehrlich ist, sind die meisten Content-Stücke keinesfalls so aktuell, dass sie sofort veröffentlicht werden müssen –, lass das, was du kreiert hast, ein paar Stunden oder eine Nacht liegen, ehe du es überarbeitest.

Dieser zeitliche Abstand hilft dir dabei, deinen Inhalten mit frischem Blick zu begegnen. Oft arbeitet der Text in der selbst verordneten Pause sogar in dir nach. Denn unsere Kreativität liebt den Wechsel aus Phasen, in denen du konzentriert an einer klar formulierten Aufgabe arbeitest, und den Phasen des Loslassens. Deshalb kommen uns so viele gute Ideen unter der Dusche, vor dem Einschlafen oder auf der Toilette. Die Idee zu diesem Buch kam mir, als ich aufgehört habe, darüber nachzudenken, welche meiner Ideen ich dem Lektorat vorstelle – und mit dem Hund spazieren ging. Auch beim Schreiben ploppte oft noch ein besseres Beispiel, eine bessere Formulierung oder ein ergänzender Aspekt auf, als ich mich gerade schlafen legen wollte.

Einen ganz unverstellten Blick wirst du auf deine Inhalte leider nie gewinnen. Daher überarbeitet im Idealfall immer eine andere Person die Inhalte als diejenige, die sie erstellt hat. Nur sie hat den wahren »Blick von außen«. In meinen Content-Programmen demonstriere ich das, indem ich eine andere Person den Text vorlesen lasse. Jedes Zögern, jedes Stocken wird so zum wertvollen Hinweis. In Medienredaktionen gilt das Vier-Augen-Prinzip: Mindestens zwei, besser drei oder vier Menschen müssen etwas gesehen haben, bevor es veröffentlicht wird. Nur so verhindert man die eigene Betriebsblindheit.

Abbildung 9.1 Was hilft dir, Abstand zwischen dich und deine Inhalte zu bringen?

Ich fasse zusammen: Um Abstand zu deinen Inhalten zu gewinnen, lass sie von einer anderen Person überarbeiten, dir Feedback geben oder die Inhalte vorlesen. Sollte das nicht möglich sein, lass zumindest etwas Zeit verstreichen, bis du dich mit frischem Blick wieder an deine Werke setzen kannst. Und ruf dir ins Bewusstsein, dass die Leserin oder der Zuseher nicht weiß, was du weglässt. Versuch dich in diese Person hineinzuversetzen: Wie sieht sie deinen Inhalt?

KI-TIPP: Abstand zum Text dank deiner KI-Mitarbeiterin

Auch die KI kann dir dabei helfen, Dinge anders oder kürzer zu fassen. Mit dem Prompts »Formuliere das um« oder »Kürze diesen Text auf 1000 Zeichen« erhältst du zum Beispiel bei ChatGPT in Sekundenschnelle einen komplett neuen Text. Oder du gibst einfach einzelne Sätze ein, die noch nicht rund klingen, und schaust dir die Vorschläge an. Maschinengenerierte Texte wirst du nie unverändert übernehmen können, aber die anderen Formulierungen können dir dabei helfen, neue Worte und Ansätze zu finden. Neben ChatGPT schlägt auch DeepL Write[1] Umformulierungen vor – und verbessert gleichzeitig Rechtschreibung und Grammatik. Einfach Text per Copy-and-paste eingeben und sich überraschen lassen.

Abbildung 9.2 Der Text dieses Kastens in meiner ersten Fassung (links) und als Vorschlag von DeepL Write (rechts).

Und für den finalen Schliff kannst du einen Medienbruch nutzen, um deinen Text neu zu sehen: Druck deine Texte aus! Du wirst Fehler und Buchstabendreher auf Papier ganz anders wahrnehmen als am Bildschirm.

Wie oft solltest du deine Inhalte überarbeiten? Ich zitiere hier gerne erneut »Sprachpapst« Wolf Schneider:

> *»Wenn ein Text dasteht, muss er, wenn irgendwie die Zeit reicht, drei- und vier- und fünfmal überarbeitet werden. (...) Unter Journalisten ist häufig nicht die Zeit dafür da, aber wenn sie da ist, dann soll man das tun. Ich arbeite mich an meinen Büchern halb zu Tode. Ich lese zehn- und fünfzehnmal Kontrolle, lasse mich von meiner Frau beraten, bin misstrauisch von vorne bis hinten. Also, von alleine entsteht kein guter Text.«*[2]

1 *www.deepl.com/write*

Klingt unrealistisch für deinen Creator*innen-Alltag? Das kann ich gut nachvollziehen. Und doch empfehle ich dir zumindest zwei Korrekturrunden mit unterschiedlichen Schwerpunkten. Denn du wirst unmöglich den Fokus auf alle Aspekte gleichzeitig legen können. Die dritte Korrekturrunde nimmt dir im Regelfall die Technik ab.

1. In der ersten Runde legst du deinen Fokus auf den Aufbau des Textes. Du überprüfst, ob die Argumentation schlüssig ist und die Leser*innen klar durch den Text geführt werden. Zugleich hältst du Ausschau nach unnötigen Textbausteinen oder solchen, die sich in Kästen oder Listen ausgliedern lassen.
2. In der zweiten Runde achtest du auf die Sprache. Du passt Sätze und Worte so an, dass der Text kürzer, einfacher und verständlicher wird.
3. Die dritte Korrekturrunde gehört traditionell der Rechtschreibung und der Grammatik. Hier werden die Fehler ausgemerzt, die der Deutschlehrer rot unterstrichen hätte. Da ich davon ausgehe, dass du Textverarbeitungsprogramme nutzt, die bereits eine Rechtschreib- und Grammatiküberprüfung enthalten, reicht hier oft ein letzter Kontrollblick, ob Word und Co noch etwas angestrichen haben. Solltest du kein Tool mit Fehlerkontrolle nutzen, kopiere deinen Text am besten zur Überprüfung in den Duden-Mentor[3] oder das Language Tool[4] – beide bieten eine kostenlose Fehlerüberprüfung an. Für den Fall, dass du deinen Text in den ersten beiden Überarbeitungsrunden stark angepasst hast, rate ich dir allerdings zu einer dritten Korrekturrunde mit Fokus auf den Gesamteindruck und neu hineinredigierte Stolpersteine.

In jeder der Korrekturrunden wirst du effektiver arbeiten, wenn du dir die Inhalte laut vorliest. Immerhin hilft dir so ein weiterer Sinn dabei, Probleme zu entdecken. Es ist auch hilfreich, Audios oder Videos während des Schneidens laut abzuspielen, anstatt sich ausschließlich auf die optischen Audiowellen zu verlassen. Zwei Sinne nehmen mehr wahr

Auch beim Überarbeiten von Videos hilft dir zeitlicher Abstand oder der Blick einer Kollegin dabei zu erkennen, wo ein Film Längen hat oder ob du es mit schnellen Schnitten und wilden Filtern übertrieben hast.

Das Wichtigste in Kürze

Ideal ist es, wenn eine unbeteiligte Person, eine Kollegin oder auch eine VA deine Inhalte überprüft und überarbeitet. Da das nicht immer möglich ist, hilft dir Abstand dabei, eine neue Perspektive auf deine Inhalte zu gewinnen. Dafür kannst du Zeit verstreichen lassen, den Text ausdrucken, die Perspektive einer Person einnehmen,

2 Wolf Schneider im Interview mit dem Deutschlandfunk Kultur: *www.deutschlandfunkkultur.de/wolf-schneider-zieht-bilanz-ich-habe-meine-arbeit-getan-100.html*

3 *https://mentor.duden.de/*

4 *https://languagetool.org/de*

die den Inhalt das erste Mal sieht, oder Teile deines Textes von einer KI umformulieren lassen. Es macht Sinn, die Überarbeitung in verschiedene Runden aufzuteilen, in denen du mal Inhalt und Formulierungen und mal Rechtschreibung und Grammatik in den Fokus nimmst. Und der wichtigste Tipp: Lies dir laut vor, was du erstellt hast. So findest du viel leichter heraus, wo es noch hakt.

9.2 Geht das einfacher?

Bei Text passiert es häufiger als bei Video- oder Podcast-Skripten – aber selbst dort bist du davor nicht sicher: Im gleichen Moment, in dem du etwas »für die Veröffentlichung« erstellst, legt sich ein Schalter in deinem Kopf um und du schreibst so ganz anders, als du sprechen würdest. Entweder verfällst du in Bandwurmsätze mit Fremdworten und Passivkonstruktionen, weil du das in Schule, Universität oder auch am Arbeitsplatz so gelernt hast. Oder aber du schmeißt mit beschönigenden Adjektiven und Superlativen um dich. So kennst du die »Werbesprache« schließlich aus TV- und Radiospots. Jeder und alles ist mindestens die »wichtigste Innovation des Jahrtausends«.

Für dich als Content Creator aber gilt ein journalistischer Grundsatz in verstärktem Maße: Guter Stil ist einfacher und verständlicher Stil. Deine Texte sollten sich wie nebenher lesen lassen. Deine Podcasts werden höchstwahrscheinlich tatsächlich nebenher gehört.

Um das möglich zu machen, hast du bereits mit deinem klaren Textaufbau Vorarbeit geleistet. Deine Botschaft ist glasklar und du holst deine Community mit einfachen Beispielen und emotionalem Storytelling ab. (Wenn nicht, blättere zu Kapitel 5, »Journalistische Textkniffe, die deinen Content verbessern«, zurück.) Jetzt in der Überarbeitung geht es vor allem darum, einzelne Formulierungen herauszugreifen und zu vereinfachen. Du kannst dich nach den folgenden stilistischen Kriterien richten und deinen Text daraufhin überprüfen und anpassen. Das funktioniert fast wie bei einem Rezept: Du nimmst einige Zutaten heraus und ersetzt sie durch andere und schon wird dein Ergebnis schmackhafter.

- **Satzlänge**: Wie lang sind deine Sätze? Nutzt du viele Nebensätze, die durch Kommas eingeschoben wurden? Für fast alle Texte gilt: Sie werden einfacher, wenn du mehr Punkte setzt. Subjekt, Prädikat und Objekt – das ist ein vollständiger Satz. Traue dich, mehr solcher Minimalsätze in deinem Text zu verwenden. Auch Sätze, die mit einem »Und« beginnen und streng genommen gar keine vollständigen Sätze sind, lockern den Text auf. Die Gefahr, dass du zu viele kurze Sätze hintereinander reihst, ist zwar gering, aber erwähnen möchte ich sie dennoch. Ein lebendiger Text wechselt zwischen kurzen und längeren Sätzen ab. Diese Tempowechsel ermutigen die Community weiterzulesen.

- **Einfacher Satzaufbau**: Wenn du Nebensätze einschiebst, versuche sie hintereinanderzustellen und nicht ineinander zu verschachteln. Du lässt also das Substantiv und das Prädikat beisammen. Den, der etwas tut, und das, was getan wird. Und vor allem: Trenne niemals das Verb. Was meine ich damit? Schau dir an, welche Versionen der folgenden Satzpaare sich einfacher lesen. Am besten liest du dir die Sätze unmittelbar laut vor, ohne sie vorher bereits leise durchgelesen und damit »durchdacht« zu haben:

  »Die Tatsache, dass Kreativität oft dann auftritt, wenn wir nicht aktiv an einer Aufgabe arbeiten, ist ebenfalls interessant.«

  »Es ist eine interessante Tatsache, dass Kreativität oft dann auftritt, wenn wir nicht aktiv an einer Aufgabe arbeiten.«

  »Die Zeit, verschiedene Perspektiven einzubeziehen und den Text gründlich zu überarbeiten, um die bestmögliche Qualität zu erreichen, musst du dir nehmen.«

  »Du musst dir die Zeit nehmen, verschiedene Perspektiven einzubeziehen und den Text gründlich zu überarbeiten. Nur so erreichst du die bestmögliche Qualität.«

  Im ersten Beispiel siehst du, welchen Unterschied es macht, wenn Subjekt und Prädikat (die Tatsache ist) durch einen Nebensatz getrennt werden. Im zweiten Beispiel wurde das zusammengesetzte Verb (sich Zeit nehmen) jäh auseinandergerissen, was beim Lesen mehr Konzentration und Anstrengung erfordert. Und beim Zuhören erst recht. In der verbesserten Version des zweiten Satzes habe ich zudem noch einen Punkt mehr gesetzt und damit den Satz verkürzt. Auch das macht das Lesen um ein Vielfaches entspannter.

  Was für Nebensätze richtig ist, die mit Kommas abgetrennt werden, gilt auch für Sätze mit Gedankenstrichen. Stelle den eingeschobenen Gedanken besser an das Ende des Satzes oder überlege dir, ob er einen eigenen Satz wert ist.

- **Fremdwörter, Abkürzungen und »Ung-Worte« ausmerzen**: Es sollte eine Selbstverständlichkeit sein, dass dein Text verstanden wird, ohne dass man Begriffe nachschlagen muss. Nur sieht die Realität leider anders aus. Wenn du unsicher bist, ob deine Community versteht, was du meinst, wenn du von »einem skalierbaren Business« oder gar von KPIs sprichst – schau nach, ob sich nicht eine einfache, deutsche Übersetzung oder Umschreibung findet. Ein skalierbares Business ist ein auf Wachstum angelegtes Geschäft. Und die KPIs sind schlicht Kennzahlen für den Erfolg.

  Besser verständlich, aber umständlich zu lesen, sind Substantivierungen und dort ganz besonders die Ung-Worte. »Ung-Worte sind Unworte« ist eine meiner Lieblingseselsbrücken beim Redigieren von Texten (siehe Abbildung 9.3). In meinem vorletzten Satz findest du so ein Wort, und ich könnte fast wetten, dass du beim Lesen darüber gestolpert bist: die Substantivierung. Gemeint ist: Du machst Verben zum Substantiv. Zum Beispiel: »Für dein Businesswachstum brauchst du Persönlichkeitsentwicklung.« Hier haben wir gleich mehrere Substantiv-Ungeheuer. Und diese schaffen eine Distanz zum Leser. Er fragt sich: Geht es in diesem Satz wirklich noch um mich? Einfacher liest sich der Satz so: »Um dein Business wachsen zu lassen, musst du deine Persönlichkeit weiterentwickeln.« Unmittelbarer wirkt der Satz allerdings, wenn ich konkreter werde – also sage, was ich unter Businesswachstum oder unter Persönlichkeitsentwicklung verstehe.

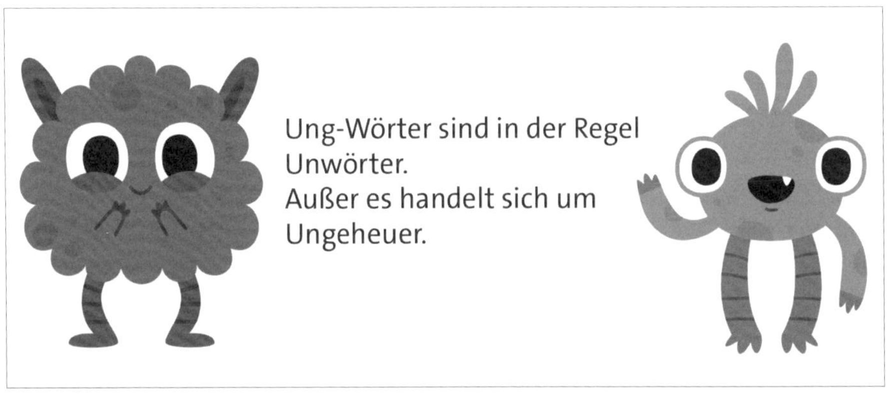

Abbildung 9.3 Wenn du die Buchstabenfolge »UNG« siehst, ist das meist ein Zeichen, dass du eine bessere Formulierung suchen solltest.

- **Konkret statt allgemein**: Wie also könnte der obige Satz konkreter lauten? Zum Beispiel so: »Um deine Umsatzzahlen zu steigern, musst du Risiken eingehen – was dich mit deinen Ängsten konfrontiert.« Aber auch so: »Um neue Mitarbeiter einstellen zu können, musst du herausfinden, wie du als Chefin führen möchtest.« Du siehst an diesen Beispielen ganz deutlich, dass du dich hinter unkonkreten Formulierungen und Ung-Worten sehr gut verstecken kannst. Wenn du konkret und einfach schreiben willst, musst du festlegen, was du unter »Businesswachstum« oder unter »Persönlichkeitsentwicklung« verstehst. Sich festzulegen, kann beängstigend sein, weil man sich mit konkreten Aussagen angreifbarer macht. Und doch will ich dich dazu ermutigen. Denn für deine Community ist der Satz »Um neue Mitarbeiter einstellen zu können, musst du herausfinden, wie du als Chefin führen möchtest.« so viel greifbarer und wertvoller als »Für dein Businesswachstum brauchst du Persönlichkeitsentwicklung.«
- **Aktiv statt Passiv**: Ein weiteres Stilmittel, mit dem du deine Aussagen verwässerst, sind Passivkonstruktionen. Wenn du passiv schreibst, also zum Beispiel »Die Creme wurde klinisch getestet.« legst du den Fokus auf das Objekt, nicht auf die handelnde Person. Das sorgt zum einen dafür, dass vor meinem inneren Auge kein

Bild entstehen kann. Zum anderen kannst du so sogar die wichtige Information weglassen, wer verantwortlich ist. Wenn ich einen Hautausschlag von der Creme bekomme – an wen wende ich mich? Wessen klinische Tests haben da versagt? »Institut XY hat die Creme auf YZ getestet.« ist hingegen aktiv. Wenn ich dann noch erfahre, wie und auf was getestet wurde, wird die Information nützlich für mich.

- **Konjunktiv vermeiden**: Die Nutzung des Konjunktivs in der indirekten Rede ist zwar korrekt – aber sperrig und unnötig. Schreibe nicht »Die CEO sagte, es sei ein neues Model fürs Frühjahr geplant.«, sondern »Wie die CEO sagt, ist ein neues Model fürs Frühjahr geplant.«
- **Verneinungen vermeiden**: Schreibe nicht, was nicht ist, sondern schreibe was ist. Das ist noch so ein schöner Merksatz aus meiner Redaktionszeit: »Ich zögerte nicht loszuschreiben.« wird zu: »Ich schrieb sofort los.«
- **Szenen? Im Präsens!** Wenn du die Menschen in deinen Texten in eine Szene mitnimmst, wirkt diese sehr viel unmittelbarer, wenn du sie nicht in der Vergangenheitsform schreibst, sondern im Präsens. Das gilt auch dann, wenn sie in der Vergangenheit liegt. Du kannst das mit einem erklärenden Satz im Anschluss an die Szene auflösen. Etwa so:

  Ulrike sitzt vor ihrem leeren Redaktionsplan und guckt in den Himmel: »Was poste ich nur nächste Woche?«, fragt sie sich und fängt an, ihrer Zimmerpflanze die verwelkten Blätter abzuzupfen. »Merkt ja eh keiner, wenn ich erst eine Woche später mit meinen Posts loslege, oder?« Ulrike hat natürlich nie losgelegt. Noch heute ist ihr Feed leer.

9.3 Geht das kürzer?

Ich habe mich amüsiert, dass Sprachpapst Wolf Schneider im bereits zitierten Interview mit dem Deutschlandfunk das Netzwerk Twitter (jetzt X) lobte, ohne sich selbst damit auseinander gesetzt zu haben. Gerade im Gegensatz zu Blogs gefiel ihm der Gedanke, dass hier die Botschaft auf nur 140 Zeichen herunter zu kürzen sei:

»*Das ist ein relativer Fortschritt gegenüber der uferlosen Geschwätzigkeit, die sich sonst im Netz breitgemacht hat.*«[5]

In der Lokalredaktion, in der ich mein Volontariat absolviert habe, hing eine rot eingekreiste 60 über dem Schreibtisch des Redaktionsleiters. Diese sollte nicht etwa eine Geschwindigkeitsbegrenzung beim Tippen vorgeben, sondern uns alle daran erinnern, dass sich jede, wirklich jede Geschichte auf 60 Zeilen erzählen lässt.

5 Wolf Schneider im Interview mit dem Deutschlandfunk Kultur: *www.deutschlandfunkkultur.de/wolf-schneider-zieht-bilanz-ich-habe-meine-arbeit-getan-100.html*

Und wenn ich mich sträubte und heimlich das Bild im Layout ein bisschen verkleinerte, um mehr Platz für meinen Text zu gewinnen, stand garantiert ein Kollege hinter mir, der mahnend zitierte: »Denk daran: Selbst Goethe wird durch Kürzen besser!«

Diesen Satz habe ich stets vor meinem inneren Auge, wenn es wieder gilt, einen »langen Textriemen« bis zur Unkenntlichkeit zu kürzen, damit er in die 2200 Zeichen einer Instagram-Caption passt. Oder gar auf eine Grafik gepackt werden kann, ohne dass der Smartphone-User die Lupe auspacken muss. Und tatsächlich ist der Goethe-Merksatz in den allermeisten Fällen richtig – so sehr sich der Creator auch sträuben mag. Texte überzeugen, wenn sie aufgeräumt und gekürzt wurden.

Abbildung 9.4 Redaktionsweisheiten: »Selbst Goethe wird durch Kürzen besser« und »Alles passt in 60 Zeilen«. Bild: Canva mit KI

Wie gehst du beim Kürzen am besten vor? Wie bereits erwähnt, solltest du fürs Überarbeiten mindestens zwei Runden einplanen. In der ersten Runde, wo du vor allem auf Sinnzusammenhänge und die Leserführung achtest, darf dich die Frage »Brauche ich das wirklich?« oder eben »Geht das kürzer?« begleiten. Abschnitte und Sätze, die für den Textaufbau nicht nötig sind und von der eigentlichen Argumentationslinie wegführen, können fast immer gestrichen werden. Und wie viele Beispiele brauchst du wirklich, damit dein Leser oder die Zuhörerin nachvollziehen kann, um was es geht?

In »Journalismus für Dummies« rät Henriette Löwisch, darauf zu achten, welche Teile des Textes man beim Lesen unwillkürlich lieber überspringen würde.[6] Was würde

6 Henriette Löwisch: Journalismus für Dummies. Wiley VCH, 2012

denn passieren, wenn du diesen Teil tatsächlich weglässt? Ist dein Text trotzdem verständlich? Wenn ja: Kürze ihn, ohne zu zögern. Denn dein Leser weiß nicht, was da nicht mehr steht. Er vermisst nichts.

Oft sind es beim Kürzen allerdings gar nicht lange Absätze oder ganze Sätze, die du streichen kannst. Du musst vielmehr ins Detail gehen und einzelne Füllwörter und Blähformulierungen finden und streichen, damit dein Text an Masse verliert. Was sich nach Kleinklein anfühlt, macht im Gesamten einen großen Unterschied. Nicht nur für die Länge deines Textes, sondern tatsächlich auch für seine Qualität. Ich erinnere daran: »Selbst Goethe wird durch Kürzen besser.«

Stärke deine Verben!

Eine gute Wahl deines Verbs macht deinen Text nicht nur farbiger, sondern auch kürzer! Starke Verben ermöglichen, dass du Adverbien und manchmal sogar halbe Sätze streichen kannst. »Er ging eilig auf mich zu und kämpfte dabei darum, die Balance zu halten« wird mit einem starken Verb zu: »Er stolperte auf mich zu.« Du weißt, dass du ein starkes Verb gefunden hast, wenn es ein Bild in deinem Kopf erzeugt. »Hieven« und »stemmen« sind stärker als »heben«. »Tänzeln« und »schweben« sind stärker als »gehen« und kürzer als »sich leichtfüßig fortbewegen«. »Lauschen« klingt hübscher als »zuhören« und ist kürzer als »aufmerksam zuhören«. »Sich winden«, quält uns schon beim Lesen mehr als »antworten« und ist farbiger als »zögerlich antworten«. Du siehst: Spätestens, wenn du dein Verb mit Adverbien ausschmücken musst, damit man dich versteht, ist das ein Zeichen, dass du dich auf die Suche nach einem starken Verb machen solltest.

Welche Füllwörter und unnötigen Formulierungen deinen Text durchsetzen, ist vermutlich so individuell, wie du es bist. Und oft sind uns unsere persönlichen Füllwörter so geläufig, dass wir sie nicht einmal mehr erkennen. Wir wollen in Texten für Content meistens nah an der mündlichen Sprache bleiben, damit wir leicht verständlich sind. Keine neue Idee übrigens. Schon Lessing soll gesagt haben:

> *»Schreibe, wie du redest, so schreibst du schön!«*

Und Goethe schrieb:

> *»Schreibe nur, wie du reden würdest, und so wirst du einen guten Brief schreiben.«*[7]

Ich will Goethe keine Füllwörter und Blähphrasen unterstellen, aber ich kann aus eigener Schreiberfahrung sagen: Wenn ich schreibe, wie ich spreche, ist der Text lebendig und verständlich. Es braucht aber einen zusätzlichen Korrekturdurchgang, der ausschließlich dazu dient, Füllwörter zu kürzen. Wenn der Text dann von diesem unnötigen Ballast befreit wurde, liest er sich klarer. Probier es aus!

---

7 Beide Zitate aus: Wolf Schneider: Deutsch für Profis. Mosaik bei Goldmann, 2001

In Tabelle 9.1 findest du eine Liste von Wörtern und Phrasen, die sich gerne in Content mogeln, der mündlich klingen soll. Am Ende der Tabelle sind einige Felder frei, in die du deine persönlichen Wortmarotten eintragen kannst.

Wort/Phrase	Warum das gestrichen werden kann
auch	Schleicht sich als Füllwort leicht ein. Wann immer sich das Wörtchen »auch« nicht durch das Wort »zusätzlich« ersetzen lässt – streiche es!
aller-	Unnötige Steigerungsform. Die »meisten« und die »allermeisten« sind gleich viele.
Adjektive und Adverbien	Viele Adjektive können weggelassen werden, weil sie entweder etwas unterstreichen, was das Substantiv schon sagt (steile Felswand? Zeig mir eine flache Felswand!), oder weil sie etwas künstlich aufblähen und werbend klingen. Du musst nicht schreiben, dass ein Produkt innovativ ist, wenn du beschreibst, was es kann und diese Funktion neu ist.
dann, gar, ja, nun, wohl, selbstredend, nämlich	Sind gar selbstredend entbehrlich.
doch, ja, gleich, gerade, nicht, vielleicht, sogar	Geschwätzige und meist unnötige Verstärkungen und Füllwörter.
durchführen	Durchführen ist nicht nur ein schwaches Verb, es wurde auch im Nationalsozialismus geprägt – bitte immer ersetzen!
einzigartig, revolutionär, sensationell, garantiert, innovativ, exklusiv, unschlagbar, unverzichtbar, praxiserprobt ...	Aufblähende Werbefloskeln – zeige lieber, was dein Angebot so einzigartig, innovativ usw. macht und streiche die Adjektive.
erfüllt sich zunehmender Beliebtheit, ist nur die Spitze des Eisbergs, ist nicht mehr wegzudenken, entfalten ihr volles Potenzial, aller guten Dinge sind drei, alle Jahre wieder, wo sich Fuchs und Has` Gute Nacht sagen ...	Das ist nur die Spitze des Eisbergs aller Floskeln, die man so oft gehört hat, dass man einfach über sie hinwegliest. Weg damit.

Tabelle 9.1 Was du getrost aus deinen Texten streichen darfst. Nutze die freien Felder, um deine eigenen Wortmarotten einzutragen.

Wort/Phrase	Warum das gestrichen werden kann
Erfolgsgeheimnis	Wenn es so geheim wäre, würdest du es mir dann verraten?
etwas erfolgt	Was genau passiert da? Bestimmt findest du ein aussagekräftigeres Verb.
Expertentipps	Tipps reichen völlig – lass die Leser*innen die Expertise selbst beurteilen.
frühzeitig	Früh ist bereits zeitig.
irgendwie, sicherlich, vielleicht	Irgendwie ist es unmöglich, das Wort irgendwie zu verwenden und dabei nicht unsicher oder verlegen zu klingen. Sicherlich siehst du das auch so. Also vielleicht willst du es kürzen.
noch	Meist ein Füllwort, außer du möchtest die Vorläufigkeit einer Sache betonen. Etwas »noch einmal machen« bedeutet schlichtweg, es zu »wiederholen«.
qualitativ hochwertig	Doppelt gemoppelt. Was hochwertig ist, hat eine hohe Qualität.
Vorsilben wie heraus-, zu-, auf- ...	»Herausfordern« besagt dasselbe wie »fordern«, »zumeist« dasselbe wie »meist«, wer etwas »aufzeigt«, der »zeigt« etwas. Diese Liste lässt sich beliebig fortsetzen. Überprüfe deine Vorsilben – auch drei Buchstaben machen Mist!
wirklich	Wird wirklich viel zu inflationär gebraucht und macht deine Aussage nicht stärker.

Tabelle 9.1 Was du getrost aus deinen Texten streichen darfst. Nutze die freien Felder, um deine eigenen Wortmarotten einzutragen. (Forts.)

Das Wichtigste in Kürze

Wenn du eine Soße eindampfst, reduzierst du sie auf das Wesentliche und sie schmeckt besser. Genauso ist es mit deinem Text. Entferne alles, was dich von deiner Argumentationslinie wegführt, verwende starke Verben und kürze alle überflüssigen

Füllworte und alles Geschwätz raus. Hab keine Sorge, dass dein Text dann nicht mehr »mündlich« klingt. Wenn du ihn einsprechen wirst, mogeln sich deine Wortmarotten von selbst wieder in deinen Sprachfluss. Und geschrieben ist dein Text ohne Füllwörter wirkungsvoller.

9.4 Können wir das noch stückeln?

In Abschnitt 5.3.1, »Gliederung in kleine Happen«, hast du gelernt, wie wichtig es ist, dass du deine Texte online in leicht verdauliche Happen aufteilst. Und dass du diese so gliederst, dass es viele Einstiegspunkte für das schnell scannende Auge deiner Onlineleser*innen gibt.

Beim Überarbeiten deiner Texte darfst du dich fragen, ob es Teile deines Textes gibt, die du ausgliedern kannst. Beispielsweise in einen Kasten, der ein Stichwort erklärt, in eine Anleitung mit aufeinander aufbauenden Schritten oder in eine klassische Liste mit Bullet Points. Wie erkennst du diese potenziell auszugliedernden Textabschnitte?

Die Textabschnitte, die sich gut für Kästen oder Listen eignen, führen meist von der eigentlichen Argumentation weg und stören so den Lesefluss. Es sind Stellen, an denen du beispielsweise Begriffe genauer erklärst, einen Hintergrund erläuterst oder ganz konkrete Tipps in den Fließtext einbaust. Und während ich das schreibe, merke ich, dass ich genau das gerade getan habe. Ich habe eine Liste in einen Fließtext eingearbeitet. Die Sätze werden dabei lang und ich muss viele Kommas setzen. Zugleich gehen die einzelnen Informationen im Fließtext unter. Zum Vergleich wiederhole ich die Informationen aus diesem Abschnitt in einer übersichtlichen Liste.

Wie du erkennst, welche Textabschnitte in Kasten und Listen gehören:

1. Textabschnitte führen von der Kernargumentation weg und stören den Lesefluss.
2. Du musst ausholen, um einen Begriff oder einen Hintergrund zu erklären.
3. Du zählst Argumente oder Arbeitsschritte im Fließtext auf, was zu langen Sätzen mit vielen Kommas führt.

Neben Kästen und Listen sorgen auch zusätzliche Zwischenüberschriften für einen Leseanreiz und gliedern den Text für ein besseres Leseerlebnis. Wenn du beim Überarbeiten deiner Texte versuchst, neue Zwischenüberschriften zu setzen, merkst du, ob dein Text wirklich so nachvollziehbar gegliedert ist, wie wir uns das für Onlinetexte wünschen. Fällt es dir leicht zu erkennen, welche Frage dein nächster Textabschnitt beantwortet oder welche Botschaft er vermittelt? Im Idealfall kannst du in Gedanken über jeden Textabsatz – und sei er noch so kurz – eine kleine Headline setzen. Natürlich tust du das nicht, weil zu viele Überschriften deinen Text auch überfrachten können und er dann zu fragmentiert erscheint. Aber dass du es theoretisch tun könntest, ist ein großes Qualitätsmerkmal.

9.5 Texte, Grafiken, Audio und Video überarbeiten – die Checkliste

In diesem Abschnitt möchte ich dir eine Checkliste für die Überarbeitung deiner Content-Stücke an die Hand geben. Neben den Texten, die das Herzstück deiner Inhaltsvermittlung sind, füge ich Absätze hinzu, die dir beim letzten Korrekturblick auf Videos, Audios und Bilder helfen. Und einige KI-Tools, die dir die Bearbeitung erleichtern.

Wenn du die Checkliste als übersichtliches PDF ausdrucken möchtest, um sie für deine tägliche Arbeit zu nutzen, stelle ich sie dir gerne auch zum kostenlosen Download zur Verfügung unter: *biancafritz.com/last-content-check*

9.5.1 Überarbeiten deiner Texte

Vorgehen: Lasse zwischen dem Kreieren deines Contents und dem Überarbeiten möglichst etwas Zeit verstreichen oder gib deine Texte einer anderen Person. Auch eine textbasierte KI kann eine andere Person mit einem anderen Sprachgefühl simulieren.

Korrekturrunde 1: Inhaltliches und Sinnzusammenhänge

Hilfreiche Gedanken: *Deine Community weiß nichts von den Passagen und Sätzen, die du streichst. Sie sieht nur dein Endprodukt.*

- Ist der Aufbau logisch? Führt ein Argument zum nächsten?
- Hat jeder Textabschnitt einen Sinn? Könnte ich jedem Absatz eine eigene Überschrift geben?
- Gibt es Passagen, die von der eigentlichen Argumentation wegführen, Hintergründe beleuchten oder Begriffe erklären?
- Gibt es Aufzählungen im Fließtext, die ich ausgliedern könnte?
- Illustriert dieses Beispiel oder diese Metapher wirklich das, was ich sagen möchte, und trägt zum Verständnis bei?
- Brauche ich dieses weitere Beispiel oder wurde mein Punkt schon im ersten Beispiel deutlich?

Korrekturrunde 2: Sprachliche Korrektur

Hilfreiche Gedanken: *Selbst Goethe wird durch Kürzen besser. Schreibe so einfach, wie du sprichst, und kürze dann deine typischen Füllwörter.*

- Ist jeder Satz verständlich?
- Muss ich irgendwo grübeln oder noch einmal neu lesen?
- Kann ich das einfacher sagen?

- Kann ich das kürzer sagen?
- Kann ich das konkreter sagen oder an einem Beispiel zeigen?
- Braucht es diesen Nebensatz, oder kann ich einen Punkt setzen?
- Entsteht eine gute Sprachmelodie durch die Mischung kurzer und langer Sätze?
- Ist das ein Füllwort?
- Ist das eine ausgelutschte Phrase?
- Gibt es ein stärkeres Verb?
- Kann ich Adjektive/Adverbien wegkürzen?
- Habe ich meine Sprachmarotten aus der mündlichen Sprache erkannt und eliminiert?

Lies dir den Text dann noch ein drittes Mal laut vor und achte insbesondere auf die Stellen, die du geändert hast, und natürlich auf die vorgeschlagenen Änderungen deines Textprogrammes bezüglich Rechtschreibung und Grammatik.

KI-TIPP: Dein analystischer Sparringspartner für Texte

Sowohl für das Vereinfachen von Texten als auch für das Kürzen kann das analytische Auge der KI unheimlich hilfreich sein – weil sie keinerlei emotionale Bindung an den Text hat, sondern schlichtweg die Worte und den Satzaufbau analysiert. Das kostenlose Textanalysetool von Wortliga[8] erkennt Füllwörter, lange Sätze und umständliche Passivkonstruktionen im Sekundenbruchteil und färbt sie bunt ein. So siehst du sofort, wo es hängt, und kannst die Passagen entsprechend anpassen oder kürzen. Auch die Lesbarkeit und die Melodie deines Textes werden bewertet. Wie diese Analyse aussieht, kannst du in Abbildung 9.5 sehen.

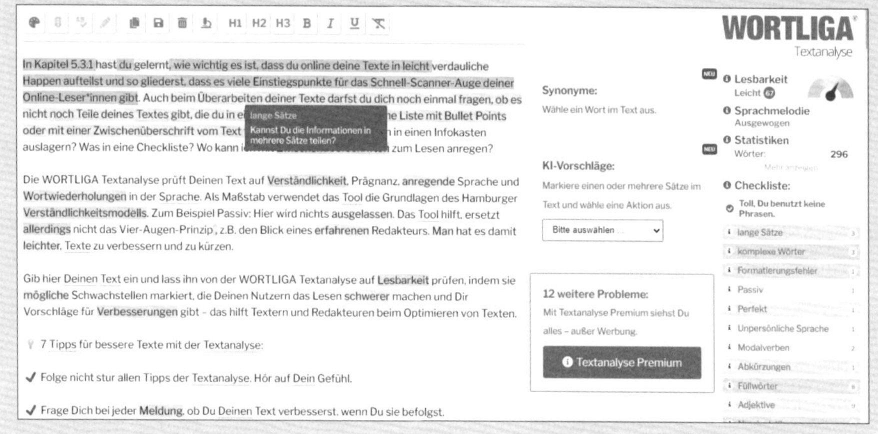

Abbildung 9.5 Mit bunten Markierungen zeigt Wortliga, wo es hakt, und analysiert zudem Lesbarkeit und Satzmelodie.

8 *https://wortliga.de/textanalyse/*

9.5.2 Überarbeiten deiner Bilder/Grafiken

Hier überprüfst du, ob du dich an die wichtigsten Grundsätze gehalten hast, die du in Abschnitt 7.1, »Und wie bebildern wir das jetzt? Fotos und Grafiken«, kennengelernt hast.

Hilfreiche Gedanken: *Weniger ist mehr. Kein Element ohne Funktion. Und: Lass Platz zum Atmen.*

- Kann ich innerhalb von drei Sekunden erfassen, um was es geht?
- Große Schrift, wenig Text und starke Kontraste?
- Entsprechen die Bilder und Grafiken dem Bildkonzept meiner Marke? (Falls nicht vorhanden: Sind die Bilder vom Stil her den bisher verwendeten ähnlich?)
- Entsprechen Farben, Schriftarten, Schriftgrößen, Schriftausrichtung und Zeilenabstände den Branding-Richtlinien?
- Sind die wichtigen Bildinformationen so auf dem Visual platziert, dass sie auch in der Übersichtansicht des Netzwerks noch erkennbar sind? (Ein Beispiel dafür, welcher Bildbereich bei Reel-Titelbildern noch im Profilfeed ersichtlich ist, findest du in Abbildung 9.6.)
- Gibt mir das Visual einen Grund, in den Text einzusteigen, oder enthält es einen weiterführenden Call-to-Action?
- Sind dargestellte Personen abgeschnitten? Kann mein Verstand, ohne nachzudenken, alles ergänzen, was abgeschnitten wurde?
- Nutze ich Grafiken oder Bilder, die eine Botschaft haben oder meine Botschaft unterstreichen? Gibt es Elemente, die weggelassen werden könnten?
- Gibt es Elemente oder auf meinem Bild, die ich gerne verändern oder löschen würde, um das Visual verständlicher zu machen?

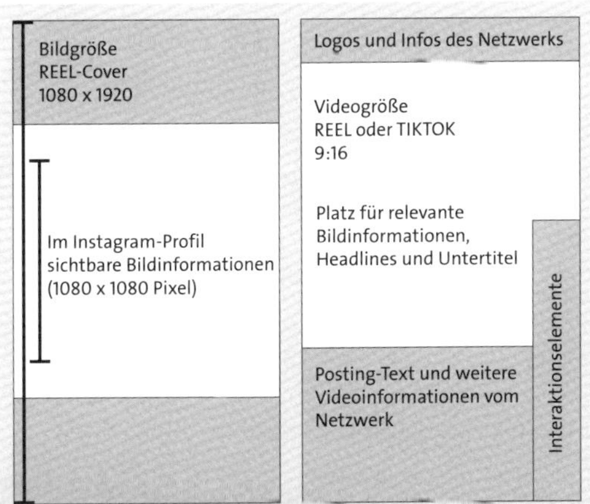

Abbildung 9.6 Welcher Teil deines Bildes oder Videos ist wirklich sichtbar? Beispiel Reel-Covergröße und Videogröße für Reels und TikToks

KI-TIPP: Bildelemente austauschen, neu kombinieren oder löschen

Viele Grafik- und Bildbearbeitungstools bieten dir die Möglichkeit, KI zu nutzen, um deine Bildqualität zu verbessern, aber auch, um Dinge auf dem Bild komplett auszutauschen, neu hinzuzufügen oder wegzuradieren. Dabei ergänzt die KI den Hintergrund fast makellos, als hätte an dieser Stelle des Bildes nie eine Person oder ein Gegenstand gestanden, oder sie schafft natürlich wirkende Übergänge bei neuen Elementen. In Abbildung 9.7 siehst du wie mit der Betaversion der KI-Funktion »Magic Edit« im Bildbearbeitungsprogramm Canva einer Frau ein Hut aufgesetzt wurde, wo vorher keiner war.

Abbildung 9.7 Ob Partyhüte so aussehen, darüber lässt sich zwar streiten, aber das Ergebnis ist dennoch beeindruckend. Screenshot: Canva

9.5.3 Überarbeiten deiner Videos und Audios

Um deine Videos und Audios zu verbessern, stelle dir folgende Fragen:

- Kann ich in den ersten drei Sekunden erfassen, um was es geht?
- Sitzen meine Schnitte in den natürlichen Sprechpausen?
- Sind Audioschnipsel gleich laut und von gleicher Qualität?

- Wurden eventuelle Rausch- oder Hintergrundgeräusche reduziert?
- Sehe ich jedes Bild und jeden Text lange genug, um zu verstehen, was passiert, und um den Text zu lesen?
- Hat mein verwendeter Filter oder Effekt Raum zu wirken oder konkurriert er mit anderen Gestaltungsmitteln?
- Sind meine Texte und Untertitel so platziert, dass sie auch noch lesbar sind, wenn die Caption und die Interaktionselemente der Netzwerke eingeblendet werden? (Siehe beispielhaft für Reels und TikToks in Abbildung 9.6.)
- Gibt mir das Visual einen Grund, in den Text einzusteigen, oder enthält es einen weiterführenden Call-to-Action?

KI-TIPP: Ton blöd, Video unbrauchbar? Nicht mehr!

Wenn dein Ton im Video oder deiner Audioaufnahme zu wünschen übriglässt, hilft dir das KI-Tool Auphonic[9], mit dem du nach einer Registrierung bis zu zwei Stunden Material pro Monat kostenlos bearbeiten kannst. Die Bedienoberfläche ist sehr spröde, aber das Programm macht seine Arbeit gut. Mit dem »Adaptive Leveler« wird die Lautstärke der einzelnen Sprecher oder die der Tonschnipsel aneinander angeglichen. Die Funktion »Filtering« filtert störende Geräusche heraus, und mit »Voice Auto EQ« verschwinden unangenehme Zischlaute und ähnliche Störgeräusche aus der eigenen Stimme. »Noise Reduction« eliminiert Hintergrundgeräusche. Die schärfste Form ist hier »Speech Isolation«, in der das Programm sämtliche Geräusche bis auf die Stimme löscht – was teilweise unnatürlich wirken kann. Mit der Funktion »Cut Silence« lassen sich bei reinen Audiofiles längere Sprechpausen automatisch herausschneiden. Einen Screenshot mit den Einstellungen, die bei den meisten Videos und Audios die Qualität verbessern sollten, siehst du in Abbildung 9.8.

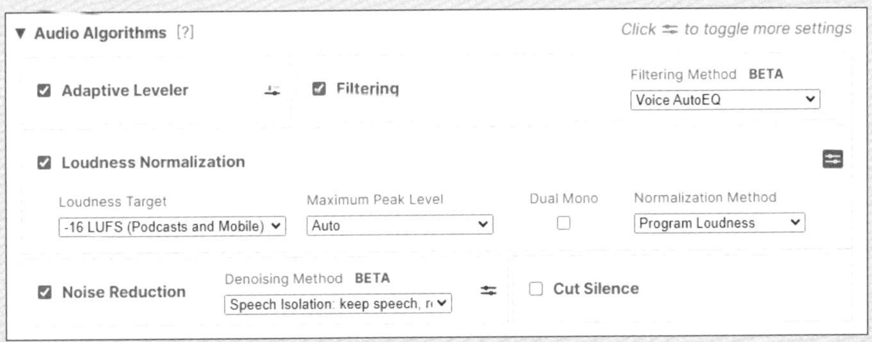

Abbildung 9.8 Mit diesen Einstellungen kann Auphonic viele Videos und Audios verbessern, in denen die Sprache im Vordergrund steht.

9 *https://auphonic.com/engine/*

9.6 Klingt komisch? Der Bauch hat immer recht!

Was ich an meiner Arbeit bei der Tageszeitung sehr geliebt habe: Jeden Morgen hielt ich das Ergebnis meiner Arbeit vom Vortag in den Händen. »Instant Gratification« nennen das wohl Psycholog*innen – die sofortige Befriedigung des menschlichen Grundbedürfnisses nach Selbstwirksamkeit und Anerkennung. Kein langes Herumknobeln an Problemen, keine monatelangen Projekte, deren Sinn man niemandem außerhalb des eigenen Unternehmens erklären konnte – sondern ein handfestes Ergebnis. Und manchmal auch Rückmeldungen via Leserbrief.

Bei Online-Content hat sich dieser Effekt noch verstärkt: Der Post geht online und in diesem Moment kann ihn die ganze Welt sehen, kommentieren oder liken.

Diese Schnelligkeit und das Unmittelbare machen Spaß und können süchtig machen. Was gelegentlich dazu führt, dass man Dinge veröffentlichen will, bevor sie reif sind. Ich erinnere mich, wie ich kurz vor Redaktionsschluss einen Artikel überarbeitete, der gerade erst reingekommen war – eine Kollegin war mit mir bis zum Schluss dageblieben. Im unteren Stockwerk wurden bereits die Druckmaschinen beladen. Ich las halblaut einen Satz vor, stockte kurz und las dann weiter.

»Moment, was hast du gerade gemacht?«, stoppte mich meine Kollegin.

»Ich habe den Satz gelesen?«, sagte ich unsicher.

»Nein, in der Pause, die du gerade beim Lesen gemacht hast.«

Ich überlegte: »Ich glaube, ich habe den Satz noch einmal gelesen oder mir irgendwie im Kopf zurechtgeschustert?«

»Genau, geh nochmal zurück und ändere ihn«, schlug meine Kollegin vor. »Wenn du stockst, stocken auch andere. Und der Bauch hat immer recht.«

Das ist die letzte und vielleicht wichtigste Redaktionsweisheit, die ich dir für deinen Content mitgeben möchte. Gerade beim Überarbeiten der Inhalte – wenn man im Kopf vielleicht schon zur nächsten Aufgabe springen möchte oder sich schon auf die Likes und Kommentare freut, ignoriert man gerne die leisen Anzeichen, dass sich ein Inhalt noch nicht stimmig anfühlt. Dass etwas noch einmal angefasst oder ausgetauscht werden muss. Und sei es nur ein einzelner Satz oder ein schwierig zu lesendes Wort wie »kreieren« oder »beinhalten«.

Dein Stolpern wird deutlich, wenn du Texte in der letzten Korrekturrunde laut oder zumindest halblaut vorliest. So hatte mich ja auch besagte Kollegin erwischt, als ich über eine schwierige Stelle einfach hinweggehen und den Text zu Ende bringen wollte. Bei Videos oder Audios startest du die Datei noch einmal ganz von Anfang an und hörst bewusst mit.

Dein Bauchgefühl reagiert schneller als dein Verstand, der vielleicht schon in der nächsten Sekunde ein beschwichtigendes »Doch, doch, das versteht man schon« parat hält. Jede dieser Irritationen mag dich nur einen kurzen Moment beschäftigen. Aber für die Leserin oder den Zuhörer ist sie ein potenzieller Ausstieg. Wer sich mit deinem Content abmühen oder auch nur einen kurzen Moment anstrengen muss, wird höchstwahrscheinlich weiterscrollen.

Daher darfst du jedes Stolpern, jedes kurze »Hä?« ernstnehmen. Es sind Einladungen, deinen Content zu überprüfen und die entsprechende Stelle einfacher, klarer oder kürzer zu gestalten.

Wenn du deinen Blick etwas schulst, wirst du merken, dass die Ursachen für deine Irritation fast immer dieselben sind – du hast sie in diesem Kapitel bereits kennengelernt:

- komplizierte, schwierig zu lesende oder lange Worte mit vielen Silben
- komplizierte oder lange Sätze mit Passivkonstruktionen und auseinandergerissenen Verben
- schiefe oder ausgelutschte Sprachbilder, die nichts in dir auslösen
- fehlende Informationen oder Lücken in der Argumentation
- bei Videos: zu kurz oder zu lang eingeblendete Szenen oder Textzeilen
- bei Audios: unnatürlich kurze oder zu lange Sprechpausen sowie schwankende Audioqualität

Dein Bauch reagiert unmittelbar, weil in deinem Unterbewusstsein all deine Medienerfahrungen mit Sprache und Bildern gespeichert sind. Das bedeutet auch, dass du ein gutes Gefühl für Content trainieren kannst. Je mehr du dich mit Content-Stücken beschäftigst, die sich so lesen, so klingen oder aussehen, wie du klingen möchtest, umso sicherer wird dein Bauch nicht nur reagieren, sondern du wirst auch schneller und klarer sagen können, was »falsch« ist.

Besonders gut und schnell trainierst du dein Sprachgefühl, wenn du Inhalte und Texte nicht nur regelmäßig und gezielt konsumierst, sondern wenn du dir immer wieder Zeit nimmst, dich zu fragen: Warum genau gefällt mir das? Beziehungsweise auch: Warum stößt mir das jetzt auf?

Und wenn du bei deinen eigenen Content-Stücken nicht sagen kannst, was es ist, was dich an einem Absatz oder gar an einem ganzen Post stört, lass ihn lieber weg. Weniger ist mehr. Deine Community wird es dir auf Dauer danken, wenn du ihre Zeit wertschätzt und sie nur dann mit Content behelligst, wenn du etwas Relevantes zu sagen hast und dies kurz, einfach und im Idealfall sogar unterhaltsam tust.

Nun bin ich am Ende meiner Weisheiten aus dem Alltag der Medienredaktionen angelangt. Ich weiß, dass sie auch deinen Content spürbar verbessern werden. Du hast die wichtigsten Grundlagen für gute Inhalte gelernt. Du weißt, wie du relevante Themen auswählst, recherchierst, gestaltest, deine Inhalte planst und überarbeitest wie eine professionelle Redaktion. Denn nur so werden sie deiner Community dauerhaft Vergnügen und Aha-Momente bescheren. Und du bleibst im Gedächtnis.

Der Rest ist Übungssache. Und du wirst sehen: Wenn du dich für qualitativ hochwertigen Content entscheidest, wird es dir Freude machen, an deinem eigenen Ausdruck zu feilen. Damit das, was du zu sagen hast, auch wirklich ankommt.

Kapitel 10

Ausblick: Kreativ und einzigartig bleiben – trotz und mit KI

»Wie wollen wir eigentlich mit dem Thema KI umgehen?« Diese Frage treibt derzeit wohl nahezu jeden um, der nicht gerade ein Einsiedlerleben ohne Computer im Wald führt. Bei mir trudelte sie mitten im Schreibprozess für dieses Buch in Form einer E-Mail des Verlagslektors ein. Tja, wie wollte ich damit umgehen?

Das Buchkonzept hatte ich geschrieben, als ich, wie wohl so viele, bei KI noch an nervige Chatbots dachte. Solche, die grundsätzlich blödsinnige Antworten gaben. Eine unbrauchbare Technik also, von der man seit Jahrzehnten hört, sie würde unsere Art zu denken und zu arbeiten revolutionieren. Aber irgendwie passierte das nicht.

Und dann tauchte im November 2022 ChatGPT auf. Ein optisch unscheinbares Programm, das mit seinen erstaunlichen Antworten und Texten allen den Kopf verdrehte. Ein kleiner Vorgeschmack auf das, was in den kommenden Monaten und Jahren möglich sein wird. Und diese Entwicklung wirft ein ganzes Feld an neuen Fragen zum Urheberrecht und zur Zukunft von scheinbar sicheren kreativen Jobs auf.

Ich hatte ein Buch geplant, in dem ich Content Creator*innen – einer vergleichsweise jungen Berufsgattung – das bewährte, traditionelle Handwerk der Journalist*innen näherbringen und für sie »übersetzen« wollte. Damit sie damit die Qualität ihrer Inhalte verbessern können. Und plötzlich standen diese Journalisten mit ihrem Handwerk genauso wie alle anderen vor der Frage: »Wie gehen wir damit um? Sind wir jetzt ersetzbar?«

Ich habe also im Schreibprozess des Buches immer wieder KI-Programme getestet und mit meinen Ideen aus diesem Buch gefüttert, um herauszufinden: Ist ChatGPT wirklich besser als der Küchenzuruf? (Zwischenergebnis: bisher zumindest nicht.)

Dinge, die mich überrascht und begeistert haben, sind als »KI-TIPPS« in diesen Ratgeber eingeflossen. Da ich den Fokus auf Text und Sprache gelegt habe, habe ich vor allem mit ChatGPT experimentiert.

Mein bisheriges Fazit: Egal, wie gut ich die Maschine instruiere, egal, wie oft ich sie bitte, den Text kreativer oder mehr »im Stil von ...« zu schreiben – den Texten fehlt immer eine wichtige Zutat, die nur der Mensch mitbringen kann. Die Originalität, die Seele, ja schlichtweg die Menschlichkeit. Da ChatGPT Texte ausspuckt, die auf Wahrscheinlichkeiten von Worten in einem bestimmten Kontext und in einer bestimmten Reihenfolge beruhen[1], kann das Programm nicht im eigentlichen Sinne originell

1 Andreas Berens/Carsten Bolk: Content Creation mit KI. Rheinwerk 2023, S.54

und kreativ sein. Neue Gedanken, neue Verknüpfungen und Ideen hervorzubringen, die sich aus Erfahrungen und Emotionen speisen – das ist noch immer unsere Aufgabe als menschliche Creator*innen.

Allerdings ist ChatGPT ein genialer Sparringspartner! Ein wirklich hilfreicher Bürokollege, der nicht nur eine unendliche Anzahl an Ideen und anderen Formulierungen aus dem Ärmel schüttelt, sondern der auch genau das Argument ergänzt, dass wir selbst in unserem Text vergessen hatten. Es ist die Person, der man zuruft: »Lies doch da bitte mal drüber« oder »Was würdest du zu diesem Thema wissen wollen, wenn du ein Mann Mitte 30 ohne Vorkenntnisse wärst?« oder auch »Hast du eine bessere Idee für diese Überschrift?«. Das hilft besonders, wenn man alleine im Homeoffice sitzt – wie viele Kreative es tun.

Als ich einer Freundin von diesem Verständnis von der Zusammenarbeit mit KI erzählte, reagierte sie skeptisch. »Ich denke, dass sich dann gar niemand mehr die Mühe macht, überhaupt noch eigene Gedanken beizutragen. Man sucht nicht mehr nach Lösungen, man fragt gleich die Maschine. Man geht gar nicht mehr nach innen.«

Das wäre in der Tat ein Problem. Ich bin tief überzeugt von der kreativen Kraft des freien Schreibens und des »shitty first draft« – nicht umsonst Schwärmen so viele Schriftsteller*innen davon, erst einmal alles rauszuschreiben. Das Schreibdenken ist eine wundervolle Fähigkeit des menschlichen Gehirns. Wenn wir schreiben, entstehen nicht nur Texte, unsere Gedanken sortieren sich und werden neu zusammengefügt. Schreibdenken hilft uns dabei »implizites Wissen explizit zu machen«[2]. Denn sobald wir Informationen in unseren eigenen Worten formulieren, setzen wir uns aktiv mit diesen auseinander. Wir knüpfen neue Assoziationen mit dem, was wir schon wissen und erlebt haben, und werden so wahrhaftig zu Expert*innen für den von uns verfassten Inhalt. Außerdem fließen in den Schreibprozess unsere Gefühle und Erfahrungen mit ein. Und wir entwickeln in diesem Prozess unsere eigene Schreibstimme. Obwohl meine Technikbegeisterung fast grenzenlos ist, muss ich sagen: Meine besten Ideen und meine berührendsten Worte entstehen noch immer, wenn ich einen Füller über ein Stück Papier gleiten lasse.

Die KI kann uns inspirieren und uns helfen, über unseren eigenen beschränkten Horizont hinauszusehen. Und natürlich ist sie genauer, als wir es je sein könnten, wann immer es um Regeln geht, die Regeln der Rechtschreibung zum Beispiel.

Es geht also nicht um ein Entweder-oder, es geht darum, die KI an den richtigen Stellen des Prozesses zu Rate zu ziehen, ohne dabei unser eigenes Bemühen um einzigartige Worte und Beispiele unter den Tisch fallen zu lassen.

2 Ulrike Scheuermann: Schreibdenken. Schreiben als Denk- und Lernwerkzeug nutzen und vermitteln. Scheuermann/utb, 2016, S. 22

Ich schlage daher vor, ChatGPT und Co in der eigentlichen Schreibphase außen vor zu lassen, um hier einen Zugang nach innen zu finden. Und nur in der vorbereitenden Phase (Recherche, Strategie, Ideengenerierung) und in der Überarbeitung des Inhalts zu benutzen. Lass deine Inhalte nicht von der KI schreiben, aber lass dir von der KI dabei helfen, deine Inhalte zu verbessern.

Wie kann das in einem Workflow konkret aussehen?

1. Du kannst ChatGPT in deiner strategischen Phase als Sparringspartner nutzen, um zu fragen, welche Herausforderung, Ängste, Wünsche oder Fragen deine Wunschkundin in Bezug auf dein Thema hat. Das ersetzt nie den Kontakt zu echten Kundinnen oder der Community, aber es kommt dem Gespräch mit deinem Kollegen im Büro gleich. Die kreative Auswertung und Bewertung der Inputs liegen wieder bei dir als Creator. Du kannst ChatGPT auch einige Fragen in deiner Recherchephase beantworten lassen – allerdings solltest du Fakten niemals übernehmen, wenn du sie nicht mit mindestens einer seriösen Quelle verifizieren kannst. ChatGPT fantasiert nämlich sehr glaubhaft.
2. Dann entscheidest du dich aufgrund deiner Erfahrung für das passende Content-Format und kreierst einen relevanten und spannenden Inhalt für deine Community – so wie du es in diesem Buch gelernt hast. Erlaube dir einen »shitty first draft« und verwandle diesen dann in einen Inhalt mit unwiderstehlichem Einstieg, klarer Gliederung, Storytelling mit Botschaft und einem Ende, das zufrieden stimmt, oder einem weiterführenden Call-to-Action. Warum diesen eigentlichen Schaffensprozess nicht an die KI auslagern? Ganz einfach: Es ist ungleich schwieriger, in einen fertigen, aber seelenlosen Text Emotionen, eigene Beispiele und Assoziationen hinein zu redigieren. Viel leichter ist es, einen Text mit Seele aus dir heraussprudeln zu lassen und ihn dann beim Überarbeiten zu vereinfachen und auf jene Teile einzudampfen, die es wirklich braucht.
3. Du hast die Grundlagen der Überarbeitung von Inhalten gelernt und kannst sie dank deines Spickzettels aus Kapitel 9, »Der entscheidende Feinschliff: Inhalte überarbeiten«, jederzeit anwenden und abhaken. In der Überarbeitungsphase hilft dir dann wieder dein KI-Kollege. Zum Beispiel kannst du dir einen Absatz, der sich unstimmig anfühlt, umformulieren oder von einer Sprachsoftware analysieren lassen. Dir für Stellen, bei denen dir das Kürzen schwerfällt, knappere Versionen vorschlagen lassen. Oder eine Formulierung eingeben und nach Alternativen fragen. Texte lassen sich auch super ergänzen, indem man zum Beispiel eine Liste ins Eingabefeld kopiert und die KI fragt: »Fehlt hier noch ein Argument?« Auch auf die Frage »Wie bebildern wir diesen Inhalt?« schlägt die KI naheliegendes Bildmaterial vor, dass du dann in Datenbanken suchen oder (mit oder ohne Hilfe der KI) selbst erstellen kannst. Dein Wissen um das journalistische Handwerk und die gute Darstellung von Inhalten hilft dir dabei, alles, was die Maschine generiert, zu bewerten.

Soweit meine präferierte Nutzung im Workflow. Auch für die einzelnen Arbeitsschritte schlage ich vor: Halte zunächst schriftlich fest, welche Ideen und Beispiele dir einfallen. Nur darüber nachzudenken, reicht nicht, denn erst beim Aufschreiben sortierst und assoziierst du. Erst dann fütterst du die KI mit deinen Fragen. Damit stellst du nicht nur sicher, dass deine einzigartigen Gedanken und Assoziationen Platz finden, sondern du kannst auch die Prompts, also die Fragen und Anweisungen für die KI, klarer formulieren und ihre Ergebnisse einfacher bewerten.

Der Perspektivwechsel auf dein Thema, den dir die KI ermöglicht, kann deine Kreativität zusätzlich befeuern. Denn was bedeutet es eigentlich, kreativ zu sein? Neues entsteht nicht aus dem Nichts, sondern indem wir das, was uns vorliegt,

1. Biegen, also es durch Umformen neugestalten.
2. brechen, also es verändern, indem wir etwas weglassen.
3. verbinden, also durch Zusammenfügen von Elementen etwas Neues entstehen lassen.[3]

Du kannst also deine eigenen Gedanken mit den Inputs der KI verändern, aufs Wesentliche herunterbrechen oder ergänzen und so noch einzigartiger machen.

Das klingt nicht gerade nach einer enormen Zeitersparnis? Also doch keine 30 Reels in 30 Minuten, wie es viele begeisterte Stimmen versprechen? Sagen wir es so: Wenn du dich damit zufriedengibst, dieselben generischen Tipps in deinen Reels zu vermitteln wie 16334 Accounts vor dir, dann geht das schon. Ansprechender Content, der relevant, kreativ, persönlich und einzigartig ist, braucht mehr Zeit. Bei kreativen Inhalten macht dich die KI nicht schneller – dafür aber besser.

Anders sieht es bei repetitiven Aufgaben aus, die einer gewissen Gesetzmäßigkeit folgen. Aufgaben, wie das optisch ansprechende Verteilen der erarbeiteten Texte auf verschiedene Grafiken für einen Karussell-Post. Auch das mühsame Schneiden eines Reels auf den Taktschlag der Musik entfällt – das übernimmt die KI, und wir müssen das Ergebnis nur noch kontrollieren. Und worauf ich mich am meisten freue: Die Suche nach der passenden Musik und dem passenden Bildmaterial in den entsprechenden Datenbanken wird sehr viel leichter, wenn ich dort meine Inhalte einfach hineinkopieren und von der KI analysieren lassen kann.

Wenn ich insgesamt weniger Zeit mit Suchen, Schneiden und Tippfehlern ausmerzen verbringe, könnte mir ja tatsächlich mehr Zeit bleiben, meine Inhalte einzigartig zu gestalten. Und diese Qualität wird in den kommenden Monaten und Jahren noch wichtiger werden, wenn die Menge an Inhalten mit KI-generiertem Content weiter steigt.

3 Die Idee, dass sich jedes kreative Schaffen auf diese drei Tätigkeiten zurückführen lässt, stammt aus: David Eagleman/Anthony Brandt: .Kreativität. Wie unser Denken die Welt immer wieder neu erschafft. Random House, 2018.

Ich bin gespannt, was diese Entwicklung für uns bereithält und vorsichtig optimistisch gestimmt, dass uns die KI die Möglichkeit geben wird, uns auf Qualität und Einzigartigkeit unseres Contents zu konzentrieren. Und freue mich auf die Diskussion mit dir darüber. Du findest mich auf Instagram unter @hashtagbiancafritz und auf meiner Website unter: *biancafritz.com*

Anhang

Literaturverzeichnis

Diese Bücher haben direkt oder indirekt mein Denken und mein Schreiben für dieses Buch geprägt. Wenn aus ihnen zitiert wird, findest du die Referenz auch an der jeweiligen Stelle im Kapitel. Die Internetquellen sind jeweils nur in den Fußnoten im Buch verlinkt und hier nicht noch einmal separat aufgeführt.

- Andreas Berens/Carsten Bolk: Content Creation mit KI. Rheinwerk Verlag, 2023.
- Bianca Fritz: Mindful Social Media Marketing. Achtsam und erfolgreich kommunizieren. Rheinwerk Verlag, 2020.
- Constantin Seibt: Deadline. Kein und Aber, 2013.
- Daniela Rorig: Texten können. Das neue Handbuch für Marketer, Texter und Redakteure. Rheinwerk Verlag, 2020.
- David Eagleman/Anthony Brandt: Kreativität. Wie unser Denken die Welt immer wieder neu erschafft. Random House, 2018.
- Jürg Häusermann: Journalistisches Texten. UVK, 2005.
- Henriette Löwisch: Journalismus für Dummies. Wiley VCH, 2012.
- Julia Cameron. Der Weg des Künstlers. Knaur, 2009.
- Julian J. Rossig: Fotojournalismus. UVK, 2006.
- Markus Tirok: Moderieren. UVK, 2013.
- Michael Haller: Das Interview. UVK, 2013.
- Peter Linden: Wie Texte wirken. Journalisten Werkstatt, 2016.
- Roman Tschäppeler/Mikael Krogerus: Zusammenarbeiten, Kein und Aber, 2022.
- Seth Godin: Das ist Marketing. Redline, 2019.
- Ulrike Scheuermann: Schreibdenken. Schreiben als Denk und Lernwerkzeug nutzen und vermitteln. Scheuermann/utb, 2016.
- Walther von La Roche: Einführung in den praktischen Journalismus. List, 1999.
- Wolf Schneider/Paul-Josef Raue: Das neue Handbuch des Journalismus. Rowohlt, 2009.
- Wolf Schneider: Deutsch für Profis. Mosaik bei Goldmann, 2001.

Index

S

T

U

V

W

Z

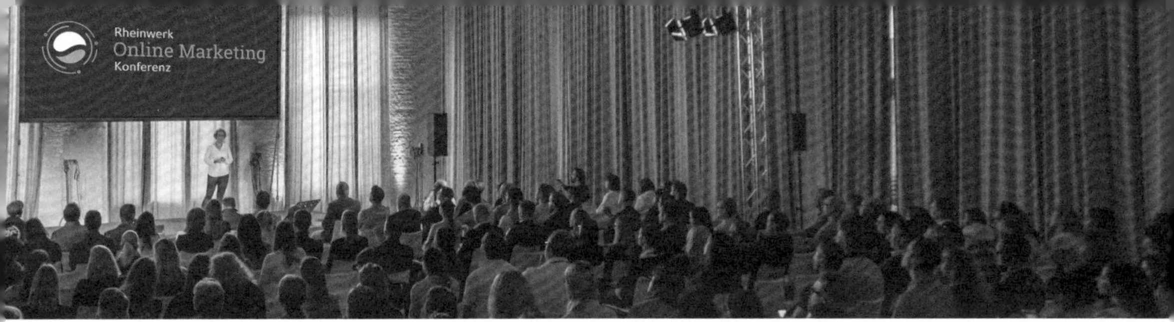

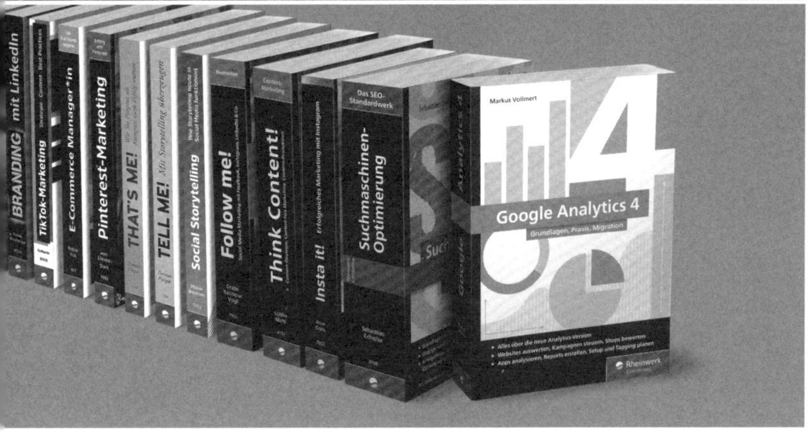

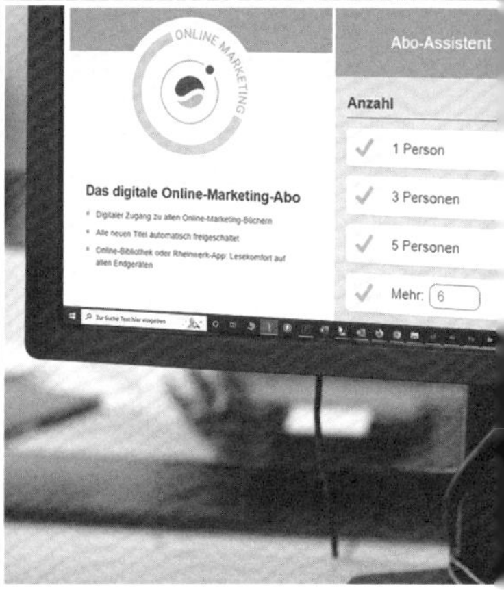

Wie KI bei der Content-Erstellung hilft

Social-Media-Posts schreiben, Titelseiten von Magazinen gestalten, Interviews vorbereiten, Recherchen anstellen: ChatGPT, DeepL, DALL-E, Jasper und Co. werden die Content Creation in Zukunft revolutionieren. Andreas Berens und Carsten Bolk sind schon jetzt begeisterte Nutzer der neuen KI-Möglichkeiten und bieten Ihnen mit diesem Buch eine erste Bestandsaufnahme und Anregungen sowie Best Practices für die eigene Content Creation: von Textgenerierung bis zur Überwindung von Kreativitätsblockaden.

Mit dem richtigen Mindset überzeugen

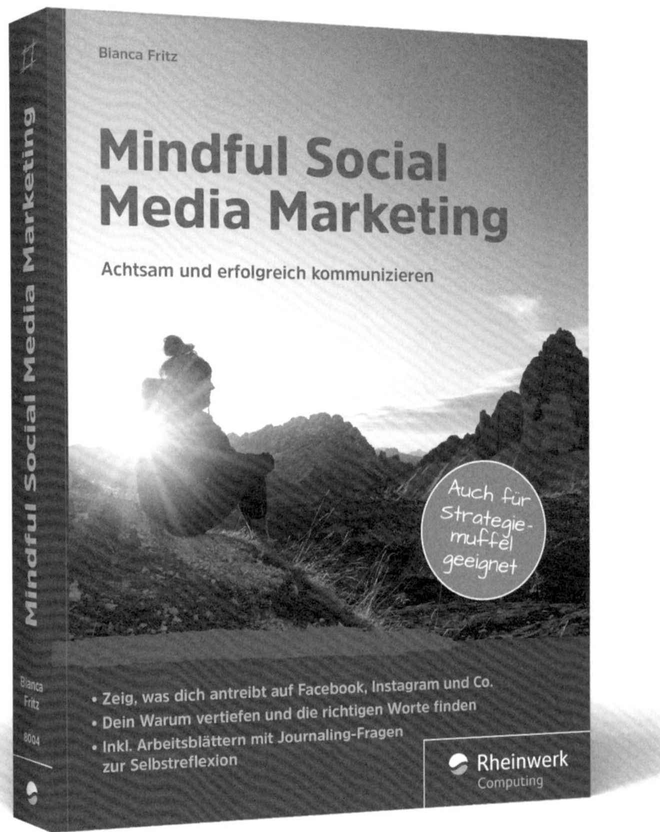

Dieses Buch wird dir helfen, Gehör zu finden. Und zwar so, dass du dich nicht verbiegen musst und genau die Person bleibst, die du bist. Welches Mindset hilft dir auf dem Weg zum Erfolg? Was sind das Warum und der Purpose deines Unternehmens? Und wie sieht der für dich richtige Marketing-Mix aus? Bianca Fritz zeigt dir, wie du nachhaltige Inhalte erstellst, die dir langfristig genau die Kunden bringen, die du dir wünschst. Journaling-Fragen helfen dir bei der Selbstreflexion auf der Suche nach den Antworten für deine individuelle Strategie.

427 Seiten, broschiert, in Farbe, 29,90 Euro, ISBN 978-3-8362-8004-4

www.rheinwerk-verlag.de/5224